【第1章 案例 1：影视合成与特效制作基础知识】案例效果图

【第1章 案例 4：影视后期特效合成的操作流程】案例效果图

【第1章 案例 4：影视后期特效合成的操作流程】拓展训练案例效果图

本书精彩案例欣赏①

【第2章 案例 1：图层的创建与使用】
案例效果图

【第2章 案例 1：图层的创建与使用】
拓展训练案例效果图

【第2章 案例 2：图层的基本操作】
案例效果图

【第2章 案例 2：图层的基本操作】
拓展训练案例效果图

【第2章 案例 3：图层的高级操作】
案例效果图

【第2章 案例 3：图层的高级操作】
拓展训练案例效果图

原始素材　　　　　　合成效果

【第2章 案例 4：遮罩动画的制作】
案例效果图

【第2章 案例 4：遮罩动画的制作】
拓展训练案例效果图

【第3章 案例 1：绘画工具的基本介绍】案例效果图

② 本书精彩案例欣赏

【第3章 案例 1：绘画工具的基本介绍】拓展训练案例效果图

【第3章 案例 2：使用绘画工具绘制各种形状图形】 【第3章 案例 2：使用绘画工具绘制各种形状图形】

案例效果图 　　　　　　　　拓展训练案例效果图

【第3章 案例 3：形状属性与管理】 　　　　【第3章 案例 3：形状属性与管理】

案例效果图 　　　　　　　　拓展训练案例效果图

【第4章 案例 1：制作时码动画文字效果】案例效果图

【第4章 案例 1：制作时码动画文字效果】拓展训练案例效果图

【第4章 案例 2：制作炫目光文字效果】案例效果图

【第4章 案例 2：制作炫目光文字效果】拓展训练案例效果图

【第4章 案例 3：制作预设文字动画】案例效果图

【第4章 案例 3：制作预设文字动画】拓展训练案例效果图

【第4章 案例 4：制作变形动画文字效果】
案例效果图

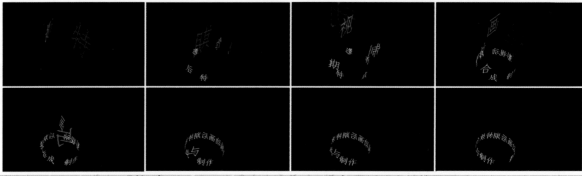

【第4章 案例 4：制作变形动画文字效果】
拓展训练案例效果图

【第4章 案例 5．制作空间文字动画】案例效果图

【第4章 案例 5：制作空间文字动画】拓展训练案例效果图

【第4章 案例 6：卡片式出字效果】案例效果图

【第4章 案例 6：卡片式出字效果】拓展训练案例效果图

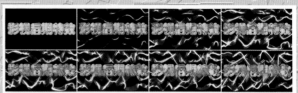

【第4章 案例 7：玻璃切割效果】案例效果图　【第4章 案例 7：玻璃切割效果】拓展训练案例效果图

【第5章 案例 1：常用校色效果的介绍】
案例效果图

【第5章 案例 1：常用校色效果的介绍】
拓展训练案例效果图

【第5章 案例 2：给视频调色】案例效果图

【第5章 案例 2：给视频调色】拓展训练案例效果图

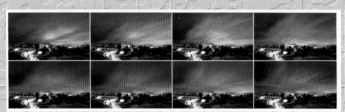

【第5章 案例 3：制作晚霞效果】
案例效果图

【第5章 案例 3：制作晚霞效果】
拓展训练案例效果图

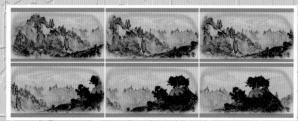

【第5章 案例 4：制作水墨山水画效果】
案例效果图

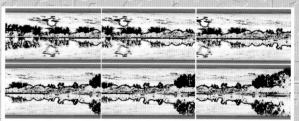

【第5章 案例 4：制作水墨山水画效果】
拓展训练案例效果图

【第5章 案例 5：给美女化妆】
案例效果图

【第5章 案例 5：给美女化妆】
拓展训练案例效果图

【第6章 案例 1：蓝频抠像技术】
拓展训练案例效果图

【第6章 案例 1：蓝频抠像技术】案例效果图

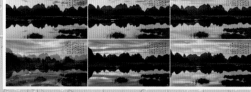

【第6章 案例 2：亮度抠像技术】案例效果图　【第6章 案例 2：亮度抠像技术】拓展训练案例效果图

【第6章 案例 3：半透明抠像技术】案例效果图

【第6章 案例 3：半透明抠像技术】
拓展训练案例效果图

【第6章 案例 4：毛发抠像技术】案例效果图

【第6章 案例 4：毛发抠像技术】拓展训练案例效果图

【第6章 案例 5：替换背景】案例效果图

【第6章 案例 5：替换背景】拓展训练案例效果图

【第7章 案例 1：制作空间环绕效果】
案例效果图

【第7章 案例 1：制作空间环绕效果】
拓展训练案例效果图

【第7章 案例 2：制作人物长廊】
案例效果图

【第7章 案例 2：制作人物长廊】
拓展训练案例效果图

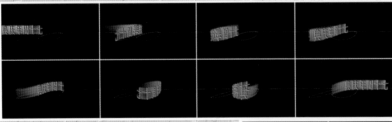

【第7章 案例 3：
创建三维空间中的运动文字效果】
案例效果图

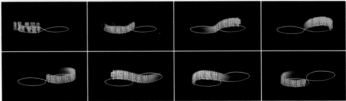

【第7章 案例 3：
创建三维空间中的运动文字效果】
拓展训练案例效果图

【第7章 案例 4：制作旋转的立方体效果】
案例效果图

【第7章 案例 4：制作旋转的立方体效果】
拓展训练案例效果图

【第8章 案例 1：画面的稳定】案例效果图

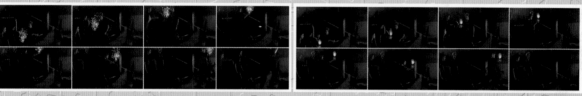

【第8章 案例 2：一点跟踪】案例效果图　　【第8章 案例 2：一点跟踪】拓展训练案例效果图

【第8章 案例 3：四点跟踪】案例效果图　　【第8章 案例 3：四点跟踪】拓展训练案例效果图

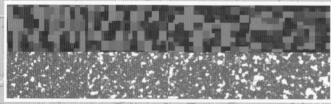
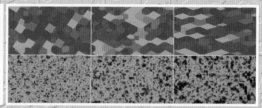

【第9章 案例 1：动态背景】案例效果图　　【第9章 案例 1：动态背景】拓展训练案例效果图

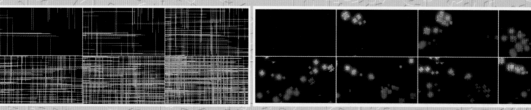

【第9章 案例 2：穿梭线条效果】案例效果图　　【第9章 案例 2：穿梭线条效果】拓展训练案例效果图

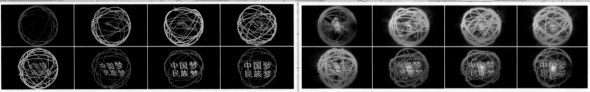

【第9章 案例3：旋转光球效果】案例效果图　【第9章 案例3：旋转光球效果】拓展训练案例效果图

【第9章 案例4：展开的倒计时效果】
案例效果图

【第9章 案例4：展开的倒计时效果】
拓展训练案例效果图

【第9章 案例6：霓虹灯效果】
案例效果图

【第9章 案例6：霓虹灯效果】
拓展训练案例效果图

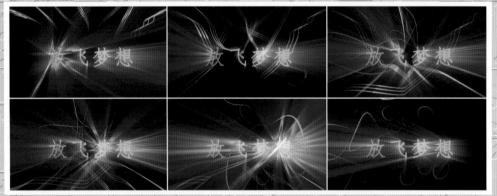

【第9章 案例7：灵动光线效果】案例效果图

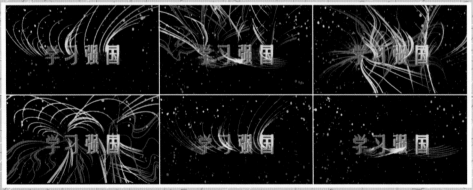

【第9章 案例7：灵动光线效果】拓展训练案例效果图

"十三五"职业教育规划教材

高职高专艺术设计专业"互联网+"创新规划教材

After Effects CC 2019
影视动画后期合成案例教程

(第 3 版)

主　编　伍福军　张巧玲　骆文杰

副主编　李雪莹

主　审　张祝强

北京大学出版社

PEKING UNIVERSITY PRESS

内 容 简 介

本书在编写过程中,将 After Effects CC 2019 的基本功能融入实例的讲解过程中,使读者可边学边练,既能掌握软件功能,又能尽快掌握实际操作。本书内容分为 After Effects CC 2019 的基础知识、图层与遮罩、绘画工具的使用、创建文字特效、色彩校正与调色、抠像技术、创建三维空间、运动跟踪技术和综合案例九部分。

本书即可作为高职高专院校、中等职业院校、技工院校的影视动画专业的教材,也可以作为影视后期特效制作人员与爱好者的参考用书。

图书在版编目 (CIP) 数据

After Effects CC 2019 影视动画后期合成案例教程 / 伍福军,张巧玲,骆文杰主编 . —3 版 . —北京:北京大学出版社,2021.9

高职高专艺术设计专业“互联网＋”创新规划教材

ISBN 978-7-301-32343-4

Ⅰ . ① A… Ⅱ . ①伍… ②张… ③骆… Ⅲ . ①图像处理软件—高等职业教育—教材 Ⅳ . ① TP391.413

中国版本图书馆 CIP 数据核字 (2021) 第 144211 号

书 名	After Effects CC 2019 影视动画后期合成案例教程(第 3 版)
	After Effects CC 2019 YINGSHI DONGHUA HOUQI HECHENG ANLI JIAOCHENG(DI-SAN BAN)
著作责任者	伍福军 张巧玲 骆文杰 主编
策划编辑	孙 明
责任编辑	翟 源
数字编辑	金常伟
标准书号	ISBN 978-7-301-32343-4
出版发行	北京大学出版社
地 址	北京市海淀区成府路 205 号 100871
网 址	http://www.pup.cn 新浪微博:@ 北京大学出版社
电子信箱	pup_6@163.com
电 话	邮购部 010-62752015 发行部 010-62750672 编辑部 010-62750667
印刷者	三河市北燕印装有限公司
经销者	新华书店
	889 毫米 ×1194 毫米 彩插 5 16 开本 22.75 印张 712 千字
	2011 年 1 月第 1 版 2015 年 5 月第 2 版
	2021 年 9 月第 3 版 2021 年 9 月第 1 次印刷
定 价	59.00 元

前　言

本书是根据编者十余年的教学经验编写而成的。全书精心挑选 42 个经典案例进行详细介绍，并通过这些案例的配套练习来巩固所学内容。本书采用实际操作与理论分析相结合的方法，让学生在案例和专题制作过程中培养设计思维并掌握理论知识，同时，扎实的理论知识又为实际操作奠定坚实的基础，使学生每做完一个案例就会有所收获，从而提高学生的动手能力与学习兴趣。

编者对本书的编写体系进行了精心设置，按照"案例内容简介→案例效果欣赏→案例制作（步骤）流程→制作目的→制作过程中需要解决的问题→详细操作步骤→拓展训练"这一思路编排，从而达到以下效果。

第一：通过案例内容简介，使读者在学习本案例之前，对要学习的案例（专题）有一个大致的了解；

第二：通过案例效果欣赏，增加读者的积极性和主动性；

第三：通过案例制作（步骤）流程，使读者了解整个案例制作的流程、案例用到的知识点和制作的大致步骤；

第四：通过制作目的，使读者在学习之前明确学习的目的，做到有的放矢；

第五：通过制作过程中需要解决的问题，使读者了解通过本案例的学习需要解决哪些问题，带着问题去学习；

第六：通过详细操作步骤，使读者掌握整个案例的制作过程、详细制作方法、注意事项和技巧；

第七：通过拓展训练，使读者对所学知识进一步得到巩固，提高对知识的迁移能力。

本书的知识结构。

第 1 章 After Effects CC 2019 的基础知识，主要通过 4 个案例介绍 After Effects CC 2019 的相关基础知识和影视后期特效合成操作流程。

第 2 章 图层与遮罩，主要通过 4 个案例介绍各种图层的概念、创建、基本操作和高级操作，以及遮罩动画的制作方法和技巧。

第 3 章 绘画工具的使用，主要通过 3 个案例介绍使用各种绘画工具绘制形状图形和形状属性与管理。

第 4 章 创建文字特效，主要通过 7 个案例全面介绍各种特效配合文字工具制作文字特效的方法、技巧和流程。

第 5 章 色彩校正与调色，主要通过 5 个案例全面介绍颜色校正与调色效果的使用方法、技巧和色彩校正与调色的流程。

第 6 章 抠像技术，主要通过 5 个案例介绍各种抠像效果的使用方法和技巧。

第 7 章 创建三维空间，主要通过 4 个案例介绍创建三维空间的原理、方法和技巧。

第 8 章 运动跟踪技术，主要通过 3 个案例介绍画面稳定技术、一点跟踪技术、四点跟踪技术和跟踪的原理。

第 9 章 综合案例，主要通过 7 个案例对前面所学知识进行巩固，包括插件的概念、插件收集、插件安装以及插件的使用方法和技巧等。

编者将 After Effects CC 2019 的基本功能和新功能融入案例的讲解过程中，使读者可以边学边练，既能掌握软件功能，又能尽快掌握实际操作。读者可以随时翻阅、查找所需要效果的制作内容。本书每章都配有 After Effects CC 2019 输出的文件、节目的源文件、PPT 课件、教学视频和素材文件等。

广东省岭南工商第一技师学院张祝强副院长对本书进行了全面审阅和指导，广东省岭南工商第一技师学院影视动画专业教师张巧玲老师编写第 1 章至第 4 章，李雪莹编写第 5 章，骆文杰编写第 6 章至第 8 章，伍福军编写第 9 章。

对本书中所涉及的影视截图和人物摄影图片，仅作为教学范例使用，版权归原作者及制作公司所有，本书编者在此对他们表示真诚的感谢！

由于编者水平有限，本书可能存在疏漏之处，敬请广大读者批评指正！联系电子邮箱：281573771@qq.com。

编者

2020 年 10 月

广州

动画精英模块化教学工作室

3D Digital Game Art 工作室

【资源索引】

目　　录

第 1 章　After Effects CC 2019 的基础知识 1

案例 1：影视合成与特效制作基础知识 3

案例 2：After Effects CC 2019 界面介绍 16

案例 3：After Effects CC 2019 相关参数设置 24

案例 4：影视后期特效合成的操作流程 33

第 2 章　图层与遮罩 49

案例 1：图层的创建与使用 51

案例 2：图层的基本操作 59

案例 3：图层的高级操作 67

案例 4：遮罩动画的制作 79

第 3 章　绘画工具的使用 87

案例 1：绘画工具的基本介绍 89

案例 2：使用绘画工具绘制各种形状图形 98

案例 3：形状属性与管理 107

第 4 章　创建文字特效 114

案例 1：制作时码动画文字效果 116

案例 2：制作炫目光文字效果 121

案例 3：制作预设文字动画 126

案例 4：制作变形动画文字效果 131

案例 5：制作空间文字动画 137

案例 6：卡片式出字效果 145

案例 7：玻璃切割效果 153

第 5 章　色彩校正与调色 162

案例 1．常用校色效果的介绍 164

案例 2：给视频调色 174

案例 3：制作晚霞效果 178

案例 4：制作水墨山水画效果 185

案例 5：给美女化妆 193

第 6 章　抠像技术 201

案例 1：蓝频抠像技术 203

案例 2：亮度抠像技术 208

案例 3：半透明抠像技术 213

案例 4：毛发抠像技术 218

案例 5：替换背景 223

第 7 章　创建三维空间 231

案例 1：制作空间环绕效果 233

案例 2：制作人物长廊 242

案例 3：创建三维空间中的运动文字效果 252

案例 4：制作旋转的立方体效果 261

第 8 章　运动跟踪技术 270

案例 1：画面的稳定 272

案例 2：一点跟踪 277

案例 3：四点跟踪 284

第 9 章　综合案例 289

案例 1：动态背景 292

案例 2：穿梭线条效果 298

案例 3：旋转光球效果 306

案例 4：展开的倒计时效果 313

案例 5：After Effects CC 2019 插件知识 325

案例 6：霓虹灯效果 329

案例 7：灵动光线效果 345

参考文献 355

第1章

After Effects CC 2019 的基础知识

知识点

案例 1：影视合成与特效制作基础知识

案例 2：After Effects CC 2019 界面介绍

案例 3：After Effects CC 2019 相关参数设置

案例 4：影视后期特效合成的操作流程

说　明

本章主要通过 4 个案例，全面讲解影视合成与特效制作的基础知识、After Effects CC 2019 的应用领域、对计算机硬件的要求、界面、相关参数的设置和整个制作流程。

教学建议课时数

一般情况下需要 4 课时，其中理论讲解 2 课时，实际操作 2 课时（特殊情况可做相应调整）。

思维导图

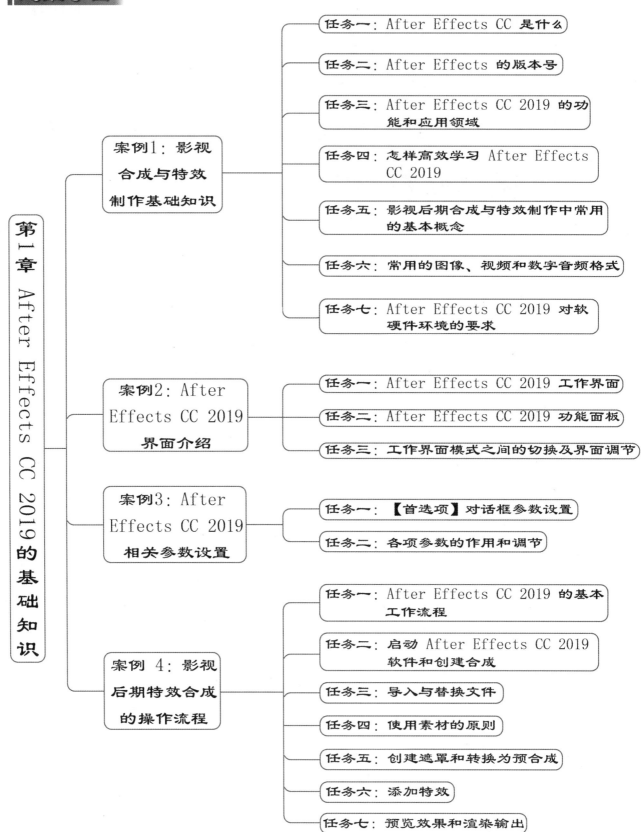

第1章 After Effects CC 2019 的基础知识

案例1：影视合成与特效制作基础知识
- 任务一：After Effects CC 是什么
- 任务二：After Effects 的版本号
- 任务三：After Effects CC 2019 的功能和应用领域
- 任务四：怎样高效学习 After Effects CC 2019
- 任务五：影视后期合成与特效制作中常用的基本概念
- 任务六：常用的图像、视频和数字音频格式
- 任务七：After Effects CC 2019 对软硬件环境的要求

案例2：After Effects CC 2019 界面介绍
- 任务一：After Effects CC 2019 工作界面
- 任务二：After Effects CC 2019 功能面板
- 任务三：工作界面模式之间的切换及界面调节

案例3：After Effects CC 2019 相关参数设置
- 任务一：【首选项】对话框参数设置
- 任务二：各项参数的作用和调节

案例4：影视后期特效合成的操作流程
- 任务一：After Effects CC 2019 的基本工作流程
- 任务二：启动 After Effects CC 2019 软件和创建合成
- 任务三：导入与替换文件
- 任务四：使用素材的原则
- 任务五：创建遮罩和转换为预合成
- 任务六：添加特效
- 任务七：预览效果和渲染输出

　　After Effects CC 2019 是 Adobe 公司推出的一款主流非线性编辑软件，它主要定位于高端影视特效制作。这款软件不但在专业制作中表现超强，兼容性也非常强，与 Adobe 公司的其他软件可实现无缝转换。After Effects CC 2019 拥有大量优秀的外挂插件，也使得 After Effects CC 2019 的编辑合成能力得到空前的加强。

　　After Effects CC 2019 是专业进行影视包装设计和后期特效合成的利器，能完成各种影视制作任务。它具备 MG 动画制作、动态遮罩、蒙版、抠像、校色、运动追踪、三维图层、文字特效、合成等强大功能，与 Adobe 公司其他软件能够完美的交互兼容。目前，After Effects CC 2019 已被广泛应用，用它制作完成的精彩特效也层出不穷。

【案例 1　简介】

案例 1：影视合成与特效制作基础知识

一、案例内容简介

　　本案例主要介绍影视合成与特效制作中用到的基本概念、常用的图像、视频和数字音频格式及 After Effects CC 2019 的应用领域。

二、案例效果欣赏

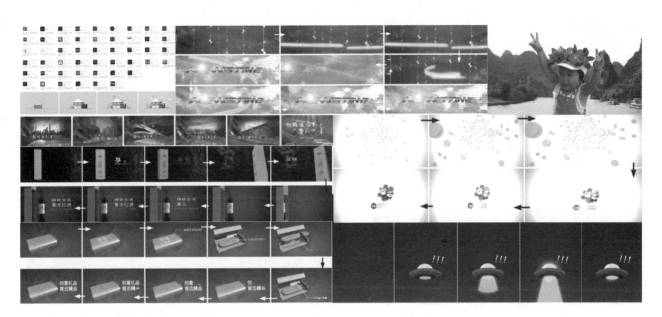

三、案例制作（步骤）流程

　　任务一：After Effects CC 是什么➡任务二：After Effects 的版本号➡任务三：After Effects CC 2019 的功能和应用领域➡任务四：怎样高效学习 After Effects CC 2019➡任务五：影视后期合成与特效制作中常用的基本概念➡任务六：常用的图像、视频和数字音频格式➡任务七：After Effects CC 2019 对软硬件环境的要求

四、制作目的

（1）了解 After Effects CC 2019 是什么；

（2）了解 After Effects CC 2019 能干什么；

（3）怎样学习 After Effects CC 2019 更有效；

（4）影视后期合成与特效制作中常用的基本概念；

（5）常用的图像、视频和数字音频格式。

五、制作过程中需要解决的问题

（1）了解 After Effects CC 2019 的作用和应用领域；

（2）学习 After Effects CC 2019 的操作方法；

（3）理解影视后期合成与特效制作中常用的基本概念；

（4）掌握支持 After Effects CC 2019 常用的图像、视频和数字音频格式；

（5）了解 After Effects CC 2019 对计算机的硬件要求。

六、详细操作步骤

【任务一：After Effects CC 是什么】

任务一：After Effects CC 是什么

Adobe After Effects 特效大师是由世界著名的图形设计、出版和成像软件设计公司 Adobe Systems Inc. 开发的专业非线性特效合成软件。After Effects 是一个灵活的基于层的 2D 和 3D 后期合成软件，包含了上百种特效及预置动画效果，与同为 Adobe 公司出品的 Premiere、Photoshop、Illustrator 等软件可以无缝转换，创建无与伦比的效果。在影像合成、动画、视觉效果、非线性编辑、设计动画样稿、多媒体和网页动画制作方面都有卓越表现。

本书使用的软件的全称为 After Effects CC 2019，是由 Adobe Systems Inc. 开发的影视特效合成和处理软件。

Adobe After Effects CC 2019 中的 Adobe 为该软件开发的公司名称，After Effects 为软件名，常被缩写为"AE"。"CC 2019"为软件的版本号。

视频播放：具体介绍，请观看配套视频"任务一：After Effects CC 是什么.wmv"。

【任务二：After Effects 的版本号】

任务二：After Effects 的版本号

从 After Effects 的发展历程来看，版本号有如下三种形式：

（1）版本号为数字，例如：After Effects 6.0；

（2）版本号改为"CS+数字"，例如：After Effects 8.0 改为 After Effects CS 3；

（3）版本号为"CC+数字"，例如：After Effects CC 2019。

以上 After Effects 版本号中的 CS 和 CC 到底是什么意思？CS 是 Creative Suite 的首字母的缩写，Adobe Creative Suite 的意思是 Adobe 创意套件，是 Adobe 公司出品的一个图形设计、影像编辑与网络开发的软件产品套装。2007 年 After Effects 8.0 发布时，改为 After Effects CS 3，从此，版本号为"CS+数字"，到了 2013 年，Adobe 公司在 MAX 大会上推出了 After Effects CC（"CC"是 Creative Cloud 的缩写），Creative Cloud 的意思为"创意云"，从此，After Effects 进入了"云"时代，版本号为"CC+数字"。

After Effects CC 套装软件主要包括如图 1.1 所示的软件。

图 1.1   After Effects CC 套装软件

视频播放：具体介绍，请观看配套视频"任务二：After Effects 的版本号.wmv"。

任务三：After Effects CC 2019 的功能和应用领域

After Effects CC 2019 的主要功能有：图像合成、特效合成、特效制作、影像调色、影像抠像、画面稳定、图形绘制和影像跟踪等。

【任务三：After Effects CC 2019 的功能和应用领域】

After Effects CC 2019 具体能做什么，这是读者最关心的问题。After Effects CC 2019 功能非常强大，适合多种设计领域，学生熟练掌握 After Effects CC 2019，在未来的就业中就有了更多的选择。目前，After Effects CC 2019 的应用领域主要有电视栏目包装、影视片头、宣传片、影视特效合成、广告设计、MG 动画和 UI 动效等。

1. 电视栏目包装

After Effects CC 2019 非常适合制作电视栏目包装设计。所谓电视栏目包装是指对电视节目、栏目、频道和电视台整体形象进行的一种特色化和个性化的包装宣传，以达到突出节目、栏目和频道的个性化特征，增强观众对节目、栏目和频道的认知度，建立节目、栏目和频道的品牌地位，统一节目、栏目和频道的整体风格，给观众一个精美的视觉体验。如图 1.2 所示为电视栏目包装效果截图。

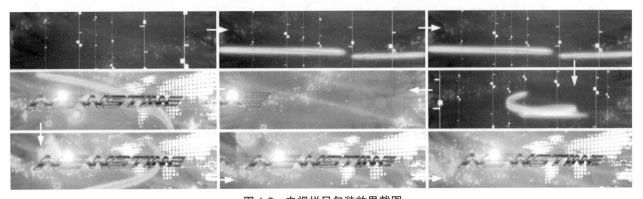

图 1.2   电视栏目包装效果截图

2. 影视片头

片头是影视、电视剧和微电影不可或缺的组成部分，为了给观众更好的视觉体验，制作者会制作一个极具特点的片头效果。通过片头能很好地展示该作品的特色镜头、剧情和风格等。如图1.3所示为影视片头效果截图。

图 1.3　影视片头效果截图

3. 宣传片

After Effects CC 2019 特别适合宣传片的合成和特效制作，例如：婚礼宣传片，企业宣传片（汽车、庆典），活动宣传片（校运会、文艺晚会）等。如图1.4所示为宣传片效果截图。

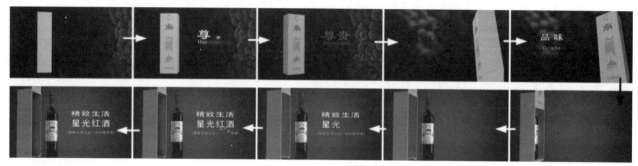

图 1.4　宣传片效果截图

4. 影视特效合成

After Effects CC 2019 最主要的功能就是特效制作。目前的影视作品基本都使用特效。通过特效制作可以轻松实现以前在电影拍摄中很难表现的镜头。例如：爆炸、烟雾、大规模枪战片和高难度的动作等。通过 After Effects CC 2019 还可以轻松完成特效合成、抠像、配乐、调色等后期制作环节中的重要工作。如图1.5所示为影视特效合成效果截图。

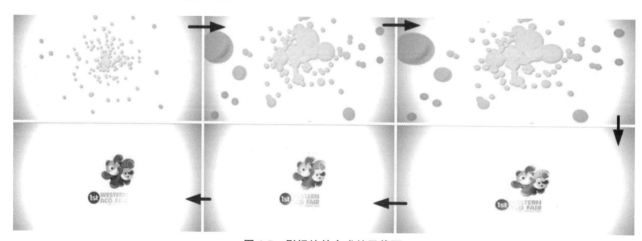

图 1.5　影视特效合成效果截图

5. 广告设计

随着社会的进步和制作技术的不断提高，人们对广告效果要求越来越高。After Effects CC 2019 可以轻松实现广告所要求的新颖构图、炫酷的色彩搭配和虚幻特效等效果。如图 1.6 所示为广告效果截图。

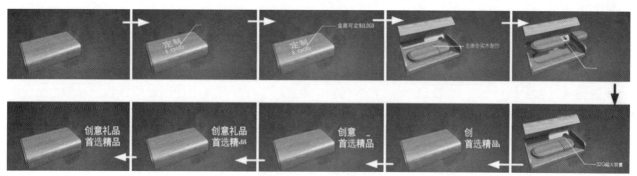

图 1.6　广告效果截图

6. MG 动画

MG 动画，英文全称为 Motion Graphics，译为动态图形或者图形动画，通常指的是视频设计、多媒体 CG 设计、电视包装等。MG 动画的最大特点是扁平化、点线面、抽象简洁。特别适合制作动态教学课件和儿童动画。如图 1.7 所示为 MG 动画截图效果。

图 1.7　MG 动画截图效果

7. UI 动效

UI 动效是指针对移动设备（例如：手机、平板电脑）开发运行的 App 动画设计效果。随着技术的进步，移动设备硬件越来越先进，用户群体也非常大，需求也越来越高，而使用 UI 动效可以增加用户对产品的体验、增强用户对产品的理解，提高用户的使用乐趣和提升用户人机交互动感。如图 1.8 所示为 UI 动效截图效果。

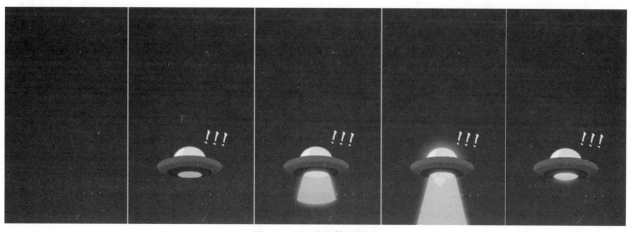

图 1.8　UI 动效截图效果

视频播放： 具体介绍，请观看配套视频"任务三：After Effects CC 2019 的功能和应用领域.wmv"。

【任务四：怎样高效学习 After Effects CC 2019】

任务四：怎样高效学习 After Effects CC 2019

在此为读者提供学习 After Effects CC 2019 的个人建议。

1. 短视频，快速入门

开始学习 After Effects CC 2019 时，不要观看复杂且时间长的教学视频，最好从一次只讲解一个知识点的视频学起，这样经过一段时间，再去学习复杂的综合案例教学视频。本书提供一套完整的微视频教学视频和复杂的综合案例教学视频。读者可以在学习本书的同时结合教学视频，循序渐进地学习 After Effects CC 2019。

2. 利用手机进行碎片化学习

读者可以用手机扫描本教程的二维码，观看教学视频。也可以通过腾讯课堂学习和下载配套教学资源进行练习和巩固。

3. 动手尝试，才是学习的关键

在学习 After Effects CC 2019 时，一定要实际操作，只有在练习过程中才能进步。使用 After Effects 的过程中可能需要设置许多参数，只有多练习才能熟悉操作。

4. 不要死记硬背特效命令中的参数，没有用

在这几年的教学中，发现很多同学会去死记硬背特效命令中的参数，这样对软件学习没有多大用处，因为，同一个命令在不同的环境下，相同参数效果也不一样。建议大家活学活用，理解每一个特效的作用、参数调节的原理、方法和技巧，不断尝试，总结经验，形成感性认识。

5. 抓重点，带着问题去学习

读者在进行案例学习时，先要阅读"制作目的"和"制作过程中需要解决的问题"。这样读者可以抓住重点，对整个案例的制作思路也有一个大致的了解。

6. 在临摹过程中愉快学习

临摹学习是任何学习的必经过程，在临摹的过程强化和巩固所学知识，在本书综合案例部分为读者提供了专题训练，这些案例涉及产品广告、影视栏目、新闻栏目、栏目包装和活动包装等领域，读者可以根据本书提供的配套教学资源进行临摹。

7. 网上搜索，修改案例和自学

通过本书的学习，读者基本上可以掌握 After Effects CC 2019 的功能、使用方法和特效制作的原理、方法和技巧、影视后期特效制作流程，也可以制作大部分项目效果，如果需要更深入的学习，读者可以从网上收集一些复杂的教学案例学习，也可以收集可以修改的源文件项目，通过修改里面的参数和素材，为自己所用。

视频播放： 具体介绍，请观看配套视频"任务四：怎样高效学习 After Effects CC 2019.wmv"。

【任务五：影视后期合成与特效制作中常用的基本概念】

任务五：影视后期合成与特效制作中常用的基本概念

了解影视后期合成与特效制作中常用的基本概念是学习的基础。常用的基本概念主要有视频制式、帧速率、场、图层、通道、遮罩、特效、键控、关键帧、画面宽高比和视频编码等概念。

1. 视频制式和帧速率

在电视系统中，不同的视频制式对应不同的帧速率。要想在电视系统中正确播放和显示，必须根据不同的视频制式来选择相应的帧速率。目前世界通用的用于彩色电视广播的制式主要有以下三种。

（1）NTSC 制式。NTSC 是英文 National Television Standards Committee（美国国家电视标准委员会）的缩写。NTSC 制式是美国在 1953 年制定的彩色电视广播标准，它对应的帧速率为 29.97 帧 / 秒。采用 NTSC 制式的国家主要有美国、日本、韩国、加拿大和菲律宾。

（2）PAL 制式。PAL 是英文 Phase Alteration Line（逐行倒相）的缩写。PAL 制式是联邦德国在 1962 年制定的彩色电视广播标准，它对应的帧速率为 25 帧 / 秒。采用 PAL 制式的国家主要有德国、中国、英国、澳大利亚和新加坡。

（3）SECAM 制式。SECAM 是法文 Séquentiel Couleur à Mémoire（按照顺序传送色彩和存储）的缩写。SECAM 制式是法国在 1966 年制定的彩色电视广播标准。采用 SECAM 制式的国家主要有法国、埃及和俄罗斯。

2. 场

在电视机播放过程中是以隔行扫描的方式来显示图像的。要显示一幅完整的图像，需要通过两次扫描来交错显示奇数行和偶数行，每扫描一次就叫作一"场"。其实，在电视屏幕上出现的画面并不是完整的，它实际上是如图 1.9 所示的半"帧"图像，由于扫描的速度快和人眼睛的视觉暂留效果，所以观众看到的图像是一幅如图 1.10 所示的完整图像。

图 1.9　半"帧"图像效果　　　　　　　　图 1.10　观众看到的图像效果

3. 图层

在计算机图形图像处理过程中，图层是最基本，也是最重要的概念之一。通俗地讲，图层就像是含有文字或图形等元素的图片，一张张图片按顺序叠放在一起，组合起来形成页面的最终效果，如图 1.11 所示。每一张图片就叫作一个图层，它们相互之间是独立的，用户可以对其中的任一图层进行单独操作，如增加、删除、裁减、添加图层样式、滤镜和缩放等操作。图 1.11 所示的三张图片经过编辑、合成后的最终效果见图 1.12。

4. 通道

通道可以简单地理解为图像的颜色信息。在图像处理中，使用通道来控制图像的色彩变化，是调色的重要手段。计算机显示器的显示模式一般为 RGB 色彩模式。把 RGB 图像分为三个单独的颜色通道（R 为红色通道、G 为绿色通道、B 为蓝色通道），每一个颜色通道使用灰度值来表示该通道颜色的强度，这样，通过调节各个通道的颜色强度值来改变图像的颜色。例如，如图 1.13 所示的图像（彩色效果见视频），如果降低其绿色通道的颜色强度，图像将出现偏红的现象（图 1.14 所示），因为绿色和红色是互补色。

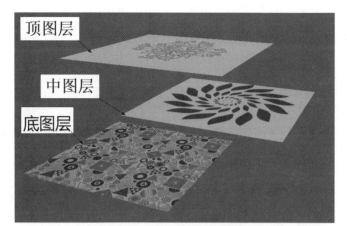

图 1.11　三张内容不同的图片　　　　　　　　图 1.12　编辑合成之后的效果

图 1.13　正常显示的图像效果　　　　　　　图 1.14　减低绿色通道的颜色强度之后的效果

5. 遮罩

遮罩可以理解成为图层的一个挡板，用来遮住图层的一部分，被遮住的这一部分在画面中不可见，另一部分图层呈透明显示，具体的透明度主要由遮罩的灰度颜色决定，当遮罩为黑色时图像完全透明，白色时图像不透明，灰色时图像半透明。

6. 特效

特效（Effect）又称为滤镜，在 After Effects CC 2019 中主要分为视频特效和音频特效两种。视频特效是 After Effects CC 2019 中最重要，也是最强大的视觉效果制作工具，它主要包括了调色、抠像、变形、粒子和光照等类型。After Effects CC 2019 不仅自带了大量的视频特效，还可以通过安装外挂滤镜来扩充特效的功能。如图 1.15 和图 1.16 所示是添加视频特效前后的对比。

7. 键控

键控（Keying）也叫抠像，抠像的意思是用户根据实际需要将图像中不需要的图像部分抠除，使其变为透明显示，而留下的图像部分与其他图层进行叠加组合，形成新的图像效果。通过键控技术，可以制作出实际拍摄中不能拍摄的效果，可以实现拍摄的镜头与虚拟的画面结合，形成意想不到的图像效果。例如，图 1.17 所示的两张图片，使用键控技术处理之后可得到图 1.18 的效果。

图 1.15　添加特效之前的效果

图 1.16　添加特效之后的效果

图 1.17　抠像合成之前的效果

图 1.18　抠像合成之后的效果

8. 关键帧

　　关键帧（Key Frame）技术是使用计算机制作动画的核心技术。动画其实是由一张张差别微小的静态图片根据人眼的视觉暂留原理制作而成。以前，动画片制作是由手绘来完成的。以 PAL 制式为例，它的帧速率为 25 帧 / 秒。也就是说每播放一分钟的动画就要（25×60）1500 张图片，如果要绘制一部 30 分钟的动画片就需要绘制（1500×30）45000 张图片。使用这种技术制作的动画工作量大，成本高，不利于动画行业的发展。为了解决这一难题，关键帧技术就应运而生了。

　　关键帧技术是指在时间轴上的特定位置添加记录点，只需要记录表示运动关键特征的画面，中间的画面由计算机程序自动添加，同样一部 30 分钟的动画片，表示关键画面的图画也许只要 450 张图片。动画制作人员只需要绘制或处理这450张图片即可，这样大大降低了工作量和制作成本。也正是有了这种关键帧技术，动画行业得到了迅速发展。

9. 画面宽高比

画面宽高比这个概念很简单，也很容易理解。画面宽高比是指在拍摄或影片制作中画面的长度与宽度之比。以电视为例，画面宽高比主要包括了4∶3和16∶9两种。人眼实际观察的视野比较接近16∶9，再加上宽屏技术的成熟，16∶9逐步流行和占据了大部分市场。两种画幅效果如图1.19和图1.20所示。

图1.19　画面宽高比为4∶3的画幅效果　　　　图1.20　画面宽高比为16∶9的画幅效果

10. 视频编码

在影视后期制作中，经常会出现视频或音频文件无法导入后期编辑软件中或导入以后出现错误提示等问题。出现这些情况，主要是因为素材的编码有问题。

编码其实就是一种压缩标准，如果要在不同的播放设备上播放各种格式文件，在播放前必须根据需要进行压缩。例如，使用After Effects CC 2019输出的PAL制无损压缩的AVI文件格式，在播放时，每秒钟需要几十兆，这么大的文件要在网络上进行播放和传输，困难很大，所以在上传之前必须进行压缩，改变文件的大小。这里所说的压缩就一种转化编码的过程。如果选用一个高压缩比的编码，就可以得到一个比较小的数据文件，如果这个编码算法比较好的话，画面质量基本没有损耗（肉眼观看）。

目前视频传输编码标准主要有以下几种。

（1）国际电联（ITU-T）制定的H.261、H.263、H.264编码。

（2）运动图像专家组（Moving Picture Expert Group）的M-JPEG编码。

（3）国际标准化组织（ISO）制定的MPEG系列编码。

（4）Real Networks公司的RealVideo编码。

（5）微软公司的WMV编码。

（6）Apple公司的QuickTime编码。

视频播放：具体介绍，请观看配套视频"**任务五：影视后期合成与特效制作中常用的基本概念.wmv**"。

任务六：常用的图像、视频和数字音频格式

【任务六：常用的图像、视频和数字音频格式】

目前After Effects CC 2019支持的文件格式非常多，有的文件格式只支持导入，有的文件格式支持导入也支持导出。After Effects CC 2019支持的文件格式主要有静止图像文件格式、视频和动画类文件格式、音频类文件格式和项目类文件格式，具体见"表1-1 静止图像类文件格式""表1-2 视频和动画类文件格式""表1-3 音频类文件格式"和"表1-4 项目类文件格式"。

表 1-1　静止图像类文件格式

序号	格式	导入 / 导出支持	格式	导入 / 导出支持
01	Adobe Illustrator（AI\EPS\PS）	仅导入	IFF（IFF\TDI）	导入 / 导出
02	Adobe PDF（PDF）	仅导入	JPPEG（JPC\JPE）	导入 / 导出
03	Adobe Photoshop（PSD）	导入 / 导出	Maya 相机数据（MA）	仅导入
04	位图（DMP\RLE\DIB）	仅导入	OpenEXR（EXR）	导入 / 导出
05	相机原始数据（TIF\CRW\NEF\RAF\ORF\MRW\DCR\MOS\RAW\PEF\SRF\DNG\X3F\CR2\ERF）	仅导入	PCX（PCX）	仅导入
06	Cineon（CIN\DPX）	导入 / 导出	便携网络图形（PNG）	导入 / 导出
07	CompuServe GIF（GIF）	仅导入	Radiance（HDR\RGBE\XYZE）	导入 / 导出
08	Discreet RLA/RPF（RLA\RPF）	仅导入	SGI（SGI\BW\RGB）	导入 / 导出
09	Electric Image IMAGE（IMG\EI）	仅导入	Softimage（PNC）	仅导入
10	封装的 PostScript（EPS）	仅导入	Targa（TGA\VDA\ICB\VST）	导入 / 导出
11	TIFF（TIF）	导入 / 导出		

表 1-2　视频和动画类文件格式

序号	格式	导入 / 导出支持	格式	导入 / 导出支持
01	Panasonic	仅导入	AVCHD（M2TS）	仅导入
02	RED	仅导入	DV	导入 / 导出
03	Sony X-OCN	仅导入	H.264（M4V）	仅导入
04	Canon EOS C200 Cinema RAW Light（.crm）	仅导入	媒体交换格式（MXF）	仅导入
05	RED 图像处理	仅导入	MPEG-I（MPG\MPE\MPA\MPV\MOD）	仅导入
06	Sony VENICE X-OCN 4K 4 : 3 Anamorphic and 6k 3 : 2（.mxf）	仅导入	MPEG-2MPG\M2P\M2V\M2P\M2A\M2T）	仅导入
07	MXF/ARRIRAW	仅导入	MPEG-4（MP4\M4V）	仅导入
08	H.265（HEVC）	仅导入	开放式媒体框架（OMF）	导入 / 导出
09	3GPP（3GP\3G2\AMC）	仅导入	Quick Time（MOV）	导入 / 导出
10	Adobe Flash Player（SWF）	仅导入	Video for Windows（AVI）	导入 / 导出
11	Adobe Flash 视频（FLV\F4V）	仅导入	Windows Media（WMV\WMA）	仅导入
12	动画 GIF（GIF）	导入	XDCAM HD 和 XDCAM EX（MXF\MP4）	仅导入

表 1-3　音频类文件格式

序号	格式	导入 / 导出支持	格式	导入 / 导出支持
01	MP3（MP3\MPEG\MPG\MPA\MPE）	导入 / 导出	高级音频编码（AAC\M4A）	导入 / 导出
02	Waveform（WAV）	导入 / 导出	音频交换文件格式（AIF\AIFF）	导入 / 导出
03	MPEG-1 音频层 II	仅导入		

表 1-4　项目类文件格式

序号	格式	导入 / 导出支持	格式	导入 / 导出支持
01	高级创作格式（AAF）	仅导入	Adobe After Effects XML 项目（AEPX）	导入 / 导出
02	（AEP\AET）	导入 / 导出	Adobe Premiere Pro（PRPROJ）	导入 / 导出

提示： 对无法导入 After Effects 中的文件格式怎么办？在导入文件时，如果提示错误或视频无法正确显示，这是因为在 After Effects 中没有对应的编码器造成的，只要安装对应的播放器即可。例如，在 After Effects 中如果要导入 "★.MOV" 格式的文件，就需要安装 QuickTime 软件；如果要导入 "★.AVI" 文件，只要安装常用的播放器即可。

虽然 After Effects CC 2019 能够识别大多数素材文件格式，但在导入素材时需要注意以下几点：

（1）安装 After Effects CC 2019 之后，最好安装 QuickTime 软件在内的多种编码器和最新的 Directx 媒体包，否则很多格式的视频文件不能正确导入 After Effects CC 2019 中；

（2）确保导入的图片素材文件的色彩模式为 RGB 模式；

（3）尽量不要直接导入 VCD 或 DVD 文件；

（4）尽量不要编辑从网络上下载的小视频文件，否则会影响影片质量；

（5）在软件中导出素材的时候，最好是将视频输出为 TGA 格式。

视频播放： 具体介绍，请观看配套视频 "任务六：常用的图像、视频和数字音频格式.wmv"。

【任务七：After Effects CC 2019 对软硬件环境的要求】

任务七：After Effects CC 2019 对软硬件环境的要求

有一个良好的软硬件环境是顺利完成后期特效项目的前提条件。表 1-5 和表 1-6 是 After Effects CC 2019 运行环境的建议配置，表 1-7 是 VR 系统要求。

表 1-5　Windows 系统配置要求

序号	软硬件设备	最低规格
01	处理器	具有 64 位支持的多核 Intel 处理器
02	操作系统	Microsoft Windows 10（64 位）版本 1703（创作者更新）及更高版本
03	RAM	至少 16 GB（建议 32GB）
04	硬盘空间	5GB 可用硬盘空间；安装过程中需要额外可用空间（无法安装在可移动闪存设备上） 用于磁盘缓存的额外磁盘空间（建议 10GB）
05	显示器分辨率	1280×1080 或更高的显示分辨率
06	Internet	必须具备 Internet 连接并完成注册，才能激活软件、验证订阅和访问在线服务

表 1-6　macOS 系统配置要求

序号	软硬件设备	最低规格
01	处理器	具有 64 位支持的多核 Intel 处理器
02	操作系统	macOS 版本 10.12（Sierra）、10.13（High Sierra）、10.14（Mojave）
03	RAM	至少 16GB（建议 32GB）
04	硬盘空间	6GB 可用硬盘空间用于安装；安装过程中需要额外可用空间（无法安装在使用区分大小写的文件系统的卷上或可移动闪存设备上） 用于磁盘缓存的额外磁盘空间（建议 10GB）
05	显示器分辨率	1440×900 或更高的显示分辨率
06	Internet	必须具备 Internet 连接并完成注册，才能激活软件、验证订阅和访问在线服务

表 1-7　VR 系统要求

序号	软硬件设备	操作系统
01	Oculus Rift	Windows 10
02	Windows Mixed Reality	Windows 10
03	HTC Vive	（1）Windows 10； （2）27" iMac，带有 Radeon Pro 显卡； （3）iMac Pro，带有 Radeon Vega 显卡； （4）Mac OS 10.13.3 或更高版本

视频播放：具体介绍，请观看配套视频"任务七：After Effects CC 2019 对软硬件环境的要求.wmv"。

七、拓展训练

【案例 1：拓展训练】

根据所学知识完成如下作业：

（1）After Effects CC 2019 主要应用领域有哪些？

（2）快速学习 After Effects CC 2019 的方法有哪些？

（3）简述影视后期合成与特效制作中常用的基本概念。

（4）支持 After Effects CC 2019 常用的图像、视频和数字音频格式主要有哪些？

（5）怎样选择 After Effects CC 2019 的软硬件运行环境？

（6）利用网络了解 After Effects CC 2019 新增功能。

学习笔记：

案例 2: After Effects CC 2019 界面介绍

【案例 2　简介】

一、案例内容简介

本案例主要介绍 After Effects CC 2019 界面中各个面板的作用、各个工作界面模式之间的相互转换和工作界面布局的调节。

二、案例效果欣赏

三、案例制作（步骤）流程

> 任务一：After Effects CC 2019 工作界面➡任务二：After Effects CC 2019 功能面板➡任务三：工作界面模式之间的切换及界面调节

四、制作目的

（1）了解 After Effects CC 2019 界面中各个面板的作用；

（2）掌握 After Effects CC 2019 各个工作界面模式之间的相互切换；

（3）熟练掌握 After Effects CC 2019 的工作界面布局的调节。

五、制作过程中需要解决的问题

（1）为什么要了解各个功能面板的作用？

（2）为什么要进行工作界面模式之间的相互切换？

（3）怎样调节工作界面布局？

六、详细操作步骤

任务一：After Effects CC 2019 工作界面

在学习使用 After Effects CC 2019 之前，对 After Effects CC 2019 工作界面有一个全面的了解，是后面案例顺利学习的基础。

启动 After Effects CC 2019 并打开项目文件。

步骤 01：单击 ⊞（开始）→ Adobe After Effects CC 2019 图标或在桌面双击 Ae 快捷图标，弹出【欢迎界面】，单击【欢迎界面】左上角的 × 图标，将其关闭。

步骤 02：在菜单栏中单击【文件（F）】→【打开项目（O）…】命令或按键盘上的"Ctrl+O"组合键→弹出【打开】对话框→在【打开】对话框中单击需要打开的项目文件，单击【打开（O）】按钮即可打开 After Effects CC 2019 的工作界面，如图 1.21 所示。

【任务一：After Effects CC 2019 工作界面】

图 1.21　After Effects CC 2019 的工作界面

在 After Effects CC 2019 工作界面中主要包括【效果控件】【项目】【合成】【时间线（轴）】【效果和预览】【信息】【音频】【库】【对齐】【字符】【段落】【跟踪器】【画笔】【动态草图】【平滑器】【摇摆器】【蒙版插值】和【绘画】等功能面板。

> **视频播放**：具体介绍，请观看配套视频"任务一：After Effects CC 2019 工作界面.wmv"。

【任务二：After
Effects CC 2019
功能面板】

任务二：After Effects CC 2019 功能面板

在本任务中，主要了解 After Effects CC 2019 功能面板的基本组成和作用。

1.【项目】功能面板

【项目】功能面板（图1.22）主要作用是导入、存放和管理素材。在【项目】中用户可以清楚地了解素材文件的路径、缩略图、名称、类型、颜色标签、素材的尺寸和时长及使用情况等，可以为素材分类、重命名，还可以创建合成或文件夹，对素材进行简单的编辑和设置。

2.【时间线（轴）】和【合成】功能面板

图 1.22 【项目】功能面板

【时间线（轴）】和【合成】功能面板（图1.23）是 After Effects CC 2019 的主要编辑窗口，在【时间线（轴）】和【合成】功能面板中可以将素材按时间顺序进行排列和连接，也可以进行片段的剪辑和图层叠加，还可以设置动画关键帧和合成效果，每一个【时间线（轴）】功能面板对应一个【合成】功能面板，在 After Effects CC 2019 中合成还可以进行多重嵌套，从而制作出各种复杂的视频效果。

图 1.23 【时间线（轴）】和【合成】功能面板

3.【合成预览】功能面板

【合成预览】功能面板（图1.24）主要作用是显示合成素材的最终编辑效果。在【合成预览】功能面板中，用户不仅可以从多个视角对添加的特效进行预览，而且还可以对图层进行操作。

4.【效果控件】功能面板

【效果控件】功能面板（图1.25）主要作用是用来设置效果（特效）的参数和添加关键帧，以及画面运动效果（特效）的设置。【效果控件】功能面板会根据效果（特效）的不同显示不同的内容。

5.【信息】功能面板

【信息】功能面板（图1.26）的主要作用是显示当前鼠标所在的图像的坐标值和颜色 RGB 值，在进行时还显示项目帧和当前帧。

图 1.24 【合成预览】功能面板

图 1.25　【效果控件】功能面板

图 1.26　【信息】功能面板

6.【跟踪器】功能面板

【跟踪器】功能面板（图 1.27）的主要作用是用来对画面进行稳定控制和动态跟踪，在 After Effects CC 2019 中，【跟踪器】功能面板功能非常强大，不仅可以跟踪多个运动路径，而且可以对画面中透视角度变化进行跟踪，是合成场景的重要工具之一。

7.【摇摆器】功能面板

【摇摆器】功能面板（图 1.28）主要作用是对设置了两个以上动画关键帧的效果（特效）进行随机插值，使原来的动画属性产生随机性的偏差，从而模仿出自然的动画效果。

8.【预览】功能面板

【预览】功能面板（图 1.29）的主要作用是对图层或者合成视频进行播放控制。

图 1.27　【跟踪器】功能面板

图 1.28　【摇摆器】功能面板

图 1.29　【预览】功能面板

9.【绘图】功能面板

【绘图】功能面板（图 1.30）的主要作用是对绘图工具的笔触大小、颜色和不透明度等相关参数的设置。

10.【效果和预设】功能面板

【效果和预设】功能面板（图 1.31）主要用来放置 After Effects CC 2019 中内置的各种视频效果和预设效果。所有效果按效果用途进行分组存放，如果用户安装了第三方插件效果，也将显示在该面板的最下面。效果的使用也非常简单，选择需要添加效果的层，再单击需要添加的效果即可。

11.【平滑器】功能面板

【平滑器】功能面板（图1.32）的主要作用是减少多余的关键帧，从而使图层的运动路径或者曲线更平滑，消除跳跃现象。

图1.30 【绘图】功能面板 　　图1.31 【效果和预设】功能面板 　　图1.32 【平滑器】功能面板

12.【字符】功能面板

【字符】功能面板（图1.33）的主要作用是对文字的字体、字号、颜色、字间距等相关参数进行设置。

13.【段落】功能面板

【段落】功能面板（图1.34）的主要作用是设置段落文本的相关参数。

14.【对齐】功能面板

【对齐】功能面板（图1.35）的主要作用是设置图层的对齐方式和图层的分布方式的相关参数。

图1.33 【字符】功能面板 　　图1.34 【段落】功能面板 　　图1.35 【对齐】功能面板

【任务三：工作界面模式之间的切换及界面调节】

视频播放：具体介绍，请观看配套视频"任务二：After Effects CC 2019 功能面板.wmv"。

任务三：工作界面模式之间的切换及界面调节

After Effects CC 2019 的功能非常强大，功能面板和控制面板也非常多，要想同时在一个界面中全部显示是不可能的，为了解决这个问题，After Effects CC 2019 的开发人员根据用户工作的侧重点不同，设计了多种 After Effects CC 2019 界面布局，用户可以根据自己的需要进行切换。

1. 各种工作界面模式之间的切换

各个工作界面模式之间的切换方法很简单，主要有两种切换方法。

（1）通过工具栏进行切换。

步骤 01：单击工具栏右边的文字图标，如图 1.36 所示，即可快速地在【默认】【了解】【标准】和【小屏幕】4 个工作界面模式之间切换。

步骤 02：如果需要切换到其他工作界面模式，也可以单击【库】右边的▶图标，会弹出如图 1.37 所示的下拉菜单，将鼠标移到需要切换的命令上单击即可。

图 1.36　工作界面模式切换的快捷文字图标　　　　图 1.37　工作界面模式切换下拉菜单

（2）通过菜单栏进行切换。

步骤 01：在菜单栏中单击【窗口】→【工作区（S）】命令→弹出二级子菜单，如图 1.38 所示。

步骤 02：将光标移到需要切换到的工作界面模式的菜单命令上单击即可。After Effects CC 2019 工作界面模式共有 15 种，可以根据工作需要进行切换。

2. 工作界面模式调节

在 After Effects CC 2019 中不仅可以在各种工作界面模式之间切换，还允许调节各个功能面板的位置、显示和隐藏等操作，以及新建、删除和重置工作界面。

（1）新建工作界面。

如果对 After Effects CC 2019 提供的工作界面模式都不满意，可以自己新建工作界面。

步骤 01：根据工作实际需求和工作习惯，调节工作界面。

步骤 02：调节好工作界面之后，在菜单栏中单击【窗口】→【工作区（S）】→【另存为新工作区…】命令→弹出【新建工作区】对话框，输入新建工作区界面模式的名称，如图 1.39 所示，输入完毕→单击【确定】按钮即可完成工作界面的新建。

（2）删除工作界面。

用户也可以删除不需要的工作界面模式。具体操作方法如下所述。

步骤 01：在菜单栏中单击【窗口】→【工作区（S）】→【编辑工作区…】命令→弹出【编辑工作区】对话框。

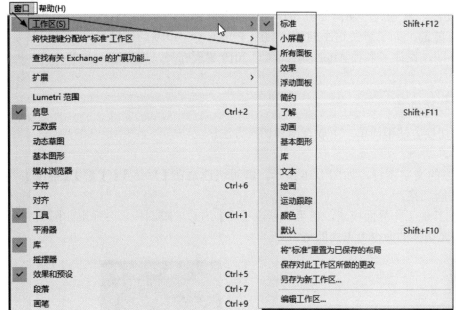

图 1.38　二级子菜单

图 1.39　【新建工作区】对话框

步骤 02：在【编辑工作区】对话框中单选需要删除的工作界面模式名称，在此单选刚建立的"个人工作界面模式"，如图 1.40 所示，单击【删除】按钮即可。

> **提示**：在删除工作界面模式时，当前工作界面模式不能删除，如果要删除当前工作界面模式，先要切换到其他工作界面模式，才能进行删除操作。

（3）重置工作界面布局。

在调节工作界面布局时，如果用户认为目前的工作界面调节十分混乱，可以通过重置工作区将工作界面布局恢复到调节之前的状态，具体操作方法为：在菜单栏中单击【窗口】→【工作区（S）】→【将"标准"重置为已保存的布局】命令即可。

> **提示**：在【将"标准"重置为已保存的布局】命令中的双引号中的文字为当前工作界面模式的名称，它会随着工作模式的不同而不同。

3.调节功能面板

功能面板的调节主要包括功能面板的显示、隐藏、布局大小调节和位置调节等相关操作，具体操作如下所述。

（1）显示或隐藏功能面板。

步骤 01：显示功能面板，在菜单栏中单击【窗口】命令，弹出【窗口】下拉菜单，如图 1.41 所示。

步骤 02：在弹出的【窗口】下拉菜单中，前面有"√"的表示该功能面板处于显示状态，没有"√"的表示该功能面板处于隐藏状态。

步骤 03：将光标移到弹出的【窗口】下拉菜单的相应功能面板的标签命令上，单击鼠标左键即可显示或隐藏工作界面。

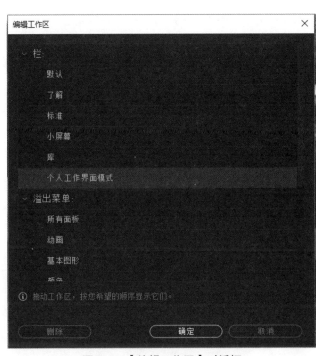

图 1.40 【编辑工作区】对话框

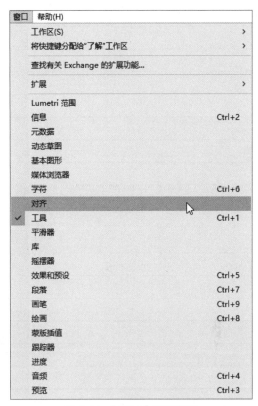

图 1.41 【窗口】下拉菜单

（2）调节功能面板的位置和布局大小。

步骤 01：调节功能面板的位置，将光标移到功能面板左上角的■图标上单击，弹出【快捷菜单】面板，在该面板中单击【浮动面板】命令即可将该功能面板切换为浮动面板，将鼠标移到浮动面板上，按住鼠标左键不放的同时移动鼠标即可对该功能面板进行移动操作。

步骤 02：调节功能面板的大小。将光标移到需要调节大小布局的两个功能面板之间，待光标变成■或■状态时，按住鼠标左键不放的同时进行上下或左右拖动即可调节功能面板的大小。

视频播放：具体介绍，请观看配套视频"任务三：工作界面模式之间的切换及界面调节.wmv"。

七、拓展训练

（1）根据本案例所学知识，在各种工作界面模式之间进行切换并比较它们之间的异同点。

（2）根据自己的个人习惯，调节工作界面的布局。

【案例 2：拓展训练】

学习笔记：

学习笔记：

案例 3：After Effects CC 2019 相关参数设置

【案例 3　简介】

一、案例内容简介

本案例主要介绍 After Effects CC 2019 中【首选项】面板中相关参数的作用和设置。

二、案例效果欣赏

> 本案例为参数设置介绍，无效果欣赏

三、案例制作（步骤）流程

> 任务一：【首选项】对话框参数设置➡任务二：各项参数的作用和调节

四、制作目的

（1）了解 After Effects CC 2019 中【首选项】对话框的作用；
（2）了解 After Effects CC 2019 中【首选项】对话框参数的设置；
（3）各个参数选项的作用和调节。

五、制作过程中需要解决的问题

（1）为什么要调节【首选项】参数对话框；
（2）在参数调节过程中需要注意的事项；
（3）各项参数的作用和调节方法。

【任务一：【首选项】对话框参数设置】

六、详细操作步骤

任务一：【首选项】对话框参数设置

在安装任何一款软件后，用户都会在使用前根据自己的习惯对软件自定义功能模块进行相关参数的设置，以便更加适合自己的使用习惯，After Effects CC 2019 这款软件也不例外。在安装 After Effects CC 2019 后，不要急于导入素材进行编辑，希望用户先对该软件的相关参数有一个大致了解，并根据工作的实际需要和工作习惯进行适当的个性化设置，通过个性化设置使 After Effects CC 2019 发挥出它最大的性能，进而充分利用资源，提高工作效率。

步骤 01：在菜单栏中单击【编辑（E）】→【首选项（F）】→【常规（E）…】命令，弹出【首选项】对话框，如图 1.42 所示。

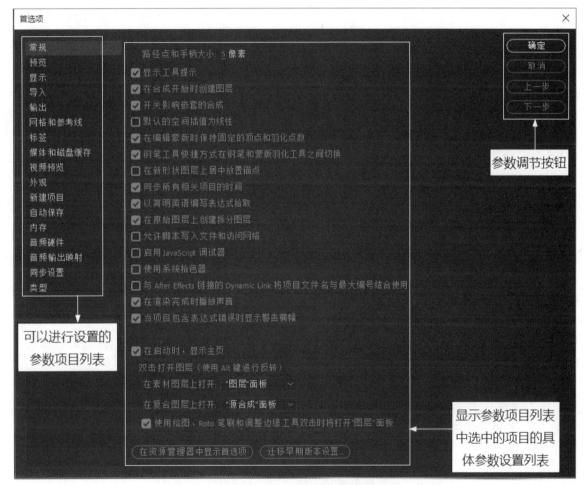

图 1.42 【首选项】对话框

步骤 02：在"参数项目列表"中单选需要调节参数的项目标签。

步骤 03：在【首选项】对话框中的中间具体参数设置列表中调节参数，调节完毕单击【确定】按钮完成参数设置并退出【首选项】对话框。

> **提示**：如果不想对调节的参数进行保存，单击【取消】按钮退出【首选项】对话框，所设置的参数将不保存；单击【上一步】按钮，返回上一个参数项的设置；单击【下一步】按钮，跳到当前参数项的下一个参数项的设置。

视频播放：具体介绍，请观看配套视频"任务一:【首选项】对话框参数设置.wmv"。

【任务二: 各项参数的作用和调节】

任务二: 各项参数的作用和调节

在 After Effects CC 2019 中的【首选项】对话框中主要包括【常规】【快速预览】【显示】【导入】【输出】【网格和参考线】【标签】【媒体和磁盘缓存】【视频预览】【外观】【新建项目】【自动保存】【内存】【音频硬件】【音频输出映射】【同步设置】和【类型】17 项参数设置。

下面为读者详细介绍比较重要的参数项的作用和具体参数调节的方法。

1.【常规】参数设置

【常规】参数列表主要用来设置 After Effects CC 2019 的运行环境，如图 1.42 所示。在这些参数设置中，最重要的设置是撤销次数限定设置，也就是返回步骤的次数。这一项的设置对初学者来说尤其重要，系统默认值为 32 次，允许返回步骤的设置为 1 ~ 99 次，但是数值越大，占用的系统资源就越多，在实际使用时用户要根据系统硬件的配置和编辑项目的复杂程度综合考虑此参数的设置，具体参数如下所述。

（1）【显示工具提示】：主要用来控制是否显示工具提示信息。

（2）【在合成开始时创建图层】：主要用来控制在创建图层时，是否将图层放置在合成的时间起始处位置。

（3）【开关影响嵌套的合成】：主要用来控制是否将运动模糊和图层质量等继承到嵌套合成中。

（4）【默认的空间插值为线性】：主要用来控制是否将空间插值方式设置为默认的线性插值法。

（5）【在编辑蒙版时保持固定的顶点和羽化点数】：主要用来控制在操作遮罩时，是否保持顶点的总数不变。勾选此项，在制作遮罩形状关键帧动画时，在某个关键帧处添加顶点，则在所有的关键帧处自动增加相应的顶点，以保持顶点的总数不变。

（6）【钢笔工具快捷方式在钢笔和蒙版羽化工具之间切换】：主要用来控制钢笔工具与羽化工具之间是否使用快捷切换。

（7）【在新形状图层上居中放置锚点】：主要用来控制是否在创建新形状图层时，锚点是否放置在中心位置。

（8）【同步所有相关项目的时间】：主要用来控制在调节当前指示器滑块时，在不同的合成中是否支持同步。在制作同步关键帧动画时，需要勾选此项。

（9）【以简明英语编写表达式拾取】：主要用来控制在使用"表达式拾取"时，是否对表达式书写框中自动产生的表达式使用简洁的表达式。

（10）【在原始图层上创建拆分图层】：主要用来控制在拆分图层时，分离的两个图层的上下位置关系。

（11）【允许脚本写入文件和访问网络】：主要用来控制脚本是否连接到网络并修改文件。

（12）【启用 JavaScript 调试器】：主要用来控制是否启用 JavaScript 调试器。

（13）【使用系统拾色器】：主要用来控制是否采用系统的颜色采样工具来调节颜色。

（14）【与 After Effect 链接的 Dynamic Link 将项目文件名与最大编号结合使用】：主要用来控制与 After Effect 链接的 Dynamic Link，是否启用将项目文件名与最大编号结合使用。

（15）【在渲染完成时播放声音】：主要作用是是否启用在渲染完成时播放提示完成的声音。

（16）【当项目包含表达式错误时显示警告横幅】：主要用来控制是否启用表达式错误提示显示。

（17）【在启动时，显示主页】：主要用来控制在启动 After Effects CC 2019 时，是否显示主页，一般情况下不勾选此项。

2.【快速预览】参数设置

【快速预览】参数列表主要是设置合成项目的预览方式，如图 1.43 所示。

（1）【自适应分辨率限制】：主要用来控制预览画面时的分辨率级别，共有 4 个选项级别，一般情况下选择 1/8，此选项，在加快速度的同时，画面质量也控制在可接受的范围内。

（2）【GPU 信息…】：单击该按钮，弹出一个【GPU 信息】对话框，通过该对话框可以了解 OpenGL 和 CUDA 的相关信息。

（3）【显示内部线框】：主要用来控制是否显示内部线框。

（4）【查看器质量】：主要用来调节"缩放质量"和"色彩管理品质"。

（5）【音频】：主要用来控制在非实时预览时，是否启用音频静音。

3.【显示】参数设置

【显示】参数列表主要用来控制运动路径的显示及其他一些显示问题，如图 1.44 所示。

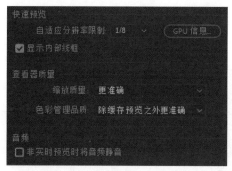
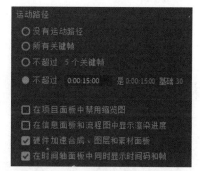

图 1.43　【快速预览】参数设置　　　　图 1.44　【显示】参数设置

（1）【没有运动路径】：主要用来控制在调节运动路径时是否显示运动路径。

（2）【所有关键帧】：主要用来控制在调节路径时是否显示所有关键帧。

（3）【不超过 5 个关键帧】：主要用来调节在一定时长范围内显示的关键帧个数。

（4）【不超过 0：00：15：00 是 0：00：15：00 基础 30】主要用来调节在一定时长范围内显示的关键帧个数。

（5）【在项目面板中禁用缩览图】：主要用来控制在【项目】窗口是否关闭缩略图的显示。

（6）【在信息面板和流程图中显示渲染进度】：主要用来控制在【信息】窗口和【合成】窗口下方是否显示渲染进度。

（7）【硬件加速合成、图层和素材面板】：主要用来控制是否显示硬件加速合成、图层和素材面板。

（8）【在时间轴面板中同时显示时间码和帧】：主要用来控制是否在【时间线】窗口中同时显示时间码和帧数。

4.【导入】参数设置

【导入】参数列表主要用来设置素材导入时的相关参数，如图 1.45 所示。

（1）【合成的长度】：勾选此项，导入的静帧素材的长度与新建合成设置的长度一致。

（2）【0：00：01：00 是 0：00：01：00 基础 30】：勾选此项，导入的静帧素材的长度与设置的长度一致。

（3）【30 帧 / 秒】：主要用来设置导入序列图像的帧速率。

（4）【报告缺少帧】：主要用来控制媒体在播放时丢失帧的报告显示。

（5）【验证单独的文件（较慢）】：主要用来控制在导入素材时，是否对每一个文件进行验证，默认为不勾选。

（6）【启用加速 H.264 解码（需要重新启动）】：主要用来控制在导入素材时，是否启动加速 H.264 解码器，勾选或取消此项时，需要重新启动 After Effects CC 2019 才起作用。

（7）【自动重新加载素材】：主要用来设置在 After Effects CC 2019 重新获取焦点时，在磁盘上自动重新加载任何已更改的素材的自动重新加载的方式。主要用"非序列素材""所有素材类型"和"关"3种加载方式。

（8）【不确定的媒体 NTSC】：主要用来控制对不确定的媒体是否进行丢帧处理。

（9）【将未标记的 Alpha 解释为】：主要用来设置未标记的 Alpha 素材的编译方式，为用户提供了"询问用户""猜测""忽略 Alpha""直接（无遮罩）""预乘（黑色遮罩）"和"预乘（白色遮罩）"标记方式，默认为"询问用户"标记方式。

（10）【通过拖动将多个项目导入为】：主要用来控制将多个项目使用拖动方式导入时，以哪种方式导入，After Effects CC 2019 为用户提供了"素材""合成"和"合成 - 保持图层大小"三种导入方式。

5.【输出】参数设置

【输出】参数列表主要用来设置当输出文件的大小超出目标磁盘的空间大小时，指定继续保存文件的逻辑分区位置，以及图片序列或影片的输出控制，如图 1.46 所示。

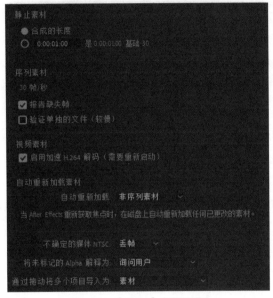

图 1.45 【导入】参数设置

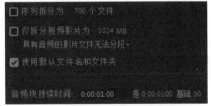

图 1.46 【输出】参数设置

（1）【序列拆分为 700 个文件】：主要用来设置序列文件输出时拆分的最多文件数量。

（2）【仅拆分视频影片为 1024MB】：主要用来设置输出影片拆分片段的大小，如果输出影片中有音频则不能拆分。

（3）【使用默认文件名和文件夹】：主要用来控制在输出影片时，是否采用默认项目中的文件名和文件夹。

（4）【音频块持续时间 0：00：01：00 是 0：00：01：00 基础 30】：主要用来设置影片输出时，音频的最大持续时间。

6.【网格和参考线】参数设置

【网格和参考线】参数列表主要用来设置网格与参考线的颜色、数量和线条风格，如图 1.47 所示。

（1）【网格】：主要用来设置网格的颜色、样式、网格线间隔大小和次分隔线的条数。

（2）【对称网格】：主要用来设置对称网格线水平和垂直的数量。

（3）【参考线】：主要用来设置参考线的颜色和线条样式。

（4）【安全边距】：主要用来设置"动作安全""字幕安全""中心剪切动作安全"和"中心剪切字幕安全"的百分比。

7.【标签】参数设置

【标签】参数列表主要用来设置各种标签的名称和颜色，如图 1.48 所示。

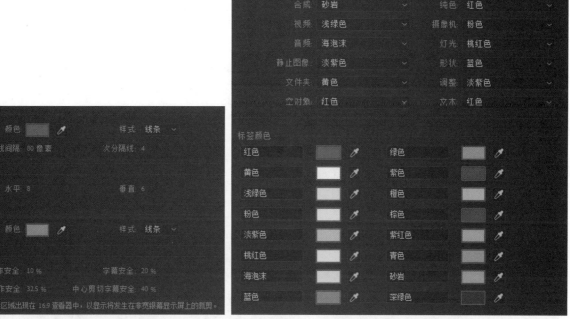

图 1.47　【网格和参考线】参数设置　　　　　　　　图 1.48　【标签】参数设置

8.【媒体和磁盘缓存】参数设置

【媒体和磁盘缓存】参数列表主要用来设置磁盘缓存的大小，如图 1.49 所示。

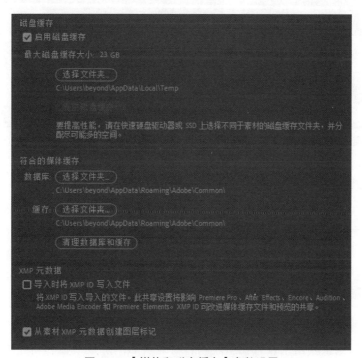

图 1.49　【媒体和磁盘缓存】参数设置

（1）【启用磁盘缓存】：主要用来控制是否启用磁盘缓存。

（2）【最大磁盘缓存大小】：主要用来设置磁盘缓存空间的最大值。

（3）【选择文件夹】：主要用来设置磁盘缓存保存的路径。

（4）【符合的媒体缓存】：主要用来设置"数据库"和"缓存"文件的路径，清理数据库和缓存文件。

（5）【XMP 元数据】：主要用来控制是否启用"导入时将 XMP ID 写入文件"和"从素材 XMP 元数据创建图层标记"功能。

9.【视频预览】参数设置

【视频预览】参数列表主要用来设置视频预览输出的硬件计技输出方式，如图 1.50 所示。

（1）【启用 Mercury Transmit】：主要用来控制是否启用"启用 Mercury Transmit"设置。

（2）【在后台时禁用视频输出】：主要用来控制是否可以在后台进行视频输出。

（3）【渲染队列输出期间预览视频】：主要用来控制在进行渲染队列时，是否可以预览视频。

10.【外观】参数设置

【外观】参数列表主要用来设置 After Effects CC 2019 工作界面的颜色、亮度和对比度等相关内容，如图 1.51 所示。

图 1.50 【视频预览】参数设置

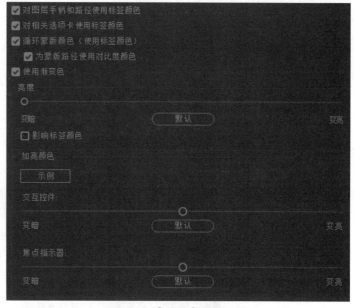

图 1.51 【外观】参数设置

（1）【对图层手柄和路径使用标签颜色】：主要用来控制是否对图层操作手柄和路径使用标签颜色。

（2）【对相关选项卡使用标签颜色】：主要用来控制是否启用对相关选项卡使用标签颜色。

（3）【循环蒙版颜色（使用标签颜色）】：主要用来控制是否启用对循环蒙版使用标签颜色。

（4）【为蒙版路径使用对比度颜色】：主要用来控制是否启用蒙版路径使用对比颜色。

（5）【亮度】：主要用来调节 After Effects CC 2019 工作界面的亮度。

（6）【加亮颜色】：主要用来调节 After Effects CC 2019 界面中可调参数值颜色的亮度。

（7）【焦点指示器】：主要用来调节焦点指示器的亮度。

11.【新建项目】参数设置

【新建项目】参数列表主要用来设置在新建项目时是否启用加载模板和新建项目纯色文件夹的名称，如图 1.52 所示。

（1）【新建项目加载模板】：主要用来控制在新建项目时，是否启用加载项目模板。

（2）【新建项目纯色文件夹】：主要用来设置新建项目纯色文件夹的名称。

12.【自动保存】参数设置

【自动保存】参数列表主要用来设置软件自动保存操作的间隔时间和项目文件保存的数量，如图 1.53 所示。

图 1.52　【新建项目】参数设置　　　　　图 1.53　【自动保存】参数设置

（1）【保存间隔】：主要用来设置自动保存用户操作步骤的间隔时间，默认为 20 分钟。

（2）【启动渲染队列时保存】：主要用来控制在启动渲染队列时，是否对渲染队列进行保存。

（3）【最大项目版本】：主要用来设置项目适应版本的最大值。

（4）【自动保存位置】：主要用来设置项目保存的位置，在 After Effects CC 2019 中为用户提供了"项目旁边"和"自定义位置"两种方式。

13.【内存】参数设置

【内存】参数列表主要用来设置内存的使用大小、为其他软件保留存储空间大小及系统内存不足时是否启用缓存等设施，如图 1.54 所示。

（1）【安装的 RAM】：主要显示安装软件使用内存的大小。

（2）【为其他应用程序保留的 RAM】：主要用来设置为其他应用程序保留的内存空间的最大值。

（3）【系统内存不足时减少缓存大小（这将缩短缓存预览）】：主要用来是否启动"系统内存不足时减少缓存大小"功能。

14.【音频硬件】和【音频输出映射】参数设置

【音频硬件】参数列表主要用来设置声卡的相关参数，【音频输出映射】参数列表主要用来设置左和右声道的设备，如图 1.55 所示。

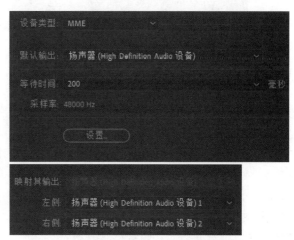

图 1.54　【内存】参数设置　　　　　图 1.55　【音频硬件】和【音频输出映射】参数设置

（1）【设备类型】：主要用来选择音频硬件的使用类型。

（2）【默认输出】主要用来设置音频输出的默认设备类型，在 After Effects CC 2019 中为读者提供了 4 种设备类型。

（3）【等待时间】：主要用来调节音频输出的等待时间。

（4）【映射其输出】：主要用来设置音频输出时左右声道的音频设置。

15.【同步设置】参数设置

【同步设置】主要是是否启动 After Effects CC 2019 中的一些同步操作功能，如图 1.56 所示。

（1）【退出应用程序时自动清除用户配置文件】：主要用来控制在退出 After Effects CC 2019 时，是否清楚用户配置的相关文件。

（2）【可同步的首选项】：主要用来控制是否启用"首选项"相关的参数设置。

（3）【键盘快捷键】：主要用来控制是否启用键盘快捷键。

（4）【合成设置预设】：主要用来控制是否启用合成设置预设。

（5）【解释规则】：主要用来控制是否显示解释规则提示信息。

（6）【渲染设置模板】：主要用来控制是否启用渲染设置模板。

（7）【输出模块设置模板】：主要用来控制是否启用输出模块设置模板。

（8）【在同步时】：主要用来设置同步的方式，主要有"询问我的首选项""始终上载设置"和"始终下载设置"三种同步方式。

16.【类型】参数设置

【类型】参数设置主要用设置"文字引擎"和"字体菜单"的相关设置，如图 1.57 所示。

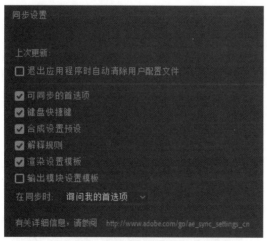 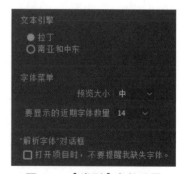

图 1.56 【同步设置】参数设置　　　　图 1.57 【类型】参数设置

（1）【文本引擎】：主要用来设置 After Effects CC 2019 的文字显示方式，主要有"拉丁"和"南亚和中东"两种文字引擎，默认为"拉丁"文字。

（2）【预览大小】：主要用来设置菜单字体的显示大小。主要有"小""中""大"和"特大"4 种显示方式。

（3）【要显示的近期字体数量】：主要用来设置近期字体数量的显示级别，主要提供 6 个级别，从 0 到 15。

（4）【打开项目时，不要提醒我缺失字体】：主要用来控制在打开项目出现字体缺失时，是否弹出字体缺失对话框提示信息。

视频播放：具体介绍，请观看配套视频"任务二：各项参数的作用和调节.wmv"。

七、拓展训练

根据前面所学知识，启动 After Effects CC 2019，根据自己的习惯设置系统参数。

【案例 3：拓展训练】

学习笔记：

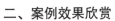

案例 4：影视后期特效合成的操作流程

一、案例内容简介

本案例主要通过一个简单的特效合成小案例，介绍影视后期特效合成的操作流程。

二、案例效果欣赏

【案例 4　简介】

三、案例制作（步骤）流程

任务一：After Effects CC 2019 的基本工作流程➡任务二：启动 After Effects CC 2019 软件和创建合成➡任务三：导入与替换文件➡任务四：使用素材的原则➡任务五：创建遮罩和转换为预合成➡任务六：添加特效➡任务七：预览效果和渲染输出

四、制作目的

（1）熟悉 After Effects CC 2019 的基本工作流程；
（2）了解使用素材需要遵循怎样的原则；
（3）熟悉特效的概念，掌握特效的操作方法；
（4）掌握特效动画的制作原理和基本操作流程；
（5）了解遮罩的原理和遮罩的制作方法。

五、制作过程需要解决的问题

（1）After Effects CC 2019 基本工作流程的注意事项；
（2）使用素材应遵循哪些原则；
（3）特效动画制作的基本流程；
（4）遮罩制作的技巧和注意事项。

六、详细操作步骤

【任务一：After Effects CC 2019 的基本工作流程】

任务一：After Effects CC 2019 的基本工作流程

After Effects CC 2019 的基本工作流程如下：
（1）前期创意，收集素材；
（2）启动 After Effects CC 2019；
（3）创建合成项目文件；
（4）导入素材文件；
（5）制作特效和合成；
（6）预览、渲染输出。

在 After Effects CC 2019 中，无论是制作一个简单的后期特效项目，还是制作复杂的大型动画后期特效合成项目，都需要遵循 After Effects CC 2019 的基本工作流程，如图 1.58 所示。

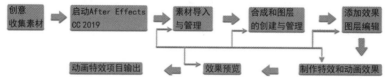

图 1.58 After Effects CC 2019 的基本工作流程

在本案例中通过制作一个"闪电下雨"的视频特效来介绍 After Effects CC 2019 的基本工作流程。

视频播放： 具体介绍，请观看配套视频"任务一：After Effects CC 2019 的基本工作流程.wmv"。

【任务二：启动 After Effects CC 2019 软件和创建合成】

任务二：启动 After Effects CC 2019 软件和创建合成

1. 启动 After Effects CC 2019 软件

启动 After Effects CC 2019 软件的方法与其他软件启动的方法基本相同，主要有以下三种方法。

方法一：在桌面上双击 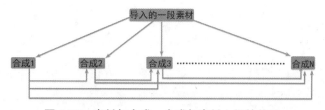（快捷图标），即可启动 After Effects CC 2019；

方法二：单击 ⊞（开始）→ Ae Adobe After Effects CC 2019 命令，即可启动 After Effects CC 2019；

方法三：直接双击需要打开的 AE 文件。

2. 创建合成

After Effects CC 2019 后期特效或动画合成的前提条件是创建合成，对导入的素材进行编辑、特效合成和动画制作都要在合成中实现，After Effects CC 2019 中的合成可以进行层层嵌套。一般情况下，制作一个后期特效合成项目都会用到合成嵌套，所以在学习后期特效制作之前需要了解相关合成的知识点。

在 After Effects CC 2019 中，一个后期合成项目允许创建多个合成，而且每个合成都可以作为一段素材应用到其他的合成中，一段素材可以在一个合成中多次使用，也可以在多个合成中使用，还可以对多个素材进行遮罩，但不能进行自身嵌套。如图 1.59 所示为素材与合成嵌套的关系。

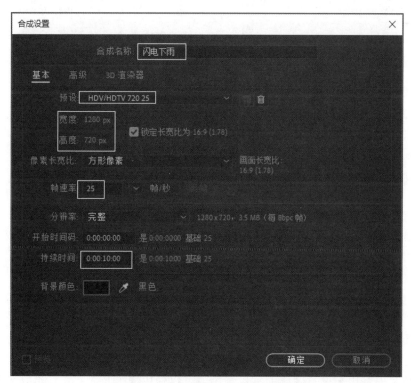

图 1.59　素材与合成、合成与素材之间的关系

步骤 01： 在菜单栏中单击【合成（C）】→【新建合成（C）…】命令（或按 "Ctrl+N" 组合键），弹出【合成设置】对话框。

步骤 02： 根据项目要求设置【合成设置】对话框，在本案例中的具体设置，如图 1.60 所示。

图 1.60　【合成设置】对话框参数设置

步骤 03： 设置完毕单击【确定】按钮即可创建一个名为 "闪电下雨" 的合成，如图 1.61 所示。

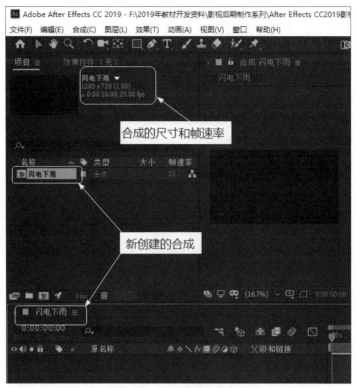

图 1.61　"闪电下雨"合成

提示：如果创建的新合成参数设置不符合实际要求，可以重新对创建的合成的参数进行修改，方法很简单，只要在菜单栏中单击【合成（C）…】→【合成设置（T）…】命令（或按"Ctrl+K"组合键）→弹出【合成设置】对话框，根据要求重新修改【合成设置】对话框中的相关参数，单击【确定】按钮即可。

3.【合成设置】对话框参数介绍

在【合成设置】对话框参数设置中，主要包括【基本】、【高级】和【3D 渲染器】3 大项参数设置。
【合成名称】：主要用来输入合成的名称。

（1）【基本】项参数简介。

①【预设】：为用户提供影片类型的选择和用户自定义影片类型。

②【宽度】/【高度】：主要用来设置合成的宽 / 高尺寸，单位为 px（像素），这两个参数只有在【预设】类型为自定义影片类型时才起作用。

③【像素长宽比】：主要用来设置单个像素的宽高比例，总共为用户提供了 7 种宽高比例的选择方式。

④【帧速率】：主要用来设置合成的帧速率，当帧速率设置为整数时，后面的帧控制方式不起作用，当帧速率设置不为整数时，为用户提供了"无丢帧"和"丢帧"两种选择播放方式。

⑤【分辨率】：主要用来设置合成的分辨率，为用户提供了"完整""二分之一""三分之一""四分之一"和"自定义…"5 种分辨率。

⑥【开始时间】：主要用来设置合成的起始时间，默认情况下从第 0 秒 0 帧开始。

⑦【持续时间】：主要用来设置合成的总时长。

⑧【背景颜色】：主要用来设置合成的背景颜色。可以使用 ▨（吸管）工具拾取颜色来调整合成的背景颜色。

（2）【高级】项参数介绍。

【高级】项参数选项卡主要用来设置"定位的（锚点）""渲染插件"和"动态模糊"等参数设置，如图 1.62 所示。

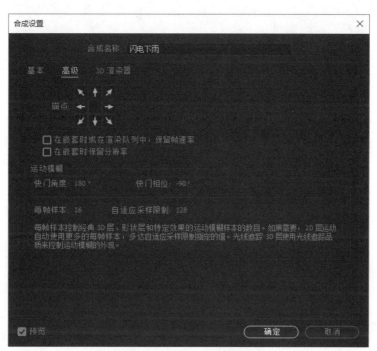

图 1.62　【高级】项参数选项卡

①【锚点】：主要用来设置合成的轴心点，在修改合成图像的尺寸时，轴心点位置决定如何裁切和扩大图像范围。

②【在嵌套时或在渲染队列中，保留帧速率】：主要用来控制是否启用在嵌套时或在渲染队列中，保留帧速率。

③【在嵌套时保留分辨率】：主要用来控制在嵌套时，是否启用保留分辨率。

④【快门角度】：主要用来调节快门的角度。

⑤【快门相位】：主要用来调节快门的相位角度。

提示：快门角度和快门之间的关系可以用"快门速度 =1÷［帧速率 ×（360÷ 快门角度）］"表达式计算得到。如快门角度为 180 度，PAL 的帧速率为 25 帧 / 秒，那么快门速度为 1/50。

⑥【每帧样本】：主要用来调节每帧样本采样的数值大小。

⑦【自适应采样限制】：主要用来调节自适应采样限制的大小。

（3）【3D 渲染器】项参数介绍。

在【3D 渲染器】项参数选项卡中主要为用户提供了渲染器的选择方式，主要提供了"经典3D""CINEMA 4D"和"光线追踪的 3D（启用）"3 种渲染选择方式，默认为"经典 3D"渲染方式，如图 1.63 所示。

视频播放：具体介绍，请观看配套视频"任务二：启动 After Effects CC 2019 软件和创建合成 .wmv"。

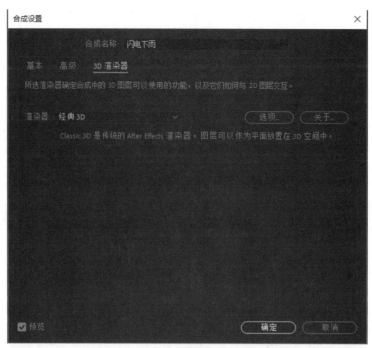

图 1.63 【3D 渲染器】项参数选项卡

任务三：导入与替换文件

1. 导入素材的方法

素材导入的方法主要有以下 3 种。

（1）通过菜单导入素材。

步骤 01：在菜单栏中单击【文件（F）】→【导入（I）】→【文件…】命令（或按"Ctrl+I"组合键）→弹出【导入文件】对话框，选择要导入的图片素材，如图 1.64 所示。

【任务三：导入
与替换文件】

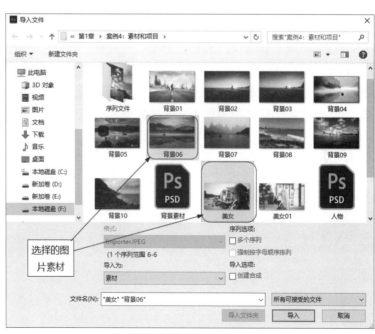

图 1.64 【导入文件】对话框

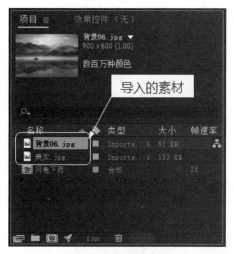

图 1.65　导入的素材

步骤 02：单击【导入】按钮即可将选择的素材导入【项目】窗口中，如图 1.65 所示。

（2）通过【项目】窗口导入素材。

步骤 01：在【项目】窗口的空白处双击鼠标左键，弹出【导入文件】对话框。

步骤 02：在弹出的【导入文件】对话框中选择需要导入的素材，单击【导入】按钮即可将选择的素材导入【项目】窗口中。

（3）通过拖拽的方法导入素材。

步骤 01：打开需要导入的素材所在的文件夹，选择需要导入的素材。

步骤 02：将光标移到选择素材的任意一个图标上，按住鼠标左键不放的同时，拖拽到【项目】窗口中，此时，出现拖拽素材的图标和复制的提示，如图 1.66 所示，松开鼠标左键即可，如图 1.67 所示。

图 1.66　拖拽的素材

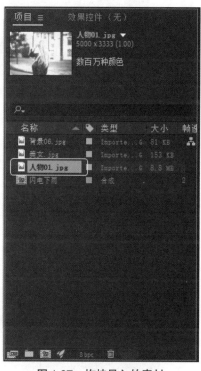

图 1.67　拖拽导入的素材

2. 序列文件的导入

如果需要导入序列素材，只要在【导入文件】对话框中选择序列文件的第一个文件，勾选 "Importer JPEG 序列" 选项，单击【导入】按钮即可序列文件导入。如果只需导入序列文件中的一部分，在勾选 "Importer JPEG 序列" 选项的基础上，选择需要导入的部分序列素材，单击【导入】按钮即可。

3. 导入多层素材

After Effects CC 2019 允许导入多图层素材，并保留文件的图层信息，如 Photoshop 的 PSD 文件和 Illustrator 生成的 ai 文件，导入多图层素材的具体操作如下所述。

（1）导入多层素材。

步骤 01：在【项目】窗口的空白处双击→弹出【导入文件】对话框，选择需要导入的多图层素材文件，在这里选择"人物 .psd"文件。

步骤 02：单击【导入】按钮，弹出一个图层设置对话框，具体设置如图 1.68 所示。

步骤 03：单击【确定】按钮即可将多图层的文件导入【项目】窗口，如图 1.69 所示。

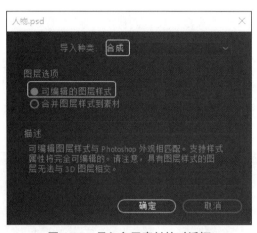

图 1.68　导入多层素材的对话框

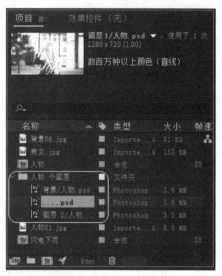

图 1.69　导入的多层素材

（2）多图层素材导入种类介绍。

【导入种类】主要有"素材""合成"和"合成—保持图层大小"3 种方式导入，如图 1.70 所示。

①【合成】：以"合成"方式导入素材时，After Effects CC 2019 将整个素材作为一个文件合成，原始素材的图层信息可以最大限度地保留，可以在这些原有图层的基础上再次进行特效和动画制作。如果单选【可编辑的图层样式】选项，则可以保留图层样式信息；如果单选【合并图层样式到素材】选项，则将图层样式合并到素材中。

②【素材】：以"素材"方式导入素材时，弹出如图 1.71 所示的参数设置对话框。

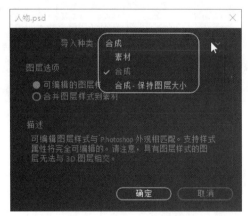

图 1.70　素材导入种类

图 1.71　以"素材"方式导入

A.【合并的图层】：单选此项，则原始文件的所有图层合并后一起导入。

B.【选择图层】：单选此项，则可以选择某些特定图层作为素材导入。

C.【合并图层样式到素材】：单选此项，则将图层的样式合并到图层中一起导入。

D.【忽略图层样式】：单选此项，则只导入图层，忽略图层样式。

E.【素材尺寸】：在选择单个图层作为素材导入时，用户还可以选择"图层大小"还是"文档大小"的尺寸导入。

4. 素材替换

在 After Effects CC 2019 中，允许用户对当前不理想的素材进行替换操作，素材替换操作主要有以下两种方法。

（1）方法一。

步骤 01：在【项目】窗口中，单选需要替换的素材。

步骤 02：在菜单栏中单击【文件（F）】→【替换素材（E）】→【文件…】命令或（按"Ctrl+H"组合键）→弹出【替换素材文件】对话框。

步骤 03：选择替换素材，单击【导入】按钮即可完成素材的替换。

（2）方法二。

步骤 01：在【项目】窗口中，将光标移到需要进行替换的素材标签上，单击鼠标右键，弹出快捷菜单。

步骤 02：在弹出的快捷菜单中单击【替换素材（E）】→【文件…】命令，弹出【替换素材文件】对话框。

步骤 03：选择替换素材，单击【导入】按钮即可完成素材的替换。

提示：素材替换以后，被替换的素材在时间线上的所有操作将被保留下来，知识素材被替换，为了减少在预览过程中对计算机硬件的压力，建议用户将当前大容量素材设置为占位符或固态层。

视频播放：具体介绍，请观看配套视频"任务三：导入与替换文件.wmv"。

任务四：使用素材的原则

在导入素材之前，首先确定最终输出的文件格式，这对选择素材导入进行创作非常重要。例如，在导入一张背景图片时，用户可以先在 Photoshop 中根据项目或合成尺寸大小设置图片的尺寸和像素比。如果导入图片的尺寸过大会增加渲染压力，而导入尺寸过小，则渲染出来的清晰度达不到用户的要求，会出现失真和模糊现象。

【任务四：使用素材的原则】

在使用素材时，应遵循以下 3 个原则。

（1）【原则 1】：尽量使用无压缩的素材。

在进行抠像或运动跟踪时，素材的压缩率越小，产生的效果就越好。建议用户在制作过程中和渲染输出时都采用无损压缩，到最终输出时才根据项目实际要求进行有损压缩操作。例如，在使用经过 DV 压缩编码后的素材，一些比较小的颜色差别信息将被压缩掉，在进行调色等操作时可能出现颜色偏差等现象。

（2）【原则 2】：尽量使用素材的帧速率与输出的帧速率保持一致。

如果使用素材的帧速率与输出的帧速率保持一致，则可以避免在 After Effects CC 2019 中重新设置帧混合。

（3）【原则 3】：在条件允许的情况下，即使作为标准清晰度的项目，也建议使用高清晰度的拍摄素材。

使用高清晰度的拍摄素材可以为后期特效合成提供足够的创作空间，如通过缩放画面来模拟摄影机的推拉和摇摆动画等。

视频播放：具体介绍，请观看配套视频"任务四：使用素材的原则.wmv"。

任务五：创建遮罩和转换为预合成

1. 理解遮罩

遮罩是指使用路径工具或遮罩工具绘制的闭合曲线，它位于图层之上，本身不包含任何图像数据，只是用于控制图层的透明区域和不透明区域，在对图层操作时，被遮挡的部分不受影响。

在 After Effects CC 2019 中，遮罩其实就是一个封闭的贝塞尔曲线所构成的路径轮廓，可以对轮廓内或外的区域进行抠像。如果不是闭合曲线，就只能作为路径来使用，如经常使用的描边特效就是利用遮罩功能来开发的。

在 After Effects CC 2019 中，闭合曲线不仅可以作为遮罩，还可以作为其他特效的操作路径，如文字路径等，如图 1.72 所示。

2. 创建遮罩

步骤 01： 将【项目】窗口中的"人物"图片素材拖拽到【闪电下雨】合成中，在【合成预览】窗口中的效果，如图 1.73 所示。

图 1.72　路径文字

图 1.73　在【合成预览】窗口中的效果一

步骤 02： 确定【闪电下雨】合成中的"人物"图片被选中，在工具栏中单击 （钢笔工具），在【合成预览】窗口中绘制闭合的曲线即可创建一个遮罩，如图 1.74 所示。

图 1.74　创建遮罩之后的效果

提示： 在创建遮罩时，一定要单选被遮罩的图层，才能使用遮罩工具创建遮罩；否则，创建的是形状图形。

3. 转换为预合成

转换为预合成主要有以下两种方法。

（1）方法一：通过菜单栏中的命令创建预合成。

步骤 01：单选【闪电下雨】合成中的"人物"图片素材。

步骤 02：在菜单栏中单击【图层（L）】→【预合成（P）…】命令（或按"Ctrl+Shift+C"组合键），弹出【预合成】对话框，具体设置，如图 1.75 所示。

步骤 03：单击【确定】按钮即可将单选图层转换为预合成，效果如图 1.76 所示。

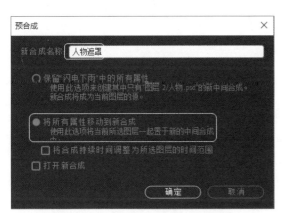

图 1.75　【预合成】对话框参数设置

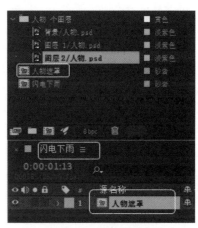

图 1.76　预合成效果

（2）方法二：通过单击右键创建预合成。

步骤 01：将光标移到选择的任意一个图层上，单击鼠标右键弹出快捷菜单。

步骤 02：在弹出的快捷菜单中单击【预合成…】命令，弹出【预合成】对话框，根据要求设置参数，单击【确定】按钮即可。

4. 将背景图片拖拽到合成中

步骤 01：将光标移到【项目】窗口中的"背景 06"图片上。

步骤 02：按住鼠标左键不放的同时，将其拖拽到【闪电下雨】合成中的最底层，如图 1.77 所示，在【合成预览】窗口中的效果，如图 1.78 所示。

图 1.77　在【闪电下雨】中效果

图 1.78　【合成预览】窗口中的效果二

视频播放：具体介绍，请观看配套视频"任务五：创建遮罩和转换为预合成.wmv"。

【任务六：添加
特效】

任务六：添加特效

在 After Effects CC 2019 的默认情况下，特效主要分为 24 大类 100 多个特效。所有特效都安装在 After Effects CC 2019/Support Files/Plug-ins 文件中，而且都是以插件的方式引入 After Effects CC 2019 中，所以用户还可以以效果插件的方式添加更多的特效（插件必须与当前版本兼容）。重新启动 After Effects CC 2019，系统自动将添加到【效果和预设】面板中。在这里只介绍特效的使用方法。特效插件的安装和使用方法在第 9 章再给大家详细介绍。

1. 添加特效的方法

在 After Effects CC 2019 中，效果也称特效，在本书中，统一称为特效。添加特效的方法主要有以下五种方法。

（1）方法一：在合成窗口中单击需要添加特效的图层，在菜单栏中单击【效果（T）】弹出下拉菜单，在下拉菜单中单击特效分类标签，弹出二级子菜单，在弹出的二级子菜单中单击需要添加的效果即可。

（2）方法二：将光标移到合成窗口中需要添加特效的图层上，单击鼠标右键，弹出快捷菜单，在弹出的快捷菜单中单击【效果】菜单中的子命令即可。

（3）方法三：在【效果和预设】功能面板中选择需要使用的特效，将其拖拽到合成窗口中需要添加特效的图层上即可。

（4）方法四：在合成窗口中单选需要添加特效的图层，然后在【效果和预设】功能面板中双击需要添加的特效即可。

（5）方法五：将【效果和预设】功能面板中的特效直接拖拽到【合成预览】窗口中的对象上，松开鼠标即可。

2. 删除特效

删除特效的方法很简单，单选需要删除特效的图层，然后在【效果控件】中单选需要删除的特效，按 Delete 键即可。

3. 复制特效

在 After Effects CC 2019 中，可以对调节好参数的效果进行复制，在复制的基础进行适当修改即可得到更好的合成效果，同时也节约时间。

步骤 01：在【合成】窗口中单选需要复制的特效所在的图层。

步骤 02：在【效果控件】中单选需要复制的特效，按"Ctrl+C"组合键。

步骤 03：单选需要粘贴特效的图层（可以是特效所在的图层），按"Ctrl+V"组合键即可。

步骤 04：对复制的特效根据需要进行参数修改即可。

4. 添加"闪电"和"下雨"效果

在此，主要通过给"调节层"添加效果来制作合成效果。

（1）添加调整图层。

步骤 01：在【闪电下雨】合成中的空白处，单击鼠标右键，弹出快捷菜单，在弹出的快捷菜单中单击【新建】→【调整图层（A）】命令即可而创建一个调整图层，如图 1.79 所示。

步骤 02：给图层重命名。将光标移到刚创建的调整图层上，单击鼠标右键，弹出快捷菜单，在弹出的快捷菜单中单击【重命名】命令，此时，调整图层中的"调整图层 1"呈蓝色显示，表示可以修改，输入"闪电下雨效果"后按"Enter"键即可，如图 1.80 所示。

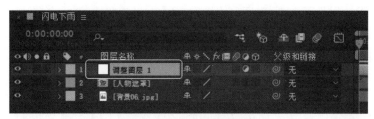

图 1.79　创建的调整图层

图 1.80　重命名的调整图层

（2）给"闪电下雨效果"调整图层添加【高级闪电】效果。

步骤 01：在【闪电下雨】合成中单选 ▢ 闪电下雨效果 调整图层，在菜单栏中单击【效果（T）】→【生成】→【高级闪电】命令即可给选定的调整图层添加一个闪电效果。

步骤 02：调节特效参数。参数的具体调节如图 1.81 所示，在【合成预览】窗口中的效果，如图 1.82 所示。

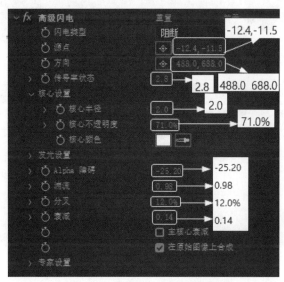

图 1.81　【高级闪电】效果参数

图 1.82　在【合成预览】窗口中的效果三

步骤 03：将"时间标尺"移到第 0 帧的位置，在【效果控件】面板中单击【高级闪电】特效中的【传导率状态】参数前面的⏱图标，给【传导率状态】参数选项添加关键帧。

步骤 04：将"时间标尺"移到第 9 秒 24 帧的位置，将【传导率状态】参数设置为"60"，在【合成预览】窗口中的效果，如图 1.83 所示。

（3）添加下雨特效。

步骤 01：单选 闪电下雨效果 调整图层，在菜单栏中单击【效果（T）】→【模拟】→【CC Rainfall】命令，即可给【闪电下雨效果】调整图层添加一个下雨的特效。

步骤 02：调节【CC Rainfall】的参数，具体参数调节如图 1.84 所示，在【合成预览】窗口中的效果，如图 1.85 所示。

图 1.83　在【合成预览】窗口中的效果四

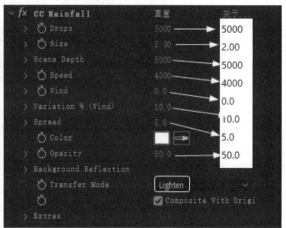

图 1.84　【CC Rainfall】参数设置

图 1.85　在【合成预览】窗口中的效果五

视频播放： 具体介绍，请观看配套视频"任务六：添加特效.wmv"。

任务七：预览效果和渲染输出

【任务七：预览效果和渲染输出】

1. 预览效果

在制作完之后，应该预览效果，看是否达到预期的效果，再决定是否渲染输出。如果没有达到用户预期的效果，还可以继续编辑。这样可以避免渲染输出时效果不好而浪费大量的渲染输出时间。具体操作方法为：在菜单栏中单击【合成（C）】→【预览（P）】→【播放当前预览（P）】命令，在【合成预览】窗口中观看预览效果。

2. 渲染输出

预览后，如果合成达到要求，就可以进行输出，具体操作方法如下所述。

步骤01：在菜单栏中单击【合成（C）】→【预渲染…】命令，弹出【将影片输出到】对话框，在该对话框设置输出影片的名称，如图 1.86 所示。

图 1.86　设置影片名称

步骤02：单击【保存（S）】按钮，出现【渲染队列】窗口，如图 1.87 所示。在该队列中设置"渲染设置""输出模块"和"输出到"等参数。

图 1.87　【渲染队列】窗口参数设置

步骤03：设置完毕，单击【渲染】按钮即可。

视频播放：具体介绍，请观看配套视频"任务七：预览效果和渲染输出.wmv"。

七、拓展训练

根据前面所学知识，使用左边的两张素材图片，制作成右边的图片效果。

【案例 4：拓展训练】

ct s-

学习笔记：

48

第 2 章

图层与遮罩

知识点

案例 1：图层的创建与使用

案例 2：图层的基本操作

案例 3：图层的高级操作

案例 4：遮罩动画的制作

说　明

本章主要通过 4 个案例的介绍，全面讲解图层相关操作，遮罩工具的作用和遮罩动画的制作。

教学建议课时数

一般情况下需要 6 课时，其中理论讲解 2 课时，实际操作 4 课时（特殊情况可做相应调整）。

思维导图

案例 1：图层的创建与使用
- 任务一：图层的分类
- 任务二：创建纯色层
- 任务三：给纯色层添加效果
- 任务四：创建调整图层和重命名
- 任务五：给调整图层添加效果并查看

案例 2：图层的基本操作
- 任务一：创建合成
- 任务二：素材处理
- 任务三：对图层进行操作
- 任务四：创建文字图层并添加效果

第2章 图层与遮罩

案例 3：图层的高级操作
- 任务一：图层时间排序
- 任务二：图层风格的使用
- 任务三：图层混合模式的使用
- 任务四：启用时间重置和视频倒放

案例 4：遮罩动画的制作
- 任务一：矩形遮罩工具的使用
- 任务二：椭圆形遮罩工具的使用
- 任务三：任意形状遮罩工具的使用
- 任务四：遮罩动画的制作

After Effects CC 2019 的图层主要包括文字图层、纯色层、摄像机层、灯光层、形状层、调整图层、副本图层、分离层、空对象层等。在本章中，主要通过 4 个案例全面介绍有关层的创建、使用方法以及遮罩的原理和创建。

素材文件在【项目】窗口中不叫图层，只有将素材文件拖拽到【合成】窗口之后才叫作图层，不同的素材对应不同的图层。每种图层的作用和使用方法有所不同。

案例 1：图层的创建与使用

一、案例内容简介

本案例主要介绍图层的分类、各种图层的创建、给图层添加特效及特效参数调节。

【案例 1　简介】

二、案例效果欣赏

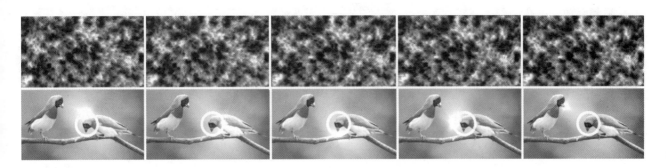

三、案例制作（步骤）流程

任务一：图层的分类➡任务二：创建纯色层➡任务三：给纯色层添加效果➡任务四：创建调整图层和重命名➡任务五：给调整图层添加效果并查看

四、制作目的

（1）了解 After Effects CC 2019 的图层分类；

（2）掌握各种图层的创建和作用；

（3）掌握给图层添加特效和特效调节的方法。

五、制作过程中需要解决的问题

（1）在 After Effects CC 2019 中，要对图层进行分类的原因；

（2）各种图层的应用范围；

（3）对图层的各种操作方法；

（4）特效在各种图层中效果的区别。

六、详细操作步骤

任务一：图层的分类

在 After Effects CC 2019 中图层是最基础的操作，是学习 After Effects 的基础。导入素材、添加效果、设置参数、创建关键帧动画等操作，都是通过【合成】窗口中的图层来完成的。

【任务一：图层
的分类】

After Effects CC 2019 主要包括以下 11 种图层类型：

（1）使用【项目】窗口中素材创建的图层；

（2）使用合成嵌套时创建的合成层；

（3）文字图层；

（4）纯色层、摄像机层和灯光层；

（5）形状层；

（6）调整图层；

（7）副本图层；

（8）分离层；

（9）空对象层；

（10）通过 Photoshop 创建的 Adobe Photoshop 文件（H）层；

（11）通过 Cinema 4D 创建的 MAXON CINEMA 4D 层。

以上各种图层的创建、作用、应用领域、操作方法及操作技巧，在后续案例中再详细介绍。

视频播放： 具体介绍，请观看配套视频"任务一：图层的分类.wmv"。

【任务二：创建
纯色层】

任务二：创建纯色层

固态层在 After Effects CC 2019 中使用的频率非常高。固态层是一种纯色层，可以创建任何颜色和尺寸（最大尺寸可达 30000px×30000px）的固态层。固态层和其他素材层一样，可以在颜色固态层上制作遮罩，也可以修改层的变换属性，还可以添加各种特效，制作出各种意想不到的视觉效果。本节通过制作一个"放射光"动画来介绍固态层的创建和使用方法。

1. 创建一个名为"放射光"的合成

步骤 01： 启动 After Effects CC 2019。

步骤 02： 创建新合成。在菜单栏中单击【合成（C）】→【新建合成（C）…】命令，在弹出的【图像合成设置】对话框中设置尺寸为"1280px×720px"，持续时间为"6 秒"，命名为"放射光"，其他参数为默认值。

步骤 03： 单击【确定】按钮完成合成创建。

2. 创建一个名为"放射光"的纯色层

纯色层的创建方法主要有如下两种。

（1）方法一：通过菜单栏创建纯色层。

步骤 01： 确保"放射光"合成为当前合成。

步骤 02： 在菜单栏中单击【图层（L）】→【新建（N）】→【纯色（S）…】命令（或按"Ctrl+Y"组合键），弹出【纯色设置】对话框，具体设置如图 2.1 所示。

步骤 03： 单击【确定】按钮，即可创建一个名为"放射光"的纯色层，如图 2.2 所示。

（2）方法二：通过单击鼠标右键创建纯色层。

步骤 01： 在当前合成中单击鼠标右键，弹出快捷菜单。

步骤 02： 在弹出的快捷菜单中单击【新建】→【纯色（S）…】命令，弹出【纯色设置】对话框。

步骤 03： 根据实际要求设置【纯色设置】对话框参数，单击【确定】按钮即可创建一个纯色层。

视频播放： 具体介绍，请观看配套视频"任务二：创建纯色层.wmv"。

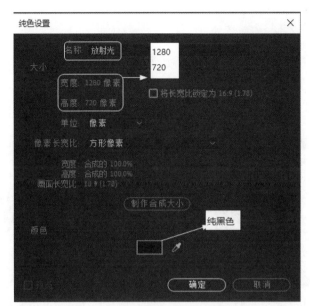

图 2.1 【纯色设置】对话框参数设置

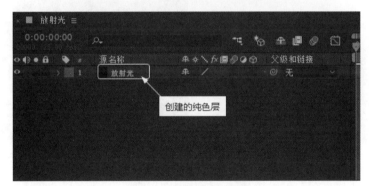

图 2.2 创建的纯色层

任务三：给纯色层添加效果

1. 给纯色层添加"分形杂色"效果

步骤 01： 单选需要添加效果的纯色层。

步骤 02： 在菜单栏中单击【效果（T）】→【杂色和颗粒】→【分形杂色】命令即可给单选的纯色层添加该效果。

步骤 03： 在【效果控件】中设置"分形杂色"效果参数，具体设置如图 2.3 所示，在【合成预览】窗口中的效果，如图 2.4 所示。

【任务三：给纯色层添加效果】

2. 给纯色层添加"CC Radial Fast Blur"效果

"CC Radial Fast Blur"的中文意思是"CC 放射状快速模糊"，通过该命令来制作放射状的模糊效果。

步骤 01： 添加效果。在菜单栏中单击【效果（T）】→【模糊和锐化】→【CC Radial Fast Blur】命令，即可给 放射光 图层添加该效果。

步骤 02： 将 【时间指示器】滑块移到第 0 秒 0 帧的位置处，单击【Center】参数右边的 图标给该参数添加一个关键帧，具体参数设置如图 2.5 所示，在【合成预览】窗口中的效果，如图 2.6 所示。

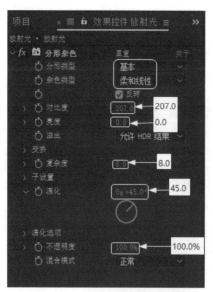

图 2.3 【分形杂色】参数设置

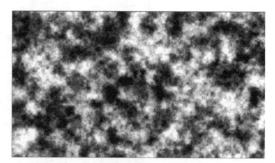

图 2.4　在【合成预览】窗口中的效果一

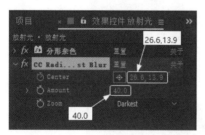

图 2.5 【CC Radial Fast Blur】参数设置

图 2.6　在【合成预览】窗口中的效果二

步骤 03：将 ☑【时间指示器】滑块移到第 5 秒 0 帧的位置处，调整【Center】参数，具体调节如图 2.7 所示，在【合成预览】窗口中的效果，如图 2.8 所示。

图 2.7　调整【Center】参数

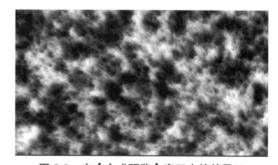

图 2.8　在【合成预览】窗口中的效果三

3. 给纯色层添加"色光"效果

步骤 01：单选 ▮ 放射光 ▮ 纯色层。

步骤 02：在菜单栏中单击【效果（T）】→【色彩校正】→【色光】命令即可给选择图层添加效果。

步骤 03：在【效果控件】控制台中设置【色光】效果的参数，具体设置如图 2.9 所示，在【合成预览】窗口中的效果，如图 2.10 所示。

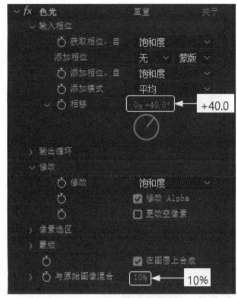

图 2.9　【色光】参数设置　　　　　　　图 2.10　在【合成预览】窗口中的效果四

步骤 04：渲染输出为"放射光 .wav"视频文件。

> **视频播放：**具体介绍，请观看配套视频"任务三：给纯色层添加效果.wmv"。

任务四：创建调整图层和重命名

　　调整图层是一个空白的不可见图层，但是在给它添加了效果之后，调整图层的效果会影响它下面的所有图层。读者如果要给多个图层添加相同的效果，使用调整图层来实现是最快的一种方法。下面通过一个案例来介绍调整图层的创建和使用方法。

【任务四：创建调整图层和重命名】

1. 创建合成

步骤 01：在菜单栏中单击【合成（C）】→【新建合成（C）…】命令（或按"Ctrl+N"组合键），弹出【合成设置】对话框。

步骤 02：在弹出的【合成设置】对话框中设置尺寸为"1280px×720px"，持续时间为"6 秒"，名为"调整图层的使用"合成，单击【确定】按钮即可。

2. 导入素材

步骤 01：在菜单栏中单击【文件（F）】→【导入（I）】→【文件…】命令（或按"Ctrl+I"组合键），弹出【导入文件】对话框。

步骤 02：在【导入文件】对话框中单选"鸟 02"图片素材，单击【导入】按钮即可将图片导入【项目】窗口。

步骤 03：将"鸟 02"图片素材拖拽到"调整图层的使用"合成中，在【合成预览】窗口中的效果，如图 2.11 所示。

3. 创建调整图层

创建调整图层主要有以下两种方式，具体操作如下。

（1）方法一：通过菜单栏创建调整图层。

步骤 01：在菜单栏中单击【图层（L）】→【新建（N）】→【调整图层（A）】命令（或按"Ctrl+Alt+Y"组合键），即可创建一个调整图层，如图 2.12 所示。

图2.11　在【合成预览】窗口中的效果五

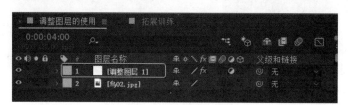

图2.12　创建的调整图层

步骤02：对调整图层进行重命名。将光标移到创建的调整图层的标题上，单击鼠标右键，弹出快捷菜单，在弹出的快捷菜单中单击【重命名】命令，此时标题呈蓝色显示。

步骤03：输入需要的调整图层的名称，在此输入"光环调整图层"6个文字，按"Enter"键即可，如图2.13所示。

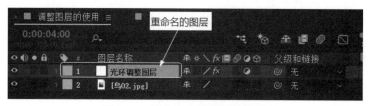

图2.13　重命名之后的调整图层

（2）方法二：通过快捷菜单创建调整图层。

步骤01：在【合成窗口】的空白处，单击鼠标右键弹出快捷菜单。

步骤02：在弹出的快捷菜单中单击【新建】→【调整图层（A）】命令，即可创建一个调整图层。

步骤03：方法同上，对调整图层进行重命名。

视频播放：具体介绍，请观看配套视频"任务四：创建调整图层和重命名.wmv"。

【任务五：给调整图层添加效果并查看】

任务五：给调整图层添加效果并查看

1. 给调整图层添加"圆"效果

步骤01：单选创建的调整图层。

步骤02：在菜单栏中单击【效果（T）】→【生成】→【圆形】命令，即可给单选的调整图层添加该效果。

步骤03：设置"圆"效果的参数，具体设置如图2.14所示。在【合成预览】窗口中的效果，如图2.15所示。

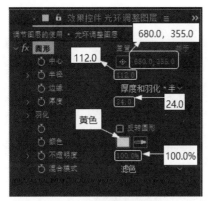

图 2.14　【圆形】参数设置

图 2.15　【合成预览】窗口中的效果六

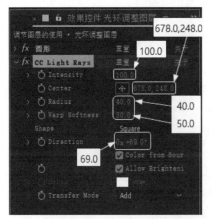

图 2.16　【CC Light Rays】效果参数设置

2. 给调整图层添加 "CC Light Rays" 效果

"CC Light Rays" 的中文意思为 "CC 光线照射"，添加 "CC Light Rays" 的具体操作如下。

步骤 01：单选创建的调整图层。

步骤 02：在菜单栏中单击【效果（T）】→【生成】→【CC Light Rays】命令，即可给单选的调整图层添加该效果。

步骤 03：将 🔲【时间指示器】滑块移到第 0 秒 0 帧的位置，设置【CC Light Rays】效果的参数，具体设置如图 2.16 所示，单击 "Center" 参数左边的 🔘 图标，给该参数添加关键帧。在【合成预览】窗口中的效果，如图 2.17 所示。

步骤 04：将 🔲【时间指示器】滑块移到第 1 秒 0 帧的位置，将 "Center" 参数调整为 "788.0，362.0"。此时，系统给 "Center" 参数自动添加一个关键帧。在【合成预览】窗口中的效果，如图 2.18 所示。

图 2.17　在【合成预览】窗口中的效果七

图 2.18　在【合成预览】窗口中的效果八

步骤 05：将 🔲【时间指示器】滑块分别移到第 2 秒 0 帧、第 3 秒 0 帧、第 4 秒 0 帧的位置，在这三个位置将 "Center" 参数分别调整为 "664.0，462.0" "568.0，346.0" 和 "438.0，186.0"，效果如图 2.19 所示。

3. 查看调整图层

单击【调整图层的使用】合成中 🖼️ 调整图层左侧的 👁 按钮，【合成窗口】如图 2.20 所示，在【合成预览】窗口中的效果，如图 2.21 所示，整个屏幕呈黑色，什么也没有。这就说明，调整图层是一个不可见的图层，在它上面添加的效果可以作用于它下面的所有图层。

图 2.19　分别在第 2 秒、第 3 秒和第 4 秒的 0 帧位置时，在【合成预览】窗口中的效果

图 2.20　在【合成窗口】中的效果九

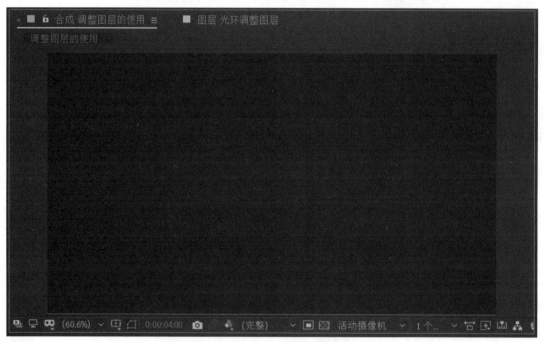

图 2.21　在【合成预览】窗口中的效果十

视频播放： 具体介绍，请观看配套视频"任务五：给调整图层添加效果并查看 .wmv"。

【案例 1：拓展训练】　**七、拓展训练**

根据所学知识完成如下效果。

学习笔记：

案例 2：图层的基本操作

一、案例内容简介

　　本案例主要介绍图层的叠放顺序、移动和旋转操作及文字图层的创建。

【案例 2　简介】

二、案例效果欣赏

三、案例制作（步骤）流程

> 任务一：创建合成➡️任务二：素材处理➡️任务三：对图层进行操作➡️任务四：创建文字图层并添加效果

四、制作目的

（1）掌握图层叠放顺序的操作方法；

（2）掌握图层的旋转和移动操作；

（3）掌握文字图层的创建及相关操作。

五、制作过程中需要解决的问题

（1）图层叠放顺序的操作主要有几种方法？

（2）对图层的操作主要有哪些？

（3）怎样创建文字图层？

（4）对文字图层的操作主要有哪些？

六、详细操作步骤

在使用 After Effects CC 2019 进行影视后期合成时，一定要理解图层的概念。其实，【合成】窗口中的每一个素材就是一个图层，每一个图层之间既相互独立又相互关联，在对其中任意一个图层操作时不会影响其他图层，但是会影响所有图层的最终合成效果。

在本案例中主要讲解调整图层的顺序、调整图层在【合成】窗口中的位置、改变图层的大小、旋转图层和创建文字图层并对文字图层进行相应的操作。

任务一：创建合成

【任务一：创建合成】

步骤 01：启动 After Effects CC 2019 并保存名为"案例2：图层的基本操作 .aep"的文件。

步骤 02：创建合成。在菜单栏中单击【合成（C）】→【新建合成（C）…】命令，在弹出的【图像合成设置】对话框中设置尺寸为"1280px×720px"，持续时间为"6秒"，命名为"图层的基本操作"，其他参数为默认值。

步骤 03：单击【确定】按钮完成合成创建。

视频播放：具体介绍，请观看配套视频"任务一：创建合成.wmv"。

任务二：素材处理

1. 导入素材

步骤 01：在菜单栏中单击【文件（F）】→【导入（I）】→【文件…】命令（或按"Ctrl+I"组合键），弹出【导入文件】对话框，在该对话框单选"照片合成.psd"文件，如图 2.22 所示。

步骤 02：单击【导入】按钮，弹出【照片合成.psd】对话框，具体设置如图 2.23 所示。

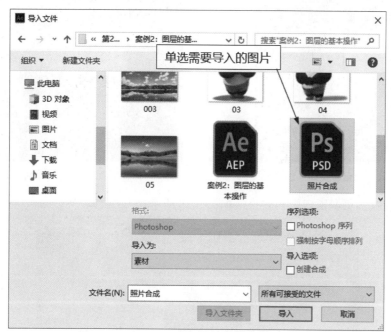

图 2.22　单选需要导入的图片

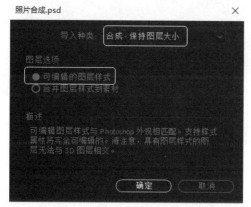

图 2.23　【照片合成.psd】对话框

【任务二：素材处理】

步骤 03：单击【确定】按钮，即可将选定的带图层的文件导入【项目】窗口中，如图 2.24 所示。

提示：使用此方法导入的带图层的文件，After Effects CC 2019 会自动创建一个与导入文件名称相同的合成，且顺序与原始文件的图层顺序相同。

2. 将导入的素材拖拽到合成中

步骤 01：将【项目】窗口中的图片素材拖拽到【图层的基本操作】合成窗口中，图层的叠放顺序如图 2.25 所示。

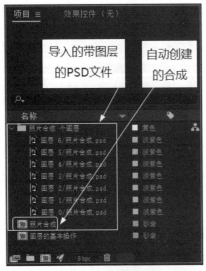

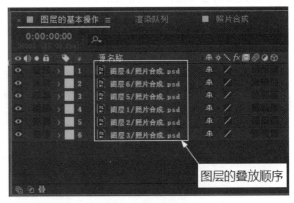

图 2.24　导入【项目】窗口中的文件　　　　图 2.25　图层的叠放顺序

步骤 02：在【合成预览】窗口中的效果，如图 2.26 所示。

图 2.26　在【合成预览】窗口中的效果一

步骤 03：从【合成预览】窗口中的最终效果可以看出，图层的顺序和图片的位置都不符合用户的需要，因而需要对图层的顺序进行调整。

视频播放：具体介绍，请观看配套视频"任务二：素材处理.wmv"。

【任务三：对图层进行操作】

任务三：对图层进行操作

图层的操作主要包括改变图形的叠放顺序、旋转和移动等，具体操作如下。

1. 调节图层的叠放顺序

步骤 01：在【图层的基本操作】合成中单选 图层1/照片合成.psd图层，在菜单栏中单击【图层（L）】→【排列】命令，弹出二级子菜单，如图 2.27 所示。

提示：从图 2.27 可知，通过菜单命令（或按组合快捷键），可以将当前选择的图层移到最前面、相对位置前一层、相对位置后一层或最底层。

步骤 02： 将光标移到【将图层置于底层】命令上单击（或按"Ctrl+Shift+["组合键），即可将选择的图层向下移到最底层，如图 2.28 所示。

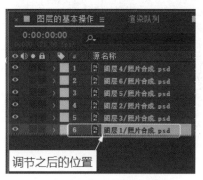

図 2.27　二级子菜单　　　　　　　図 2.28　移动之后的图层顺序

2. 手动调节图层的叠放顺序

步骤 01： 将鼠标移到需要调整位置的图层上，按住鼠标左键不放的同时，移动到需要放置的两个图层之间，此时，出现一条蓝色的横线，松开鼠标即可。例如：将鼠标放到 图层2/照片合成.psd 图层上，按住鼠标左键不放的同时，移动到 图层1/照片合成.psd 图层和 图层3/照片合成.psd 图层之间，此时，出现一条蓝色的线，如图 2.29 所示，松开鼠标即可，调整后的位置如图 2.30 所示。

步骤 02： 采用以上任意一种方法调整图层的叠放顺序。调整好顺序之后的效果，如图 2.31 所示。在【合成预览】窗口中的效果，如图 2.32 所示。

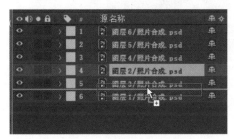

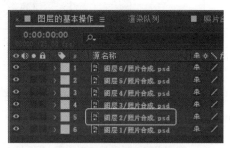

図 2.29　鼠标所在的位置　　　　　　図 2.30　调整之后的位置

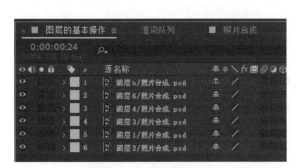

図 2.31　图层最终顺序　　　　　図 2.32　在【合成预览】窗口中的效果二

3. 对图层进行旋转和移动操作

步骤 01： 单击 图层6/照片合成.psd 左侧的 图标，展开该图层的"变换"操作参数设置，具体设置，如图 2.33 所示。在【合成预览】窗口中的效果，如图 2.34 所示。

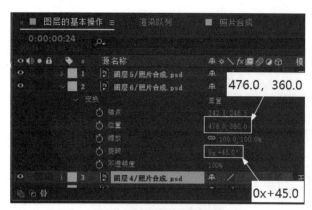

476.0, 360.0

0x+45.0

图2.33 "变换"参数设置

图2.34 在【合成预览】窗口中的效果三

提示： 如图2.33所示，通过改变图层的"锚点""位置""缩放""旋转"和"不透明度"5个参数，即可改变图层定位点、位置、大小、旋转角度和透明程度。

步骤02： 展开 图层4/照片合成.psd 图层，将该图层的"变换"参数组中的"位置"参数调整为"920.0，360.0"，在【合成预览】窗口中的效果，如图2.35所示。

图2.35 在【合成预览】窗口中的效果四

视频播放： 具体介绍，请观看配套视频"任务三：对图层进行操作.wmv"。

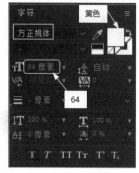

【任务四：创建文字图层并添加效果】

任务四：创建文字图层并添加效果

1. 创建文字图层

步骤01： 在工具栏中单击 T（横排文字工具）按钮，在【合成预览】窗口中需要输入文字的位置进行单击，此时，光标指针变成一个闪烁的光标。

步骤02： 输入"中国国宝功夫熊猫"8个文字，在【字符】面板中设置文字的属性，具体设置如图2.36所示。在【合成预览】窗口中的文字效果，如图2.37所示。

图2.36 【字符】面板参数

图2.37 输入的文字效果

2. 给文字图层添加效果

在这里主要给文字添加"CC Cylinder"和"CC Light Rays"这两个效果来制作文字光效。

步骤 01：单选文字图层，在菜单栏中单击【效果（T）】→【透视】→【CC Cylinder】命令，即可给单选的文字图层添加"CC Cylinder"效果。

步骤 02：设置"CC Cylinder"效果的参数，具体设置如图 2.38 所示。在【合成预览】窗口中的效果，如图 2.39 所示。

步骤 03：单选文字图层，在菜单栏中单击【效果（T）】→【生成】→【CC Light Rays】命令，即可给单选的文字图形添加"CC Light Rays"效果。

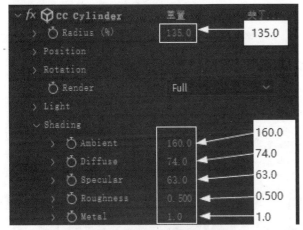

图 2.38　【CC Cylinder】参数

图 2.39　在【合成预览】窗口中的效果五

步骤 04：将【时间指示器】滑块移到第 0 秒 0 帧的位置，在【效果控件】面板中设置"CC Light Rays"效果的参数，具体设置如图 2.40 所示。

步骤 05：将【时间指示器】滑块移到第 3 秒 0 帧的位置，在【效果控件】面板中设置"Center"的参数为"622.0，92.0"。在【合成预览】窗口中的效果，如图 2.41 所示。

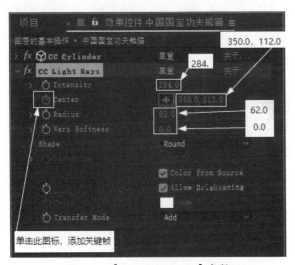

图 2.40　【CC Light Rays】参数

图 2.41　在【合成预览】窗口中的效果六

步骤 06：将【时间指示器】滑块移到第 4 秒 13 帧的位置，在【效果控件】面板中设置"Center"的参数为"808.0，86.0"。在【合成预览】窗口中的效果，如图 2.42 所示。

步骤 07：将【时间指示器】滑块移到第 6 秒 0 帧的位置，在【效果控件】面板中设置"Center"的参数为"906.0，110.0"。在【合成预览】窗口中的效果，如图 2.43 所示。

图 2.42　在【合成预览】窗口中的效果七　　　　　图 2.43　在【合成预览】窗口中的效果八

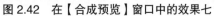
视频播放：具体介绍，请观看配套视频"任务四：创建文字图层并添加效果.wmv"。

七、拓展训练

根据所学知识完成如下效果。

【案例 2：拓展训练】

学习笔记：

学习笔记：

案例 3：图层的高级操作

一、案例内容简介

本案例主要介绍图层时间排序、图层风格的使用、图层混合模式的使用、启用时间重置和视频倒放等相关知识。

【案例 3　简介】

二、案例效果欣赏

三、案例制作（步骤）流程

任务一：图层时间排序➡任务二：图层风格的使用➡任务三：图层混合模式的使用➡任务四：启用时间重置和视频倒放

四、制作目的

（1）掌握图层时间排序；

（2）了解 After Effects CC 2019 中的图层风格；

（3）了解 After Effects CC 2019 中的图层混合模式；

（4）掌握图层速度控制的几种方式；

（5）熟练掌握倒放的原理。

五、制作过程中需要解决的问题

（1）为什么要进行图层时间排序？
（2）图层风格的作用是什么，在什么情况下使用？
（3）了解图层混合模式的作用，了解图层混合的原理。
（4）掌握图层速度控制的原理，设置注意事项。

六、详细操作步骤

通过案例的学习，要求读者掌握图层操作中比较高级的应用，如对图层进行时间排序、图层风格的使用、图层混合模式的使用、启用时间重置和视频倒放等操作。

【任务一：图层
时间排序】

任务一：图层时间排序

在 After Effects CC 2019 中，经常需要使用与合成持续时间不一致的图层，使用多个短时间的图层来实现镜头切换。这时用户就需要用到 After Effects CC 2019 的序列功能来快速而精确地对图层所在的时间线进行排序，具体操作如下所述。

1. 新建合成

步骤 01：启动 After Effects CC 2019 并保存名为"案例 3：图层的高级操作 .aep"的文件。

步骤 02：创建合成。在菜单栏中单击【合成（C）】→【新建合成（C）…】命令（或按"Ctrl+N"组合键），弹出【合成设置】对话框，在弹出的【合成设置】对话框中设置尺寸为"1280px×720px"，持续时间为"16 秒"，命名为"图层排序"，单击【确定】按钮完成合成创建。

2. 设置图像的持续时间

步骤 01：在菜单栏中单击【编辑（E）】→【首选项（F）】→【导入（I）…】命令，弹出【首选项】面板。

步骤 02：设置静止素材的时间为 2 秒，如图 2.44 所示。

3. 设置标签颜色

步骤 01：在【首选项】面板单击【标签】项，将参数设置切换到标签颜色设置，设置"静止图像"的标签颜色为黄色，如图 2.45 所示。

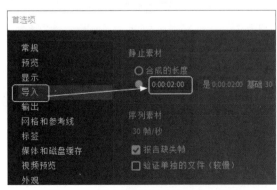

图 2.44　静止素材导入持续时长设置

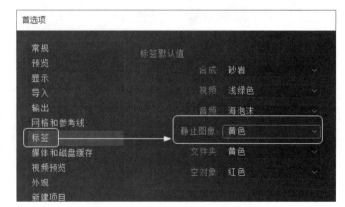

图 2.45　静止图像标签颜色设置

步骤 02：设置完毕单击【确定】按钮退出参数设置。

4. 导入素材

步骤 01：在菜单栏中单击【文件（F）】→【导入（I）】→【文件…】命令（或按"Ctrl+I"组合键），弹出【导入文件】对话框，在该对话框中单选需要导入的文件，如图 2.46 所示。

步骤 02：单击【导入】按钮→弹出【案例 3：图层的高级操作 .psd】对话框→设置参数，具体设置如图 2.47 所示。

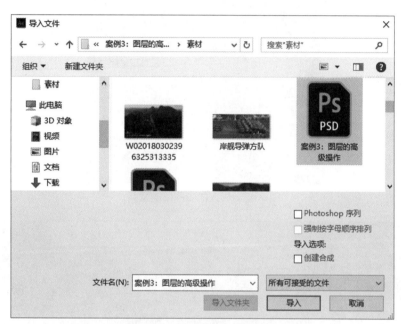

图 2.46　【导入文件】对话框

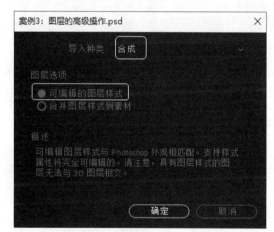

图 2.47　【案例 3：图层的高级操作 .psd】对话框参数设置

步骤 03：单击【确定】按钮，完成带图层的文件导入，如图 2.48 所示。

步骤 04：依次将素材图片拖拽到【合成】窗口中，如图 2.49 所示。

步骤 05：每个图层的入点都在第 0 秒处，它们完全重合，每个图层的持续时间为 2 秒。在【合成预览】窗口中的效果，如图 2.50 所示。

步骤 06：框选【合成】窗口中的所有图层，如图 2.51 所示。

图 2.48　导入的带图层的素材

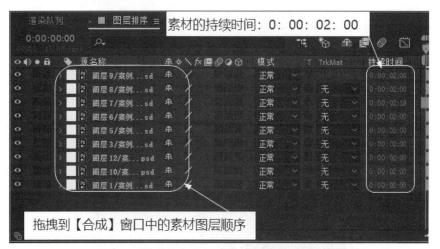

图 2.49　在【合成】窗口中素材叠放顺序和持续时间

图 2.50　在【合成预览】窗口中的效果一

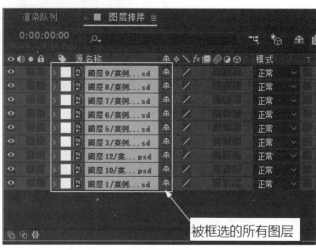

图 2.51　被框选的所有图层

步骤 07：在菜单栏中单击【动画（A）】→【关键帧辅助（K）】→【序列图层…】命令，弹出【序列图层】对话框，设置参数，具体设置如图 2.52 所示。单击【确定】按钮，即可得到如图 2.53 所示的效果。

图 2.52　【序列图层】对话框

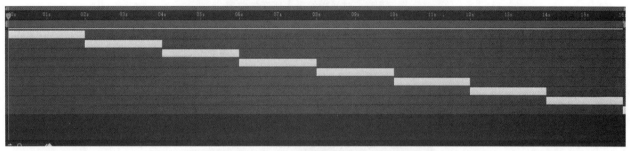

图 2.53　执行【序列图层】命令之后的效果

步骤 08：按"Ctrl+Z"组合键返回上一步操作，回到图层序列之前状态。

步骤 09：框选如图 2.54 所示的图层。

步骤 10：在菜单栏中单击【动画（A）】→【关键帧辅助（K）】→【序列图层…】命令，弹出【序列图层】对话框，设置参数，具体设置如图 2.55 所示。单击【确定】按钮完成序列图层排序。

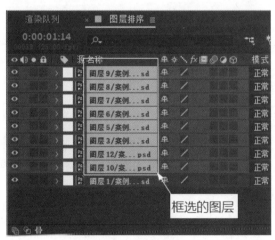

图 2.54　框选的图层

图 2.55　【序列图层】参数设置

步骤 11：将 【时间指示器】滑块移到图层的重叠处，如图 2.56 所示，从【合成预览】窗口中的效果可以看出，它们重叠的地方有淡入淡出的效果，如图 2.57 所示。

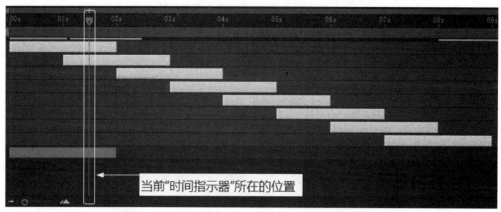

图 2.56　【时间指示器】所在的位置

当前"时间指示器"所在的位置

图 2.57　在【合成预览】窗口中的效果二

视频播放：具体介绍，请观看配套视频"任务一：图层时间排序.wmv"。

【任务二：图层
风格的使用】

任务二：图层风格的使用

使用过 Photoshop 的用户理解图层风格应该非常容易。图层风格类似于 Photoshop 中的图层样式，可以给图层添加外发光、阴影、浮雕等艺术效果，比视频特效的使用更方便。添加图层风格的具体操作方法如下。

步骤 01：按"Ctrl+Z"组合键撤销图层排序。

步骤 02：单选 图层12/案例3：图层的高级操作.psd 图层，在菜单栏中单击【图层（L）】→【图层样式】→【投影】命令，即可给单选的图层添加"阴影"风格样式。

步骤 03：展开添加了"阴影"风格样式的图层，设置"阴影"风格样式的参数，具体设置如图 2.58 所示。在【合成预览】窗口中的效果，如图 2.59 所示。

步骤 04：单选 图层12/案例3：图层的高级操作.psd 图层，在菜单栏中单击【图层（L）】→【图层样式】→【外发光】命令，即可给单选的图层添加"外发光"风格样式。

步骤 05：展开添加了"外发光"风格样式的图层，设置"外发光"风格样式的参数，具体设置如图 2.60 所示。在【合成预览】窗口中的效果，如图 2.61 所示。

步骤 06：使用步骤 04 和步骤 05 的方法，给其他图层添加需要的风格样式，添加完风格样式之后，在【合成预览】窗口中的效果，如图 2.62 所示。

第 2 章　图层与遮罩

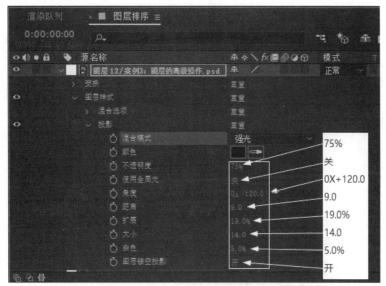

图 2.58　【阴影】风格样式参数设置

图 2.59　添加"阴影"风格样式的效果

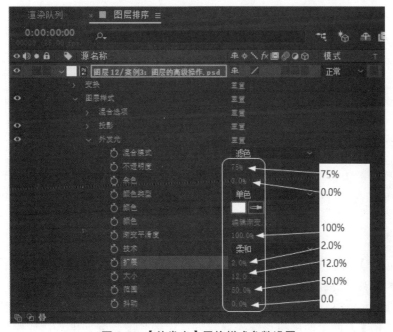

图 2.60　【外发光】风格样式参数设置

图 2.61　添加"外发光"风格样式的效果

图 2.62　在【合成预览】窗口中的最终效果

提示：After Effects CC 2019 主要包括如图 2.63 所示的 9 种图层样式风格，用户还可以对添加的图层样式风格进行移除、显示和转换为可编辑样式等操作。

视频播放：具体介绍，请观看配套视频"任务二：图层风格的使用.wmv"。

任务三：图层混合模式的使用

【任务三：图层混合模式的使用】

在 After Effects CC 2019 中，图层的混合模式主要用来控制上面的图层以什么方式与下面的图层混合。将图层的不同通道信息以不同的方式进行混合叠加，可以产生很多意想不到的效果。图层混合模式主要包括 8 大类，总计 38 种混合模式，如图 2.64 所示。

| 转换为可编辑样式 |
| 全部显示 |
| 全部移除 |
| 投影 |
| 内阴影 |
| 外发光 |
| 内发光 |
| 斜面和浮雕 |
| 光泽 |
| 颜色叠加 |
| 渐变叠加 |
| 描边 |

图 2.63　图层样式风格

	相加	叠加				
变暗	变亮	柔光				
相乘	屏幕	强光	差值			
颜色加深	颜色减淡	线性光	经典差值	色相	模板 Alpha	
● 正常	经典颜色加深	经典颜色减淡	亮光	排除	饱和度	模板亮度	
溶解	线性加深	线性减淡	点色混合	相减	颜色	轮廓 Alpha	Alpha 添加
动态抖动溶解	较深的颜色	较浅的颜色	纯色混合	相除	发光度	轮廓亮度	冷光预乘
1	2	3	4	5	6	7	8

图 2.64　图层的混合模式

步骤 01：在【项目】窗口单选"案例 3：图层的高级操作"合成，按"Ctrl+D"组合键复制该合成，并将其重命名为"案例 3：图层的高级操作叠加模式"。

步骤 02：单选 图层 5 图层，单击 图层 5 右侧【模式】下方的 图标，弹出快捷菜单，在弹出的快捷菜单中单击【轮廓亮度】命令即可将该图层设置为"轮廓亮度"叠加模式，如图 2.65 所示，在【合成预览】窗口中的效果，如图 2.66 所示。

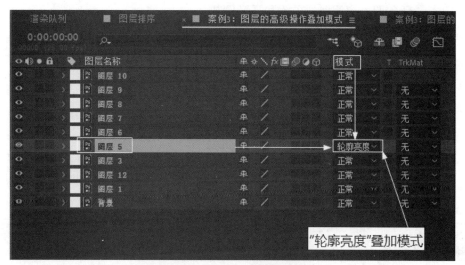

图 2.65　"图层 5"的叠加模式

图 2.66　"轮廓亮度"叠加模式效果

步骤 03：方法同上，给其他图层设置叠加模式，设置完毕之后，在【合成预览】窗口中的效果，如图 2.67 所示。

图 2.67　在【合成预览】窗口中的最终效果

视频播放：具体介绍，请观看配套视频"任务三：图层混合模式的使用.wmv"。

【任务四：启用时间
重置和视频倒放】

任务四：启用时间重置和视频倒放

在 After Effects CC 2019 中，控制图层的播放速度有多种方式，用户可以将一段视频或动画进行快放或慢放；可以将视频进行倒放；可以将视频的一部分快放，另一部分慢放；可以对视频进行时间重置。具体操作如下所述。

1. 图层速度控制

步骤 01：新建一个合成，名称为"图层速度控制"，持续时间为 20 秒。

步骤 02：将视频"极致中国 1.mp4"导入项目，拖拽到【图层速度控制】合成中，如图 2.68 所示。此时，"极致中国 1.mp4"的持续时间为 10 秒 14 帧，预览文件的原始效果，可以看出画面中的视频正常播放。

图 2.68　拖拽到【合成】窗口中的视频

步骤 03：时间伸缩。将光标移到 ■ 极致中国1.mp4 图层上，单击鼠标右键，弹出快捷菜单→在弹出的快捷菜单中单击【时间】→【时间伸缩（C）…】对话框，设置参数，如图 2.69 所示。

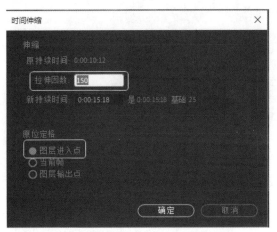

图 2.69　【时间伸缩】对话框参数设置

步骤 04：设置完毕，单击【确定】按钮完成伸缩的设置，如图 2.70 所示。此时播放，视频的速度变慢。

图 2.70　视频播放时间拉长之后的时间线轴效果

步骤 05：缩短时间。在【时间伸缩】对话框中，将拉伸因数的数值设置为"50"，此时的视频播放长度缩短一半，播放速度加快一倍。

2. 启用时间重映射

启用时间重映射的目的是，控制视频播放的快慢效果。

步骤 01： 新建一个合成，合成名称为"启用时间重映射"，持续时间为 25 秒。

步骤 02： 将视频"极致中国 1.mp4"拖拽到【启用时间重置】合成中，极致中国1.mp4 图层的持续时间比合成持续时间短，它的持续时间只有 10 秒 14 帧。

步骤 03： 启用时间重映射。选中 极致中国1.mp4 图层，在菜单栏中单击【图层（L）】→【时间】→【启用时间重映射】命令（或按"Ctrl+Alt+T"组合键），此时，在 极致中国1.mp4 图层下面出现【时间重映射】选项并在图层的首尾各有一个关键帧，如图 2.71 所示。

图 2.71　启用时间重映射之后的效果

步骤 04： 将 极致中国1.mp4 图层上的"极致中国 1.MP4"视频延长至与合成持续时间一致，如图 2.72 所示。

图 2.72　视频延长之后的效果

步骤 05： 将 【时间指示器】滑块移到第 3 秒 0 帧的位置，单击 （在当前时间轴添加或移除关键帧）按钮，添加一个关键帧，如图 2.73 所示。

步骤 06： 将原来第 10 秒 14 帧的关键帧移到第 25 秒处，再将 【时间指示器】滑块移到第 24 秒处，单击 （在当前时间轴添加或移除关键帧）按钮，添加一个关键帧，设置关键帧的数值，具体设置，如图 2.74 所示。

图 2.73　第 3 秒处的关键帧

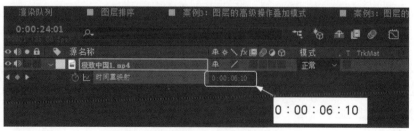

图 2.74　第 24 秒处的关键帧参数设置

步骤 07： 在 极致中国1.mp4 图层下面有 4 个关键帧，中间两个关键帧是手动添加的，播放最终效果，在【合成预览】窗口中可以看到，视频开始以正常速度播放，然后以慢镜头播放，最后以快镜头播放。

3. 视频倒放

视频倒放的意思是将视频素材从尾到头进行播放。在图层中选中需要进行倒放的视频图层，在菜单栏中单击【图层（L）】→【时间】→【时间反向图层】命令（或"Ctrl+Alt+R"组合键）即可将视频倒放。

视频播放：具体介绍，请观看配套视频"任务四：启用时间重置和视频倒放.wmv"。

七、拓展训练

根据所学知识完成如下效果。

【案例 3：拓展训练】

学习笔记：

案例 4：遮罩动画的制作

一、案例内容简介

本案例主要介绍遮罩的概念、遮罩的原理、遮罩的创建和相关操作。

【案例 4 简介】

二、案例效果欣赏

三、案例制作（步骤）流程

任务一：矩形遮罩工具的使用➡任务二：椭圆形遮罩工具的使用➡任务三：任意形状遮罩工具的使用➡任务四：遮罩动画的制作

四、制作目的

（1）了解遮罩的概念；

（2）理解遮罩的原理；

（3）掌握各种遮罩的创建；

（4）掌握遮罩的相关操作；

（5）熟练掌握遮罩动画的原理和创建。

五、制作过程中需要解决的问题

（1）遮罩的概念和原理；

（2）创建遮罩和创建遮罩的前提条件；

（3）遮罩动画的原理和创建方法。

六、详细操作步骤

在 After Effects CC 2019 中，遮罩又称蒙版，是一个非常重要的合成工具，可以将遮罩简单理解为"挡板"，它可以绘制任意形状来遮挡当前图层的一部分，被遮挡的部分变成透明，显示出下面的图层，如果使用羽化遮罩可以将不同的图像平滑融合，还可以将遮罩的变化过程记录为动画，这个过程叫作遮罩动画。

在 After Effects CC 2019 中主要提供了矩形遮罩、椭圆形遮罩、多边形遮罩和自由形状遮罩，用户可以根据需要绘制和控制不同的遮罩。不管创建什么遮罩，都需要注意以下两点，这是创建遮罩的两个前提条件。

（1）选中创建遮罩的图层。

（2）遮罩路径一定是一个闭合的曲线。

【任务一：矩形
遮罩工具的使用】

任务一：矩形遮罩工具的使用

矩形遮罩工具的使用很简单，具体操作步骤如下。

1. 创建新合成

步骤 01： 启动 After Effects CC 2019 并保存命名为"案例 4：遮罩工具的使用 .aep"的文件。

步骤 02： 创建合成。在菜单栏中单击【合成（C）】→【新建合成（C）…】命令（或按"Ctrl+N"组合键），弹出【合成设置】对话框，在弹出的【合成设置】对话框中设置尺寸为"1280px×720px"，持续时间为"6 秒"，命名为"遮罩工具的使用"，单击【确定】按钮完成合成创建。

2. 导入素材

步骤 01： 根据前面所学知识，导入如图 2.75 所示的素材。

步骤 02： 将素材拖拽到【遮罩工具的使用】合成中，拖拽到合成中的图层顺序，如图 2.76 所示。在【合成预览】窗口中的效果，如图 2.77 所示。

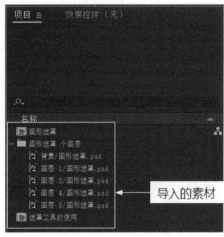

图 2.75　导入的素材

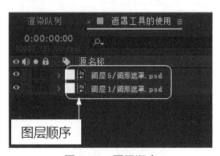

图 2.76　图层顺序

图 2.77　【合成预览】中的效果一

3. 绘制矩形遮罩

步骤 01： 单选【遮罩工具的使用】合成中的 图层 5/ 图形遮罩 .psd 图层。

步骤 02： 在工具面板中单击 （矩形遮罩工具）按钮，在【合成预览】窗口中绘制矩形遮罩，展开 图层 5/ 图形遮罩 .psd 图层。

步骤 03： 调节绘制的矩形遮罩的参数，具体调节如图 2.78 所示，在【合成预览】窗口中的效果，如图 2.79 所示。

图 2.78　遮罩参数设置

图 2.79　【合成预览】窗口中的效果二

视频播放：具体介绍，请观看配套视频"任务一：矩形遮罩工具的使用 .wmv"。

任务二：椭圆形遮罩工具的使用

步骤 01：将"图层 2/ 图形遮罩 .psd"图片拖拽到【遮罩工具的使用】合成中，图层放置在最顶层，在【合成预览】窗口中的效果，如图 2.80 所示。

【任务二：椭圆形遮罩工具的使用】

图 2.80　在【合成预览】窗口中的效果三

步骤 02：在工具面板中单击（椭圆形遮罩工具）按钮，在【合成预览】窗口中绘制椭圆形遮罩，展开 图层 2/ 图形遮罩 .psd 图层。

步骤 03：调节绘制的椭圆形遮罩的参数，具体调节如图 2.81 所示，在【合成预览】窗口中的效果，如图 2.82 所示。

步骤 04：添加图层样式。单选 图层 2/ 图形遮罩 .psd 图层，在菜单栏中单击【图层】→【图层样式】→【外发光】命令即可给该图层添加一个"外发光"效果，具体参数设置，如图 2.83 所示，在【合成预览】窗口中的效果，如图 2.84 所示。

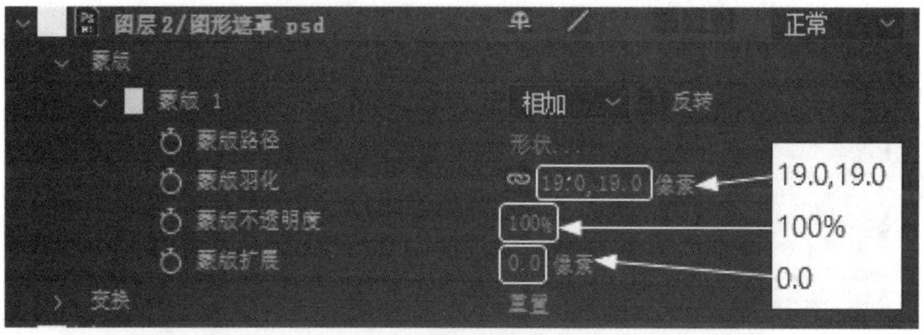

图 2.81　遮罩参数设置

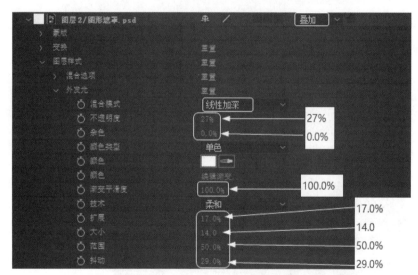

图 2.82　在【合成预览】窗口中的效果四

图 2.83　【外发光】样式参数设置

图 2.84　在【合成预览】窗口中的效果五

视频播放：具体介绍，请观看配套视频"任务二：椭圆形遮罩工具的使用.wmv"。

任务三：任意形状遮罩工具的使用

【任务三：任意形状
遮罩工具的使用】

步骤 01：将【项目】窗口中的"图层 4/ 图形遮罩 .psd"素材拖拽到【遮罩工具的使用】合成中，图层放置在顶层。在【合成预览】窗口中的效果，如图 2.85 所示。

图 2.85　在【合成预览】窗口中的效果六

步骤 02：单选 图层 4/ 图形遮罩 .psd 图层，在工具栏中单击 （钢笔工具）按钮，在【合成预览】窗口中绘制 3 条闭合曲线，设置闭合曲线参数，具体设置，如图 2.86 所示，在【合成预览】窗口中的效果，如图 2.87 所示。

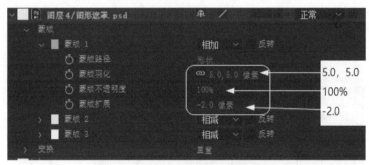

图 2.86　遮罩参数设置

图 2.87　在【合成预览】窗口中的效果七

视频播放：具体介绍，请观看配套视频"任务三：任意形状遮罩工具的使用.wmv"。

任务四：遮罩动画的制作

遮罩动画的制作原理是通过调节遮罩路径上的控制点位置和关键帧来实现的，具体操作方法如下。

【任务四：遮罩
动画的制作】

步骤01：创建一个合成。在菜单栏中单击【合成（C）】→【新建合成（C）···】命令（或按"Ctrl+N"组合键），弹出【合成设置】对话框，在弹出的【合成设置】对话框中设置尺寸为"1280px×720px"，持续时间为"5秒"，命名为"遮罩动画"，背景颜色设置为"白色"，单击【确定】按钮完成合成创建。

步骤02：将"红楼梦01.mp4"视频拖拽到【遮罩动画】合成窗口中，调节该图层的变换参数，具体调节，如图2.88所示。

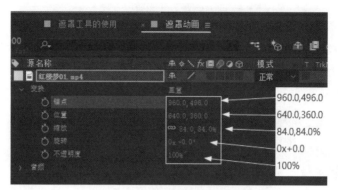

图2.88　图层变换参数设置

步骤03：将▯（时间指针）移到第0帧的位置，单选 红楼梦01.mp4 图层，使用▧（钢笔工具）在【合成预览】窗口中绘制遮罩，绘制遮罩的参数调节，如图2.89所示，在【合成预览】窗口中的效果，如图2.90所示。

步骤04：将▯（时间指针）移到第13帧的位置，使用▧（选取工具）和▧（转换"顶点"工具）在【合成预览】窗口中调节遮罩顶点的位置和顶点的转换，调节之后，After Effects CC 2019自动给遮罩的"蒙版形状"参数添加关键帧。调节之后的遮罩路径，如图2.91所示。

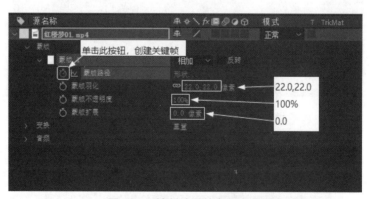

图2.89　绘制遮罩的参数设置

图2.90　在【合成预览】窗口中的效果八

图2.91　第13帧位置的遮罩形状

步骤05：将▯（时间指针）移到第1秒05帧的位置，调节遮罩路径的形状，最终效果，如图2.92所示。

步骤 06：将 ■（时间指针）移到第 2 秒 03 帧的位置，调节遮罩路径的形状，最终效果，如图 2.93 所示。

图 2.92　第 1 秒 05 帧位置的遮罩形状

图 2.93　第 2 秒 03 帧位置的遮罩形状

步骤 07：将 ■（时间指针）移到第 3 秒 18 帧的位置，调节遮罩路径的形状，最终效果，如图 2.94 所示。

步骤 08：将 ■（时间指针）移到第 4 秒 07 帧的位置，调节遮罩路径的形状，最终效果，如图 2.95 所示。

图 2.94　第 3 秒 18 帧位置的遮罩形状

图 2.95　第 4 秒 07 帧位置的遮罩形状

步骤 09：将 ■（时间指针）移到第 4 秒 12 帧的位置，调节遮罩路径的形状，最终效果，如图 2.96 所示。

步骤 10：将 ■（时间指针）移到第 4 秒 13 帧的位置，调节遮罩路径的形状，最终效果，如图 2.97 所示。

图 2.96　第 4 秒 12 帧位置的遮罩形状

图 2.97　第 4 秒 13 帧位置的遮罩形状

视频播放：具体介绍，请观看配套视频"任务四：遮罩动画的制作.wmv"。

七、拓展训练

根据所学知识完成如下效果。

【案例 4：拓展训练】

原始素材

合成效果

学习笔记：

第**3**章

绘画工具的使用

知识点

案例 1：绘画工具的基本介绍
案例 2：使用绘画工具绘制各种形状图形
案例 3：形状属性与管理

说　明

本章主要通过 3 个案例的介绍，全面讲解绘画工具的使用方法和形状属性的作用及使用方法。

教学建议课时数

一般情况下需要 4 课时，其中理论讲解 1.5 课时，实际操作 2.5 课时（特殊情况可做相应调整）。

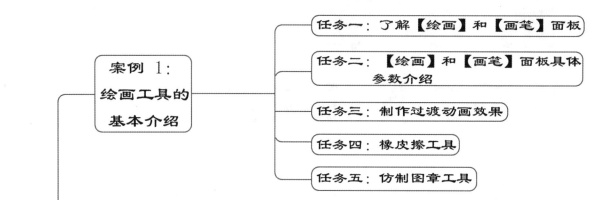

思维导图

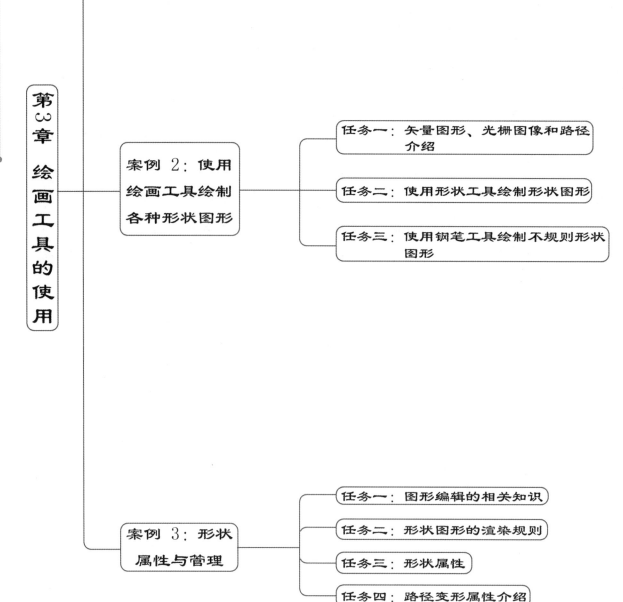

第3章　绘画工具的使用

案例 1：绘画工具的基本介绍
- 任务一：了解【绘画】和【画笔】面板
- 任务二：【绘画】和【画笔】面板具体参数介绍
- 任务三：制作过渡动画效果
- 任务四：橡皮擦工具
- 任务五：仿制图章工具

案例 2：使用绘画工具绘制各种形状图形
- 任务一：矢量图形、光栅图像和路径介绍
- 任务二：使用形状工具绘制形状图形
- 任务三：使用钢笔工具绘制不规则形状图形

案例 3：形状属性与管理
- 任务一：图形编辑的相关知识
- 任务二：形状图形的渲染规则
- 任务三：形状属性
- 任务四：路径变形属性介绍

在 After Effects CC 2019 中，设置动画或者制作特效都离不开绘画工具。熟练掌握绘画工具是学习 After Effects CC 2019 的基础。

本章主要通过 3 个案例详细介绍画笔工具、橡皮擦工具、仿制图章工具等的使用方法，绘画面板和画笔的各项参数的设置，各种形状工具的使用方法以及形状图层的相关操作。

案例 1：绘画工具的基本介绍

一、案例内容简介

本案例主要介绍绘画工具的作用和使用方法。

【案例 1　简介】

二、案例效果欣赏

三、案例制作（步骤）流程

任务一：了解【绘画】和【画笔】面板➡任务二：【绘画】和【画笔】面板具体参数介绍➡任务三：制作过渡动画效果➡任务四：橡皮擦工具➡任务五：仿制图章工具

四、制作目的

（1）了解【绘画】和【画笔】面板中各个参数的作用；

（2）掌握【绘画】和【画笔】面板中的参数设置；

（3）掌握过渡动画效果的制作原理；

（4）了解绘画工具的作用，掌握绘画工具的使用方法及技巧。

五、制作过程中需要解决的问题

（1）【绘画】和【画笔】面板中各个参数的灵活应用；

（2）过渡动画的作用和应用环境；

（3）绘画工具的综合应用技巧。

六、详细操作步骤

在 After Effects CC 2019 中，绘画工具主要包括█（画笔工具）、█（仿制图章工具）和█（橡皮擦工具）。使用这些工具可以在图层中添加或者删除像素，但这些操作只影响最终的显示效果，而不会破坏图层中的原始素材。

需要注意的是，使用画笔工具、图章工具或橡皮擦工具后，会在【合成】窗口图层中的属性下呈现每个画笔的属性和变换参数。读者可以对这些画笔的属性或变换属性进行修改或为它们制作动画。

【任务一：了解【绘画】和【画笔】面板】

任务一：了解【绘画】和【画笔】面板

在使用各种绘图工具时，【绘画】面板工具有些参数是共用的，如图 3.1 所示。

【绘画】面板主要作用是用来设置各种绘画工具中绘制画笔的透明度、流量、模式、通道和长度等属性，除了在【绘画】面板中设置参数外，还可以在【画笔】面板中选择系统预置的一些画笔效果，如图 3.2 所示。

图 3.1 【绘画】面板

图 3.2 【画笔】预置效果

如果对预置的画笔效果不满意，可以自定义画笔的形状。通过改变参数值可以很方便地对画笔的尺寸、角度和边缘羽化等信息进行修改，读者还可以保存或删除自定义的画笔工具。

提示： 如果要激活【绘画】面板，必须先在【工具】面板中激活（单击）画笔工具。

视频播放： 具体介绍，请观看配套视频"任务一：了解【绘画】和【画笔】面板.wmv"。

【任务二：【绘画】和【画笔】面板具体参数介绍】

任务二：【绘画】和【画笔】面板具体参数介绍

1.【绘画】面板具体参数介绍

（1）【不透明度】参数：在█（画笔工具）和█（仿制图章工具）中，主要用来设置画笔或仿制图章工具的最大透明度，而在█（橡皮擦工具）中主要用来设置擦除图层颜色的最大限度。

（2）【流量】参数：在█（画笔工具）和█（仿制图章工具）中，流量属性主要用来设置画笔的流量，而在█（橡皮擦工具）中，流量属性主要用来控制擦除像素的速度。

（3）【模式】参数：主要用来设置 （画笔工具）和 （仿制图章工具）的混合模式，与图层混合中介绍的混合模式差不多，使用不同的混合模式进行绘画可以产生不同的效果。

（4）【通道】参数：主要用来设置画笔工具影响到的图层通道。用户如果选择 Alpha 选项，那么绘画工具只影响图层的透明度区域，它只能取样灰度颜色。使用纯黑色的画笔在 Alpha 通道上绘图可使用（橡皮擦工具）进行擦除。

（5）【持续时间】参数：主要用来设置画笔的持续时间，它包括"固定""写入""单帧"和"自定义" 4 种持续时间模式。具体作用如下所述。

①【固定】模式：选择此项，画笔在整个时间段中都能进行显示。

②【写入】模式：选择此项，画笔根据手写的速度再现手写动画过程。其原理是自动产生开始和结束关键帧，用户可以在【合成】窗口中对画笔属性的开始和结束关键帧进行调节。

③【单帧】模式：仅在当前帧显示绘图。

④【自定义】模式：自定义设置画笔的持续时间。

2.【画笔】面板具体参数介绍

（1）【直径】参数：主要用来设置画笔的直径，单位是像素。

（2）【角度】参数：主要用来设置椭圆形画笔的旋转角度，单位是度。

（3）【圆度】参数：主要用来设置画笔长轴和短轴的比例，值为 100% 时为圆形画笔，值为 0 时为线性画笔，介于 0 ～ 100% 时画笔为椭圆画笔。

（4）【硬度】参数：主要用来设置画笔从笔刷边缘到中心过渡的不透明度的百分比，如果设置最小的硬度值，那么只有在画笔的中心才能完全不透明。

（5）【间距】参数：主要用来设置画笔的间隔距离，以画笔的直径百分比来衡量，使用鼠标绘画时由速度决定画笔距离的大小。

（6）【画笔动态】参数：当使用手绘进行绘图时，主要用来在动态参数中设置对手绘板的压笔感觉。

视频播放：具体介绍，请观看配套视频"任务二：【绘画】和【画笔】面板具体参数介绍.wmv"。

任务三：制作过渡动画效果

1. 制作过渡效果

图 3.3 【纯色设置】对话框

步骤 01：创建一个合成。合成的名称为"过渡动画"，大小为"1280px×720px"，持续时间为"6 秒"。

【任务三：制作过渡动画效果】

步骤 02：将"02.png"图片素材导入【项目】窗口中并拖拽到"过渡动画"合成中。

步骤 03：创建一个"纯色层"。在【过渡动画】合成窗口中单击鼠标右键，弹出快捷菜单→在弹出的快捷菜单中单击【新建】→【纯色（S）…】命令，弹出【纯色设置】对话框（图 3.3），设置参数→设置完参数，单击【确定】按钮即可，图层顺序，如图 3.4 所示。

步骤 04：双击 书写文字 图层，切换到 书写文字 图层的【编辑窗口】，单击 （画笔工具），在【画笔】面板中设置"画笔"的相关参数，具体设置，如图 3.5 所示。在【编辑窗口】中使用手绘板书写"梦想"两个文字，如图 3.6 所示。

步骤 05： 书写完文字之后，在  图下会自动生成两条画笔路径，如图 3.7 所示。

图 3.4　纯色层的叠放顺序

图 3.6　书写的文字

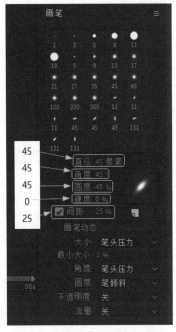

图 3.5　【画笔】面板参数设置

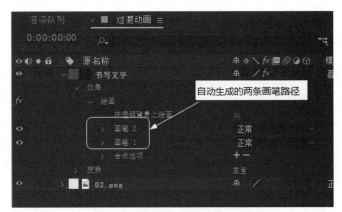

自动生成的两条画笔路径

图 3.7　自动生成的两条画笔路径

　　步骤 06： 切换到"过渡动画"的【合成预览】窗口。将 🔻（时间指针）移到第 0 帧的位置，设置"画笔 1"中的"结束"值为"0"，如图 3.8 所示。

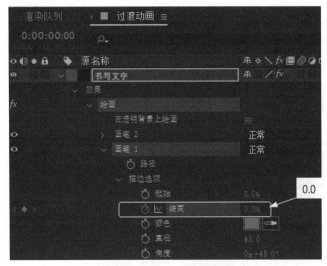

图 3.8　"画笔 1"参数设置

步骤 07：将 ◪（时间指针）移到第 12 帧的位置，将"画笔 1"中的"结束"值设置为"100"。将"画笔 2"中的"结束"值设置为"0"。

步骤 08：将 ◪（时间指针）移到第 24 帧的位置，将"画笔 2"中的"结束"值设置为"100"。完成过渡动画的制作，如图 3.9 所示。

图 3.9　过渡动画

2. 给"纯色图层"添加效果

步骤 01：单选 ▉ 书写文字 图层，在菜单栏中单击【效果（T）】→【风格化】→【浮雕】命令，即可给该图层添加"浮雕"效果，在【效果控件】面板中设置【浮雕】效果的参数，具体设置，如图 3.10 所示，在【合成预览】窗口中的效果，如图 3.11 所示。

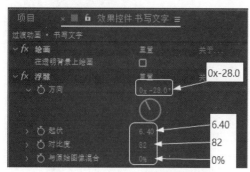

图 3.10　【浮雕】效果参数设置

图 3.11　添加"浮雕"效果之后的效果

图 3.12　添加【颜色范围】效果之后的效果

步骤 02：继续添加效果。在菜单栏中单击【效果（T）】→【抠像】→【颜色范围】命令，即可给该图层添加"颜色范围"效果，在【效果控件】面板中单击 ◪（吸管工具）在【合成预览】窗口中的灰色处单击，在【合成预览】窗口中的效果，如图 3.12 所示。

步骤 03：将 ▉ 书写文字 图层的模式设置为"模板 Alpha"混合模式，如图 3.13 所示。在【合成预览】窗口中的效果，如图 3.14 所示。

图 3.13　图层混合模式

视频播放：具体介绍，请观看配套视频"任务三：制作过渡动画效果.wmv"。

图 3.14　设置图层混合模式之后的效果

任务四：橡皮擦工具

使用橡皮擦工具不仅可以擦除图层上的原始图像或画笔，还可以只擦除当前的"画笔"。如果是擦除原始图层像素或画笔，那么每个擦除操作都会在【绘画】属性上留下擦除记录，这种记录对素材没有破坏性，可以删除或者修改记录，还可以改变擦除顺序；如果是擦除当前画笔，则不会在【绘画】属性中留下擦除记录。

【任务四：橡皮擦工具】

1. 橡皮擦工具的【绘画】面板参数介绍

橡皮擦工具的【绘画】面板如图 3.15 所示，其中【抹除】下拉列表框中 3 个选项的作用如下。

（1）【图层源和绘画】：如果选择此项设置，擦除的对象为原图图层像素和绘画画笔。

（2）【仅绘画】：如果选择此项设置，擦除的对象为绘画画笔。

（3）【仅最后描边】：如果选择此项设置，擦除的对象仅是之前的绘画画笔。

> **提示**：如果当前在画笔工具的操作中，要临时切换到橡皮擦工具，可以在【图层源和绘画】状态中按"Shift+Ctrl"组合键，然后按住鼠标左键对当前的画笔进行局部擦除。如果在【仅最后描边】状态下使用橡皮擦工具，则不会在【合成窗口】的【绘画】属性中留下操作记录。

图 3.15　【绘画】面板

2. 制作擦除动画

步骤 01：创建一个新合成。在菜单栏中单击【合成（C）】→【新建合成（C）…】命令，弹出【合成设置】对话框，在【合成设置】对话框中设置尺寸为"1080px×720px"，持续时间为"8 秒"，合成名称为"擦除动画"。单击【确定】按钮完成合成创建。

步骤 02：导入素材并将素材拖拽到【擦除动画】合成窗口中，素材在【合成窗口】中的叠放顺序，如图 3.16 所示。在【合成预览】窗口中的效果，如图 3.17 所示。

图 3.16　图层顺序

图 3.17　在【合成预览】窗口中的效果一

步骤 03：将 ▼（时间指针）移到第 0 帧的位置，双击 ▢▢ 06.jpg 图层，进入该图层的编辑模式，在工具栏中单击■（橡皮擦工具）按钮，设置■（橡皮擦工具）的【画笔】属性，具体设置，如图 3.18 所示。

步骤 04：在【图层编辑模式】窗口中，对图像进行擦除，擦除之后的效果，如图 3.19 所示。

提示：在使用■（橡皮擦工具）进行擦除时，不能松开画笔或鼠标，如果松开了画笔或鼠标，再次按下进行擦除时，会再次产生新的"橡皮擦"路径，并自动命名为"橡皮擦 2"，依次类推。

步骤 05：在合成预览窗口中单击 含成 擦除动画 项，切换到"擦除动画"的【合成预览】窗口，在【合成预览】窗口中的效果，如图 3.20 所示。

图 3.18　【画笔】属性　　　图 3.19　擦除之后的效果　　　图 3.20　在【合成预览】窗口中的效果二

步骤 06：将图层中【橡皮擦 1】中的"结束"的参数值设置为"0.0%"，单击■（时间变化秒表）按钮，给"结束"参数添加一个关键帧。如图 3.21 所示。

步骤 07：将■（时间指针）移到第 1 秒 10 帧的位置，将"结束"参数设置为"100%"，此时，系统给"结束"参数自动添加一个关键帧。完成擦除图像动画的制作，擦除动画效果，如图 3.22 所示。

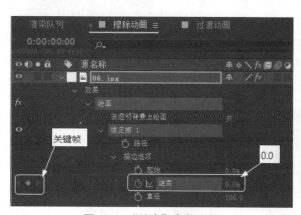

图 3.21　"结束"参数设置　　　　　图 3.22　擦除动画效果

视频播放：具体介绍，请观看配套视频"任务四：橡皮擦工具.wmv"。

【任务五：仿制
图章工具】

任务五：仿制图章工具

仿制图章工具在 After Effects 的早期版本中又称为克隆工具或图章工具，使用仿制图章工具可以将指定的区域图像复制并应用到其他的位置。

仿制图章工具同画笔的属性一样，如绘制形状、持续时间等，在使用仿制图章工具之前也需要设置【绘画】面板参数，在完成操作之后也可以在【合成】窗口的【仿制】属性中修改参数来制作动画。此外，在【绘画】面板中，还有一些专门的参数设置。仿制图章工具的【绘画】面板，如图3.23所示。

1.【绘画】面板参数介绍

（1）【预设】：在预设中为用户提供了5种不同的仿制方式，方便后续操作。

（2）【源】：为用户提供选择仿制源图层。

（3）【已对齐】：设置不同画笔采样仿制位置的对齐方式。

（4）【锁定源时间】：设置是否复制单帧画面。

（5）【仿制源叠加】：设置源画面和目标画面的叠加混合模式。

图 3.23　仿制图章工具的
【绘画】面板

仿制图章工具不仅可以取样源图层中的像素，还可以将取样的像素复制到目标图层中。目标图层可以是同一合成中的其他图层，也可以是源图层本身。

使用仿制图章工具在【合成预览】窗口中仿制的效果对画面没有破坏性，因为它是以效果的方式在图层上对像素进行操作的，如果对仿制效果不满意，可以将图层【绘画】属性下的仿制操作删除。

2.使用仿制图章工具进行仿制

步骤01：创建一个新合成。在菜单栏中单击【合成（C）】→【新建合成（C）…】命令，弹出【合成设置】对话框，在【合成设置】对话框中设置尺寸为"1080px×720px"，持续时间为"8秒"，合成名称为"图章效果"。单击【确定】按钮完成合成创建。

步骤02：将"红楼梦02.mp4"素材导入项目中并将其拖拽到"图章效果"合成中。

步骤03：在"图章效果"合成中，双击 红楼梦02.mp4 图层，进入该图层的编辑模式。单击 （仿制图章工具），在【画笔】面板中单选如图3.24所示的画笔，其他参数为默认值。

图 3.24　选择的画笔样式

步骤04：在【图层编辑模式】窗口中，将光标移到需要取样点的位置并按住"Alt"键单击进行取样。

步骤05：在需要复制的地方进行涂抹即可。最终效果，如图3.25所示。

图 3.25　仿制图章之后的效果

视频播放：具体介绍，请观看配套视频"任务五：仿制图章工具.wmv"。

七、拓展训练

根据所学知识完成如下效果。

【案例 1：拓展训练】

学习笔记：

案例2：使用绘画工具绘制各种形状图形

一、案例内容简介

本案例主要介绍使用绘画工具绘制各种形状图形。

【案例2 简介】

二、案例效果欣赏

三、案例制作（步骤）流程

> 任务一：矢量图形、光栅图像和路径介绍➡任务二：使用形状工具绘制形状图形➡任务三：使用钢笔工具绘制不规则形状图形

四、制作目的

（1）理解矢量图形的概念；
（2）理解光栅图像的概念；
（3）理解路径的概念；
（4）掌握形状图形的绘制方法和技巧。

五、制作过程中需要解决的问题

（1）矢量图形与光栅图像之间的区别；
（2）形状图形中各种参数的综合设置；
（3）使用钢笔工具绘制图形的技巧。

六、详细操作步骤

形状工具不仅具有绘制遮罩和路径的功能，还具有绘制矢量图形的功能，所以在 After Effects CC 2019 中可以轻松地绘制矢量图形并将这些图形制作成动画。

【任务一：矢量
图形、光栅图像
和路径介绍】

任务一：矢量图形、光栅图像和路径介绍

1. 矢量图形

构成矢量图形的直线或曲线，在计算机中用数学中的几何学特征来描述这些形状。在 After Effects CC 2019 中的路径、文字和形状都是矢量图形。矢量图形最大的特点是放大之

后边缘形状仍然保持光滑平整，不失真，如图 3.26 所示。

2. 光栅图像

　　光栅图像也叫作位图或点阵图，是由不同的像素点构成的。光栅图像的质量取决于它的图像分辨率，图像的分辨率越高，图像就越清晰，但图像需要的存储空间也越多。如果将光栅图像放大，在光栅图像的边缘会出现锯齿，如图 3.27 所示。

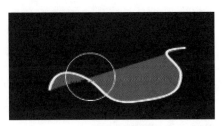
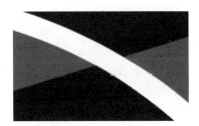

放大前的效果　　　　　　　　　　　放大10倍之后的效果

图 3.26　矢量图形放大前后对比

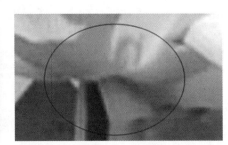

放大前的效果　　　　　　　　　　　放大10倍之后的效果

图 3.27　光栅图像放大前后对比

3. 路径

　　路径是指由点和线构成的图形，线可以是直线也可以是曲线，点用来定义路径的起点和终点，线用来连接路径的起点和终点，如图 3.28 所示。

　　在路径上有两种类型的点，即角点和平滑点。连接平滑点的两条直线为曲线，它的出点和入点的方向控制手柄在同一条直线上；而连接角点的两条曲线的方向控制手柄不在同一条直线上。

　　角点与平滑点的最大区别是，当调节平滑点上的一个方向控制手柄时，另外一个手柄也会跟着进行相应的变化，如图 3.29 所示；而当调节角点上的一个方向控制手柄时，另外一个方向手柄不会发生改变，如图 3.30 所示。

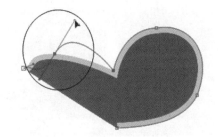

蓝色的曲线为路

图 3.28　连线的起始点　　　　图 3.29　角点与平滑点的区别　　　　图 3.30　手柄的调节

视频播放：具体介绍，请观看配套视频"任务一：矢量图形、光栅图像和路径介绍.wmv"。

任务二：使用形状工具绘制形状图形

在 After Effects CC 2019 中，使用形状工具可以创建形状图形也可以创建遮罩路径。

形状工具包括了创建规则几何体形状的工具和创建不规则路径的钢笔工具。其中，创建规则几何体的工具主要有▇（矩形工具）、▇（圆角矩形工具）、▇（椭圆工具）、▇（多边形工具）和▇（星形工具）。

1. 新建文件和合成

步骤 01：启动 After Effects CC 2019，并保存名为"案例 2：绘画工具的使用.aep"的文件。

步骤 02：创建新合成。在菜单栏中单击【合成（C）】→【新建合成（C）】命令（或按"Ctrl+N"组合键），弹出【合成设置】对话框，在【合成设置】对话框中设置尺寸为"1280px×720px"，持续时间为"6 秒"，合成名称为"形状图形"，单击【确定】按钮完成合成创建。

2. 导入素材

步骤 01：在菜单栏中单击【文件（F）】→【导入（I）】→【文件…】命令（或"Ctrl+I"组合键），弹出【文件导入】对话框。

步骤 02：在【文件导入】对话框中选择需要导入的素材，单击【导入】按钮即可将选中的素材导入【项目】窗口中。

3. 绘制矩形图形

步骤 01：将【项目】窗口中的"背景 04.jpg"素材拖到【形状图形】合成窗口中。

步骤 02：在工具栏中单击▇（矩形工具）按钮→单击"填充"右边的▇（颜色填充）按钮，弹出【渐变编辑器】对话框，设置绘制图形的填充颜色，具体设置如图 3.31 所示，然后单击【确定】按钮，完成填充颜色的设置。

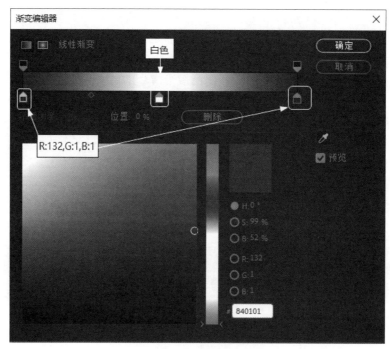

图 3.31　【渐变编辑器】对话框

步骤 03：单击"描边"右边的■（描边颜色）按钮，弹出【形状描边颜色】对话框，设置绘制图形的描边颜色，具体设置如图 3.32 所示，然后单击【确定】按钮，完成描边颜色的设置→设置描边像素为"2"个像素。

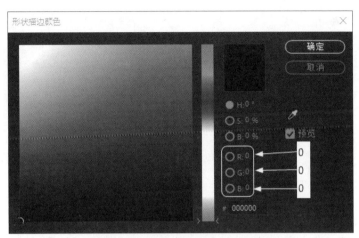

图 3.32 【形状描边颜色】对话框

步骤 04：在【合成预览】窗口中绘制一个矩形，如图 3.33 所示。

图 3.33 绘制的矩形

步骤 05：再继续绘制 3 个矩形（或按"Ctrl+D"组合键复制当前创建的矩形），位置大小，如图 3.34 所示。

> **提示**：按住"Alt"键，单击"描边"右边的■（颜色填充）按钮，可以在"线性渐变""径向渐变""纯色"和"无填充"4 种填充方式之间切换，按住"Alt"键，单击"描边"右边的■（描边颜色）按钮，可以在"线性渐变""径向渐变""纯色"和"无填充"4 种描边方式之间切换。

4. 绘制圆角矩形和圆形图形

步骤 01：在工具栏中单击■（圆角矩形工具）按钮，参数设置保持默认设置，在【合成预览】窗口中绘制圆角矩形，大小和位置，如图 3.35 所示。

步骤 02：在工具栏中单击●（椭圆工具）按钮，将填充颜色方式设置为"径向渐变"方式，在【合成预览】窗口中绘制圆形图形，大小和位置，如图 3.36 所示。

5. 绘制多边形和星形图形

步骤 01：在工具栏中单击●（多边形工具）按钮，在【合成预览】窗口中绘制一个多边形图形，在【形状图形】合成窗口中设置绘制的图形参数，具体设置如图 3.37 所示，在【合成预览】窗口中的效果，如图 3.38 所示。

图 3.34　继续绘制的矩形图形

图 3.35　绘制的圆角矩形图形

图 3.36　绘制的圆形图形

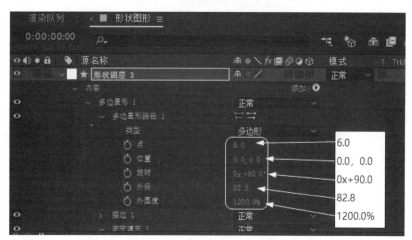

图 3.37　多边形图形参数设置

图 3.38　设置参数之后的多边形图形效果

步骤 02：在工具栏中单击◎（星形工具）按钮，在【合成预览】窗口中绘制一个星形图形，在【形状图形】合成窗口中设置绘制的星形图形参数，具体设置如图 3.39 所示，在【合成预览】窗口中的效果，如图 3.40 所示。

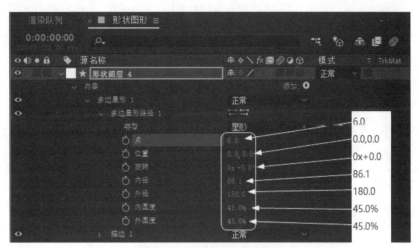

图 3.39　星形图形参数设置

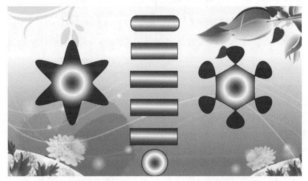

图 3.40　设置参数之后的星形图形效果

视频播放：具体介绍，请观看配套视频"任务二：使用形状工具绘制形状图形.wmv"。

任务三：使用钢笔工具绘制不规则形状图形

使用钢笔工具可以绘制任意形状图形，还可以使用钢笔工具对绘制的图形进行顶点位置调节、添加顶点或删除顶点等操作，在本任务中使用钢笔工具绘制如图 3.41 所示的图形效果。

【任务三：使用钢笔工具绘制不规则形状图形】

步骤 01：创建一个名为"卡通人物"的合成，尺寸为"1280px×720px"，持续时间为"6 秒"。

步骤 02：创建一个灰色的纯色图层。在"卡通人物"合成窗口中单击鼠标右键，弹出快捷菜单，在弹出的快捷菜单中单击【新建】→【纯色（S）…】命令，弹出【纯色设置】对话框，设置"纯色图层"的名称为"背景"，纯色颜色为灰色（RGB 的值都为"150"）→单击【确定】按钮即可。

步骤 03：在工具栏中单击◢（钢笔工具）按钮，设置描边方式为■模式。填充颜色为浅黄色（R:253；G:203；B:166）。在【合成预览】窗口中绘制如图 3.42 所示的图形。

步骤 04：使用◣（转换"顶点"工具）对绘制的图形顶点进行调节，最终效果如图 3.43 所示。

图 3.41　参考图

步骤 05：继续使用（钢笔工具）和（转换“顶点”工具）绘制卡通人物的头发，如图 3.44 所示的图形。

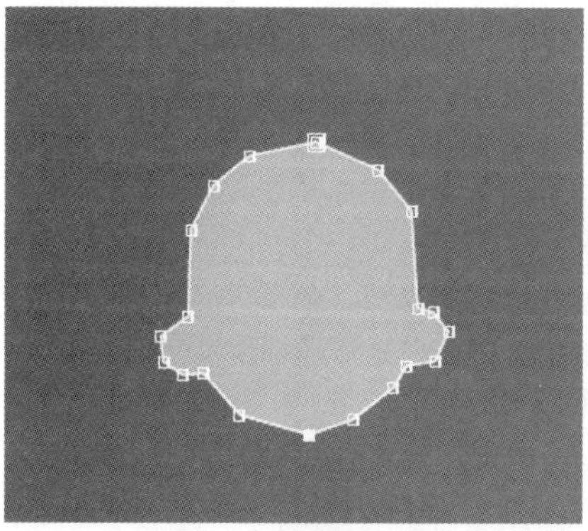
图 3.42　绘制的图形

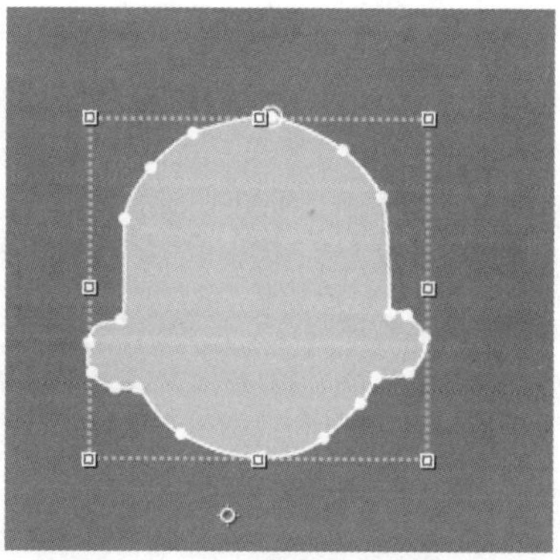
图 3.43　调节顶点之后的效果

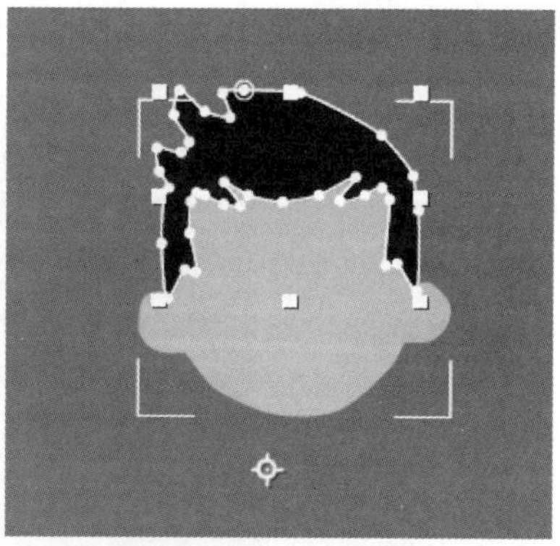
图 3.44　绘制的头发

步骤 06：继续使用（钢笔工具）和（转换“顶点”工具）绘制卡通人物的眉毛和眼睛，如图 3.45 所示。

步骤 07：设置填充的颜色，填充颜色值为（R：220；G：143；B：125），继续使用（钢笔工具）和（转换“顶点”工具）绘制卡通人物的耳朵和嘴巴，如图 3.46 所示。

步骤 08：设置填充的颜色，填充颜色值为（R：28；G：171；B：215），继续使用（钢笔工具）和（转换“顶点”工具）绘制卡通人物的衣服，给所有图层命名，并调节图层的叠放顺序，具体命名和叠放顺序，如图 3.47 和图 3.48 所示。

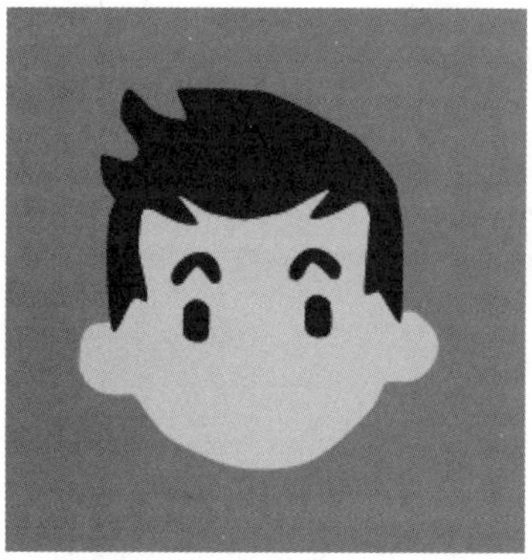
图 3.45　绘制的眉毛和眼睛

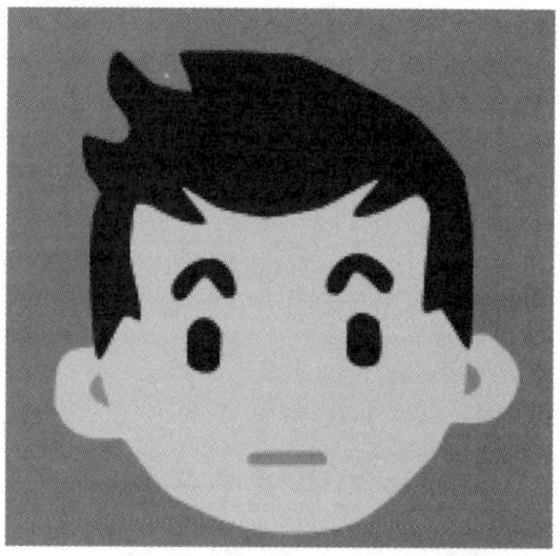
图 3.46　绘制的耳朵和嘴巴

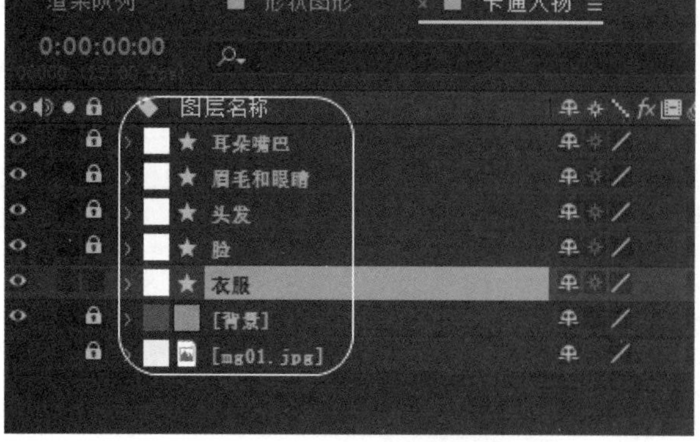

图 3.47　图层命名和顺序

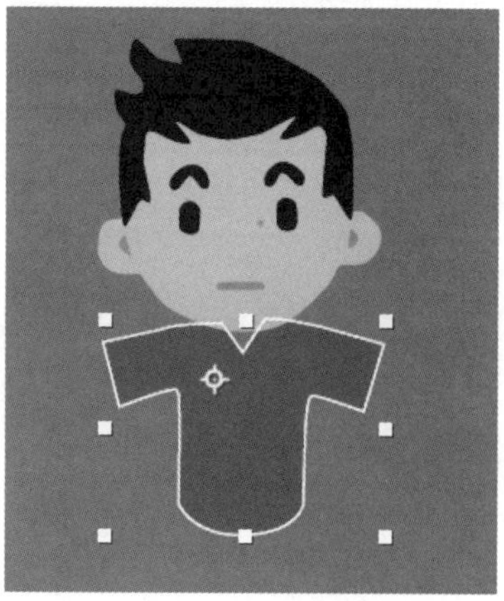
图 3.48　衣服的绘制

步骤 09：设置填充的颜色，填充颜色值为白色，继续使用 （钢笔工具）绘制衣服的衣领，该图层放置在【衣服】图层与【脸】图层之间，在【合成预览】窗口中的效果，如图 3.49 所示。

步骤 10：设置填充的颜色，填充颜色值为（R：254，G：198，B：151），继续使用 （钢笔工具）绘制手和脖子，该图层放置在【衣服】图层下面，在【合成预览】窗口中的效果，如图 3.50 所示。

图 3.49　衣领的绘制

图 3.50　绘制的手和脖子

步骤 11：设置填充的颜色，填充颜色值为（R：54，G：52，B：53），继续使用 （钢笔工具）绘制裤子和鞋子，该图层放置在【衣服】图层下面，所有图层的顺序，如图 3.51 所示，在【合成预览】窗口中的效果，如图 3.52 所示。

图 3.51　所有图层的叠放顺序

图 3.52　参考图 最终的卡通人物效果

视频播放：具体介绍，请观看配套视频"任务三：使用钢笔工具绘制不规则形状图形.wmv"。

七、拓展训练

根据所学知识使用各种图形绘制工具，绘制如下所示的图形效果。

【案例 2：拓展训练】

学习笔记：

案例 3：形状属性与管理

一、案例内容简介

本案例主要介绍形状属性中各个参数的作用、使用方法及技巧。

【案例 3　简介】

二、案例效果欣赏

三、案例制作（步骤）流程

任务一：图形编辑的相关知识➡任务二：形状图形的渲染规则➡任务三：形状属性➡任务四：路径变形属性介绍

四、制作目的

（1）熟悉形状图形渲染规则；

（2）掌握形状属性参数的作用、使用方法及技巧；

（3）掌握路径变形属性的作用、使用方法及技巧。

五、制作过程中需要解决的问题

（1）形状图形渲染规则主要有哪些？

（2）形状属性参数在实际应用中的综合设置；

（3）路径变形属性在实际应用中的综合设置。

六、详细操作步骤

【任务一：图形编辑的相关知识】

任务一：图形编辑的相关知识

在 After Effects CC 2019 默认情况下，每一条路径将作为一个形状。每个形状都包括了路径、描边、填充和变换属性，这些形状在【合成】窗口中的形状图层的【内容】属性下从上往下分布，每个形状都可以单独添加变换属性和填充属性等。

在实际工作中，用户在制作一个复杂的图形的时候不可能由一条路径组成。在为这些路径制作动画的时候，是对形状的整体制作动画，如果单独每条路径制作动画，工作量就太大，太麻烦了。在 After Effects CC 2019 中，为用户提供了"形状编组"来解决此问题。

如图 3.53 所示，在【内容】下面包含"椭圆 1""多边星形 2"和"多边星形 1"三个图形，这 3 个图形都使用了"收缩和膨胀 1""扭转 1"和"渐变填充 1"这 3 个属性。如图 3.54 所示。添加属性前后在【合成预览】窗口中的对比效果。

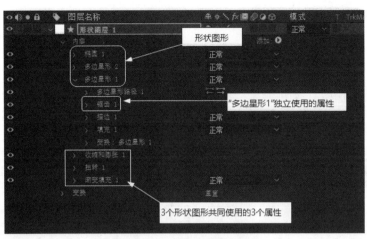

图 3.53　形状图形的属性

图 3.54　添加属性前后的效果对比

在 After Effects CC 2019 中，用户可以根据实际情况，对多个形状图形进行组合或对组合进行取消。组合的目的是方便用户统一对多个图形添加属性和编辑操作，而不需要对每个形状图形单独进行相同的操作，这样大大减少了制作动画的时间和制作的复杂程度。

对形状图形进行组合或取消组合的操作很简单，具体操作方法如下所述。

步骤01：在【合成】窗口中框选择需要组合的形状图形，如图 3.55 所示。

步骤02：在菜单栏中单击【图层（L）】→【组合形状】命令（或按键盘上的"Ctrl+G"组合键），即可完成多个形状图形的组合，如图 3.56 所示。

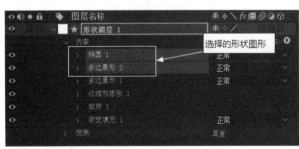

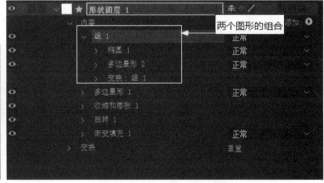

图 3.55　选择的形状图形

图 3.56　两个图形的组合

步骤03：对组合进行重命名，将鼠标移到【组 1】上，单击鼠标右键，弹出快捷菜单，在弹出的快捷菜单中单击【重命名】命令，此时，【组 1】呈蓝色显示，输入需要的名称按回车键完成组合的重命名。

步骤04：取消组合。单选需要取消的组合，在菜单栏中单击【图层（L）】→【取消组合形状】命令（或按键盘上的"Ctrl+Shift+G"组合键）即可。

视频播放：具体介绍，请观看配套视频"任务一：图形编辑的相关知识.wmv"。

任务二：形状图形的渲染规则

在 After Effects CC 2019 中，对形状图层进行渲染的规则与前面所讲的嵌套组合渲染规则有一点类似，具体规则如下。

【任务二：形状图形的渲染规则】

规则 1：在同一个编组内，在【合成】窗口中处于最底层的形状最先渲染，然后依次往上渲染。

规则 2：在同一个编组内，路径变形属性优先于颜色属性。

规则 3：在同一个编组内，路径变形属性渲染的顺序是从上往下进行渲染。

规则 4：在同一个编组内，颜色属性的渲染顺序是从下往上进行渲染。

规则 5：对于不同的编组，渲染顺序是从下往上。

视频播放：具体介绍，请观看配套视频"任务二：形状图形的渲染规则.wmv"。

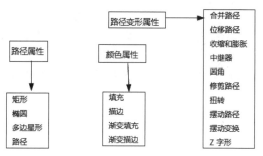

图 3.57　形状属性

任务三：形状属性

【任务三：形状属性】

创建形状图形之后，就可以在【合成】窗口中通过单击形状图层中的【添加：】右边的 ▶ 图标，弹出快捷菜单，在弹出的快捷菜单中选择需要的属性添加到形状图形或组合形状图形。形状图形的属性主要包括如图 3.57 所示的三大类属性。

在 After Effects CC 2019 默认情况下，新添加的属性按以下规则添加到形状图层或形状编组中。

规则 1：新的形状图层被添加在所有的路径或编组下面。

规则 2：新的路径变形属性被添加在之前已经存在的路径属性下面，如果之前不存在路径变形属性，新的路径变形属性被添加在存在的路径下面。

规则 3：新的颜色属性被添加在路径下面和之前存在的颜色属性的上面。

1. 颜色属性

颜色属性主要包括【填充】、【描边】、【渐变填充】和【渐变描边】4 种颜色属性。

（1）【填充】：主要为形状图形的内容填充颜色。

（2）【描边】：主要为形状图形的路径填充颜色。

（3）【渐变填充】：主要为形状图形的内部填充渐变颜色。

（4）【渐变描边】：主要为形状图形的路径填充渐变颜色。

2. 颜色属性中比较重要的参数介绍

（1）【合成】：主要用来设置颜色的叠加顺序，主要有【在同组中前一个之下】和【在同组中前一个之上】两种叠加模式，默认为【在同组中前一个之下】叠加模式。

（2）【填充规则】：主要用来设置颜色的填充规则，主要有【非零环绕】和【奇偶】两种填充方式，如图 3.58 所示，是两种不同填充效果对比。

图 3.58　【非零环绕】和【奇偶】填充方式的效果对比

（3）【线段端点】：主要用来设置虚线描边的每个线段的端点封口方式，包括【平头端点】【圆头端点】和【矩形端点】封口方式，如图 3.59 所示。

图 3.59　三种不同的线段端点封口方式

（4）【线段连接】：主要用来设置路径角点处的连接方式，包括【斜接连接】【圆角连接】和【斜面连接】3 种连接方式，路径角点连接方式效果对比，如图 3.60 所示。

图 3.60　三种不同的线段连接方式

视频播放：具体介绍，请观看配套视频"任务三：形状属性.wmv"。

任务四：路径变形属性介绍

【任务四：路径变形属性介绍】

在同一个编组中，路径变形属性可以对位于其上的所有路径起作用，在【合成】窗口中也可以对路径变形属性的位置进行改变，以及对它进行复制、剪切和粘贴等操作。

（1）【合并路径】：主要作用是将多个路径组合成一个复合路径。使用【合并路径】属性之后，系统自动在它的下面添加一个填充边属性，否则混合路径就不可见了，在路径合并下面有 5 种模式供用户选择，如图 3.61 所示。

图 3.61　5 种路径合并模式的对比

（2）【位移路径】：主要作用是对原始的路径进行缩放，如图 3.62 所示为路径位移数量为 "-8" 和 "8" 的对比效果。

（3）【收缩和膨胀】：主要作用是将源曲线中向外凸起的部分往里面拉，将源曲线中向外凹陷的部分往外拉，如图 3.63 所示为路径收缩和膨胀数量为 "6" 和 "-6" 的对比效果。

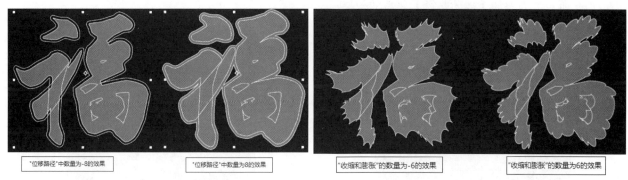

图 3.62　【位移路径】的对比效果　　　　　　　图 3.63　【收缩和膨胀】的对比效果

（4）【中继器】：主要作用是为一个形状创建多个形状复制，并对每个复制应用指定的变换属性，如图 3.64 所示，为添加【中继器】属性的效果，其参数设置如图 3.65 所示。

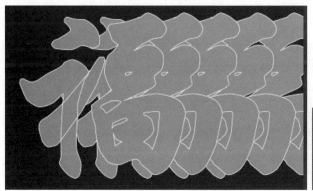

图 3.64　添加【中继器】属性的效果　　　　　　图 3.65　【中继器】参数设置

（5）【圆角】：主要作用是对形状中尖锐的拐角进行圆滑处理。

（6）【修剪路径】：主要作用是为路径制作生长动画，如图 3.66 所示为添加【修剪路径】属性的效果，参数设置如图 3.67 所示。

图 3.66　添加【修剪路径】属性的效果　　　　　图 3.67　【修剪路径】参数设置

（7）【旋转】：主要作用是以形状中心为圆心对形状进行扭曲，值为正数时，扭曲角度为顺时针方向；值为负数时，扭曲角度为逆时针方向。如图 3.68 所示，为添加【旋转】属性并设置旋转角度为 120° 的效果。

（8）【摆动路径】：主要作用是将路径变成具有各种变形的锯齿形状，且该属性会自动生成动画效果。如图 3.69 所示，为添加【摆动路径】属性的效果。

图 3.68　添加【旋转】属性的效果

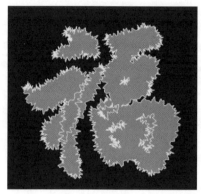

图 3.69　添加【摆动路径】属性的效果

（9）【Z 字形】：主要作用是将路径变成具有统一形式的锯齿形状的路径，如图 3.70 所示为添加【Z 字形】属性的效果。具体参数设置，如图 3.71 所示。

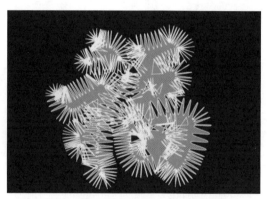

图 3.70　添加【Z 字形】属性效果

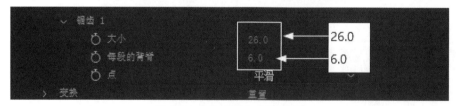

图 3.71　【Z 字形】参数设置

视频播放：具体介绍，请观看配套视频"任务四：路径变形属性介绍.wmv"。

【案例 3：拓展训练】

七、拓展训练

根据所学知识使用各种图形绘制工具，绘制如下所示的图形效果。

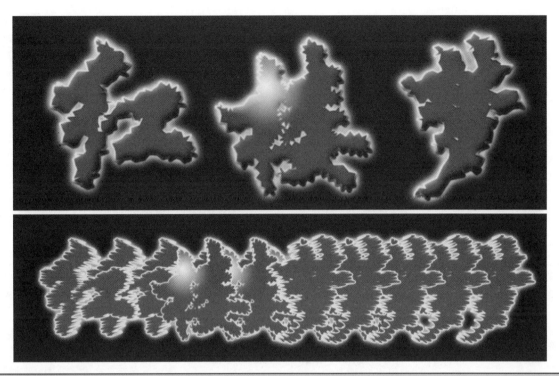

学习笔记:

第**4**章
创建文字特效

知识点

案例 1：制作时码动画文字效果

案例 2：制作炫目光文字效果

案例 3：制作预设文字动画

案例 4：制作变形动画文字效果

案例 5：制作空间文字动画

案例 6：卡片式出字效果

案例 7：玻璃切割效果

说　明

本章主要通过 7 个案例的介绍，全面讲解文字动画制作的原理和方法。

教学建议课时数

一般情况下需要 6 课时，其中理论讲解 2 课时，实际操作 4 课时（特殊情况可做相应调整）。

思维导图

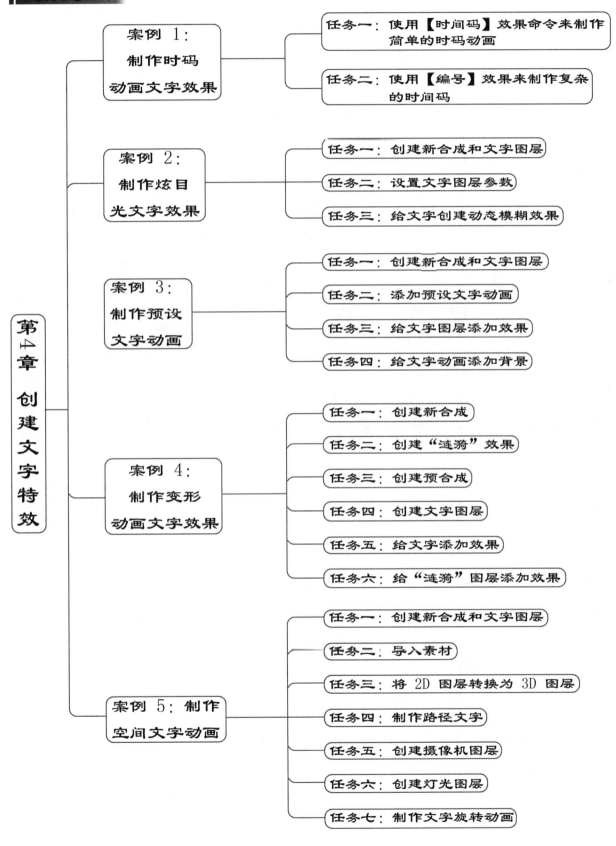

第4章 创建文字特效

案例 1：制作时码动画文字效果
任务一：使用【时间码】效果命令来制作简单的时码动画
任务二：使用【编号】效果来制作复杂的时间码

案例 2：制作炫目光文字效果
任务一：创建新合成和文字图层
任务二：设置文字图层参数
任务三：给文字创建动态模糊效果

案例 3：制作预设文字动画
任务一：创建新合成和文字图层
任务二：添加预设文字动画
任务三：给文字图层添加效果
任务四：给文字动画添加背景

案例 4：制作变形动画文字效果
任务一：创建新合成
任务二：创建"涟漪"效果
任务三：创建预合成
任务四：创建文字图层
任务五：给文字添加效果
任务六：给"涟漪"图层添加效果

案例 5：制作空间文字动画
任务一：创建新合成和文字图层
任务二：导入素材
任务三：将 2D 图层转换为 3D 图层
任务四：制作路径文字
任务五：创建摄像机图层
任务六：创建灯光图层
任务七：制作文字旋转动画

在本章中主要通过 7 个文字特效的制作案例来讲解文字工具的相关知识点。在影视后期制作中，文字不仅具有标题、说明等作用，有时候在不同的语言环境中还扮演着中介交流的作用，甚至在电视广告包装中文字还单独作为包装元素出现，丰富人们的眼球。作为一个影视后期制作人员，必须掌握文字动画的制作。

在 After Effects CC 2019 中，Adobe 公司对文字动画模块做了很大的提升，还增加了 3D 字效功能，使用户更容易和快捷地创建复杂的文字动画特效。

案例 1：制作时码动画文字效果

【案例1　简介】

一、案例内容简介

本案例主要介绍使用【时间码】和【编号】两个特效命令来制作时码动画文字效果。

二、案例效果欣赏

三、案例制作（步骤）流程

任务一：使用【时间码】效果命令来制作简单的时码动画➡任务二：使用【编号】效果来制作复杂的时间码

四、制作目的

（1）了解时间码的概念；

（2）了解编码的概念；

（3）掌握简单时码和复杂时码动画文字的制作。

五、制作过程中需要解决的问题

（1）简单时码和复杂时码的应用领域；

（2）简单时码和复杂时码动画文字制作的原理；

（3）【时间码】和【编号】两个特效命令参数的作用和设置。

六、详细操作步骤

在 After Effects CC 2019 中制作时间码动画可以通过使用【时间码】和【编号】中的任意一个效果命令来制作。

如果使用【时间码】效果命令来制作时码动画。它的局限性在于只能制作一些简单的效果。它的主要作用是给视频制作压码。如果要制作比较复杂的时码动画效果。可以使用【编码】来制作。下面分别介绍使用【时间码】和【编号】两个效果命令来制作时码动画的具体操作步骤。

任务一：使用【时间码】效果命令来制作简单的时码动画

【任务一：使用【时间码】效果命令来制作简单的时码动画】

1. 创建一个名为“简单时码动画”的合成

步骤 01： 启动 After Effects CC 2019。

步骤 02： 创建新合成。在菜单栏中单击【合成（C）】→【新建合成（C）…】（或按“Ctrl+N”组合键），弹出【合成设置】对话框，在该对话框中设置合成名称为“简单时码动画”，尺寸为“1280px×720px”，持续时间为“6 秒”，单击【确定】按钮完成合成创建。

2. 导入素材

步骤 01： 在【项目】窗口中的空白处单击右键，弹出快捷菜单，在弹出的快捷菜单中单击【导入】→【文件…】（或按“Ctrl+I”组合键）命令，弹出【导入文件】对话框，在该对话框中单选“背景 02.jpg”图片素材→单击【导入】按钮完成素材的导入。

步骤 02： 将【项目】窗口中的“背景 02.jpg”图片素材拖到【简单时码动画】合成窗口中，如图 4.1 所示，在【合成预览】窗口中的效果，如图 4.2 所示。

图 4.1 【简单时码动画】合成窗口

图 4.2 在【合成预览】窗口中的效果一

3. 创建简单时码动画

步骤 01： 在菜单栏中单击【效果（T）】→【文本】→【时间码】命令，即可创建一个简单的时间码动画。

步骤 02： 设置【时间码】参数，具体参数设置，如图 4.3 所示。

步骤 03： 将▣（时间指针）移到第 1 秒 06 帧的位置，在【合成预览】窗口中的效果，如图 4.4 所示。

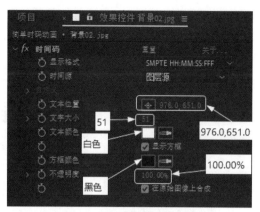

图 4.3 【时间码】参数设置

图 4.4 添加【时间码】之后的效果

提示： 使用【时间码】效果命令只能制作一个简单的时间码动画，而且背景还保留，经常通过使用该效果来给视频压时间。

视频播放： 具体介绍，请观看配套视频"任务一：使用【时间码】效果命令来制作简单的时码动画.wmv"。

【任务二：使用【编号】效果来制作复杂的时间码】

任务二：使用【编号】效果来制作复杂的时间码

1. 创建新合成

步骤 01： 创建新合成。在菜单栏中单击【合成（C）】→【新建合成（C）…】（或按"Ctrl+N"组合键），弹出【合成设置】对话框→在该对话框中设置合成名称为"复杂时码动画"，尺寸为"1280px×720px"，持续时间为"6秒"→单击【确定】按钮完成合成创建。

步骤 02： 将【项目】窗口中的"背景 02.jpg"图片素材拖到【复杂时码动画】窗口中。

2. 创建纯色层

步骤 01： 在【复杂时码动画】合成窗口的空白处单击鼠标右键，弹出快捷菜单，在弹出的快捷菜单中单击【新建】→【纯色（S）…】命令，弹出【纯色设置】对话框。

步骤 02： 在【纯色设置】对话框中设置参数，具体参数设置，如图 4.5 所示，单击【确定】按钮即可创建一个名为"复杂时间码"的纯色层（图 4.6）。

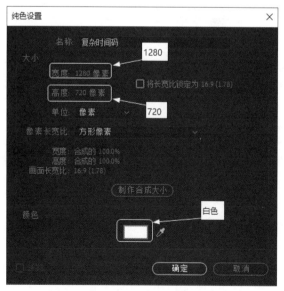

图 4.5 【纯色设置】对话框参数设置

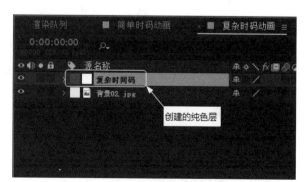

图 4.6 创建的纯色层

3. 创建复杂时间码

步骤 01：在菜单栏中单击【效果（T）】→【文本】→【编号】命令，弹出【编号】对话框，设置参数，具体参数设置如图 4.7 所示，单击【确定】按钮，即可完成【编号】效果的添加。

步骤 02：在【效果控件】面板中设置【编号】的参数，具体参数设置如图 4.8 所示。

步骤 03：将 ▣（时间指针）移到第 1 秒 10 帧的位置，在【合成预览】窗口中的效果，如图 4.9 所示。

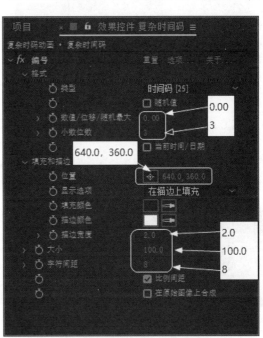

图 4.7　【编号】对话框参数设置　　　　　图 4.8　【编号】效果参数设置

图 4.9　设置【编号】参数之后的效果

4. 添加效果

用户可以对创建的"时间码"添加效果来加强"时间码"的视觉冲击。在此，给创建的"时间码"添加两个效果。

步骤 01：添加【斜面 Alpha】效果。在菜单栏中单击【效果（T）】→【透视】→【斜面 Alpha】命令，完成【斜面 Alpha】效果的添加。

步骤 02：在【效果控件】面板中设置【斜面 Alpha】的参数，具体参数设置如图 4.10 所示，在【合成预览】窗口中的效果，如图 4.11 所示。

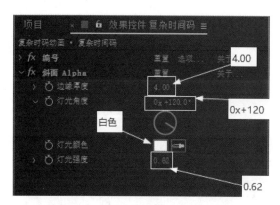

图 4.10 【斜面 Alpha】参数调节

图 4.11 在【合成预览】窗口中的效果二

步骤 03：添加【阴影】效果。在菜单栏中单击【效果（T）】→【透视】→【投影】命令，完成【阴影】效果的添加。

步骤 04：设置【阴影】效果的参数，具体参数设置如图 4.12 所示，将▼（时间指针）移到第 1 秒 10 帧的位置，在【合成预览】窗口中的效果，如图 4.13 所示。

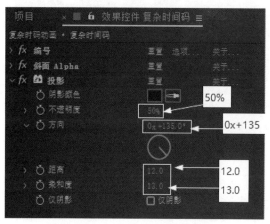

图 4.12 【阴影】效果参数设置

图 4.13 在【合成预览】窗口中的效果三

视频播放：具体介绍，请观看配套视频"任务二：使用【编号】效果来制作复杂的时间码.wmv"。

七、拓展训练

根据所学知识完成如下效果。

【案例 1：拓展训练】

学习笔记：

学习笔记：

案例 2：制作炫目光文字效果

一、案例内容简介

本案例主要介绍使用文字图层和动态模糊来制作一个炫目光文字效果。

【案例 2 简介】

二、案例效果欣赏

	A	AE	AE后期
AE后期	AE后期特	AE后期特效	AE后期特效制

三、案例制作（步骤）流程

任务一：创建新合成和文字图层➡任务二：设置文字图层参数➡任务三：给文字创建动态模糊效果

四、制作目的

（1）了解"文字图层"的概念；

（2）掌握"文字图层"的创建、相关参数的作用和设置；

（3）了解动态模糊的概念；

（4）掌握动态模糊文字效果。

五、制作过程中需要解决的问题

（1）文字图层中相关参数的综合设置；

（2）动态模糊的应用领域；

（3）动态模糊文字制作的原理。

六、详细操作步骤

【任务一：创建新合成和文字图层】

任务一：创建新合成和文字图层

1. 创建新合成

步骤 01：创建新合成。在菜单栏中单击【合成（C）】→【新建合成（C）…】（或按"Ctrl+N"组合键），弹出【合成设置】对话框。

步骤 02：在该对话框中设置合成名称为"眩光文字"，尺寸为"1280px×720px"，持续时间为"6秒"。

步骤 03：单击【确定】按钮完成合成创建。

2. 创建文字图层

步骤 01：在工具栏中单击▊（横排文字工具），在【合成预览】窗口中单击并输入"AE后期特效制作"文字。

步骤 02：文字的具体参数设置如图 4.14 所示，在【合成预览】窗口中的效果，如图 4.15 所示。

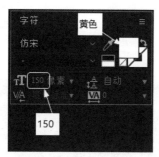

图 4.14　文字参数设置

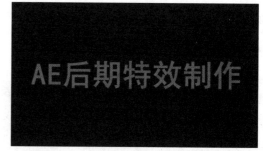

图 4.15　在【合成预览】窗口中的效果

视频播放：具体介绍，请观看配套视频"任务一：创建新合成和文字图层.wmv"。

【任务二：设置文字图层参数】

任务二：设置文字图层参数

步骤 01：在【眩光文字】合成中将文字图层展开，如图 4.16 所示。

步骤 02：单击【动画：】右边的▊按钮，弹出快捷菜单，在弹出的快捷菜单中单击【不透明度】命令，具体参数设置如图 4.17 所示。

步骤 03：将▊（时间指针）移到第 0 帧的位置，单击【起始】左边的▊（时间变化秒表）图标，给【起始】属性添加关键帧，如图 4.18 所示。

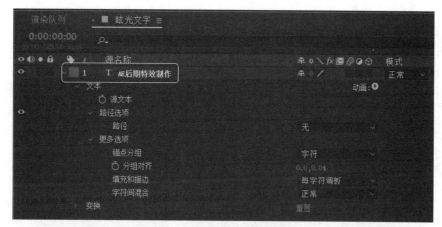

图 4.16 展开的文字图层

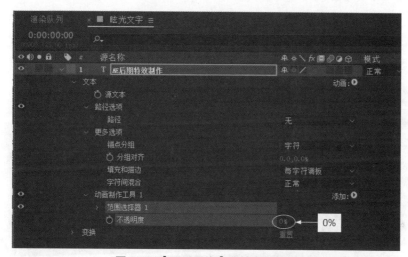

图 4.17 【不透明度】属性参数设置

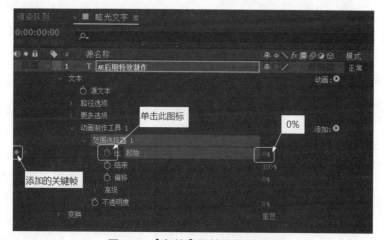

图 4.18 【起始】属性的参数设置

步骤 04：将 ▼（时间指针）移到第 2 秒 0 帧的位置，将【起始】属性参数设置为 "100%"。

步骤 05：单击【添加：】右边的 ▶ 按钮，弹出快捷菜单，在弹出的快捷菜单中单击【属性】→【缩放】命令，即可完成【缩放】属性的添加，设置参数，具体设置如图 4.19 所示，在【合成预览】窗口中的截图效果，如图 4.20 所示。

图 4.19 【缩放】参数设置

图 4.20 在【合成预览】窗口中的截图效果一

步骤 06：单击【添加：】右边的 ⊙ 按钮，弹出快捷菜单，在弹出的快捷菜单中单击【属性】→【旋转】命令，即可完成【旋转】属性的添加，设置参数，具体设置如图 4.21 所示，在【合成预览】窗口中的截图效果，如图 4.22 所示。

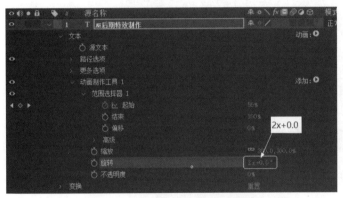

图 4.21 【旋转】属性参数设置

图 4.22 在【合成预览】窗口中的截图效果二

步骤 07：单击【添加：】右边的 ⊙ 按钮，弹出快捷菜单，在弹出的快捷菜单中单击【属性】→【颜色填充】→【色相】命令，即可完成【色相】属性的添加，设置参数，具体设置如图 4.23 所示，在【合成预览】窗口中的截图效果，如图 4.24 所示。

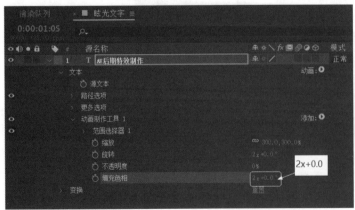

图 4.23 【填充色相】属性参数设置

图 4.24 在【合成预览】窗口中的截图效果三

视频播放：具体介绍，请观看配套视频"任务二：设置文字图层参数.wmv"。

任务三：给文字创建动态模糊效果

步骤 01：单击【眩光文字】合成窗口中的▨（动态模糊）按钮，开启【眩光文字】合成的动态模糊。

步骤 02：单击▊**T** 中国梦 民族复图层右边▨（动态模糊）按钮对应下的▨（复选框），开启该图层的动态模糊，如图 4.25 所示，在【合成预览】窗口中的截图效果，如图 4.26 所示。

【任务三：给文字创建动态模糊效果】

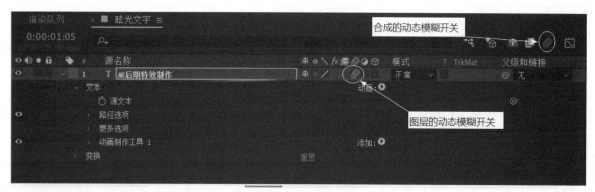

图 4.25　动态模糊开关

图 4.26　在【合成预览】窗口中的截图效果四

视频播放：具体介绍，请观看配套视频"任务三：给文字创建动态模糊效果.wmv"。

七、拓展训练

根据所学知识完成如下效果。

【案例2：拓展训练】

学习笔记：

学习笔记：

案例 3：制作预设文字动画

【案例 3　简介】

一、案例内容简介

本案例主要介绍使用 After Effects CC 2019 中预设文字效果来快速制作文字动画效果。

二、案例效果欣赏

三、案例制作（步骤）流程

任务一：创建新合成和文字图层➡任务二：添加预设文字动画➡任务三：给文字图层添加效果➡任务四：给文字动画添加背景

四、制作目的

（1）熟练掌握文字图层的创建和文字图层中相关属性的综合调节；

（2）掌握预设文字动画的修改；

（3）掌握预设文字动画背景的添加；

（4）掌握预设文字动画修改的方法。

五、制作过程中需要解决的问题

（1）文字图层相关属性的含义；

（2）预设文字动画修改的原理；

（3）预设文字动画修改的注意事项；

（4）预设文字动画的叠加原理。

六、详细操作步骤

在 After Effects CC 2019 中，用户不仅可以通过自己的创意和大量的效果滤镜来制作专业级的视觉效果，还可以使用系统自带的大量预设效果轻松制作出绚丽多彩的视觉效果。本案例主要通过文字类的预设效果来快速制作动画的方法，至于其他类的预设效果可以举一反三。

任务一：创建新合成和文字图层

【任务一：创建新
合成和文字图层】

1. 创建新合成

步骤 01：创建新合成。在菜单栏中单击【合成（C）】→【新建合成（C）…】（或按"Ctrl+N"组合键），弹出【合成设置】对话框。

步骤 02：在该对话框中设置合成名称为"制作预设文字动画"，尺寸为"1280px×720px"，持续时间为"6 秒"。

步骤 03：单击【确定】按钮完成合成创建。

2. 创建文字图层

步骤 01：在工具栏中单击 **T**（横排文字工具），在【合成预览】窗口中单击并输入文字"骏马是跑出来的，强兵是打出来的"。

步骤 02：文字的具体参数设置，如图 4.27 所示，在【合成预览】窗口中的效果，如图 4.28 所示。

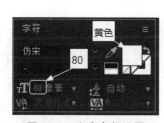

图 4.27　文字参数设置

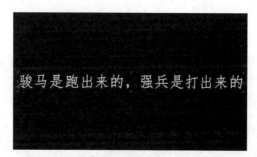

图 4.28　在【合成预览】窗口中的效果一

视频播放：具体介绍，请观看配套视频"任务一：创建新合成和文字图层.wmv"。

任务二：添加预设文字动画

步骤 01：单选文字图层，在菜单栏中单击【动画（A）】→【将动画预设应用于（A）…】命令，弹出【打开】对话框。

步骤 02：在【打开】对话框中选择需要的预设动画效果，如图 4.29 所示。单击【打开（O）】按钮，完成预设文字动画的添加，在【合成预览】窗口中的效果，如图 4.30 所示。

【任务二：添加
预设文字动画】

图 4.29　在【打开】对话框中选择预设动画效果

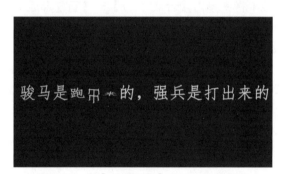

图 4.30　在【合成预览】窗口中的效果二

步骤 03：方法同上，给文字图层添加一个"3D 回落混杂和模糊"预设效果，在【合成预览】窗口中的截图效果，如图 4.31 所示。

图 4.31　添加"3D 回落混杂和模糊"效果之后，在【合成预览】窗口中的截图效果

提示：用户在添加了预设动画文字效果之后，如果对预设动画不满意，还可以根据实际需要，在预设动画参数的基础上对参数进行修改。

视频播放：具体介绍，请观看配套视频"任务二：添加预设文字动画.wmv"。

任务三：给文字图层添加效果

步骤 01：在菜单栏中单击【效果（T）】→【风格化】→【发光】命令，完成效果的添加。

步骤 02：设置【发光】效果的参数，具体参数设置如图 4.32 所示。在【合成预览】窗口中的效果，如图 4.33 所示。

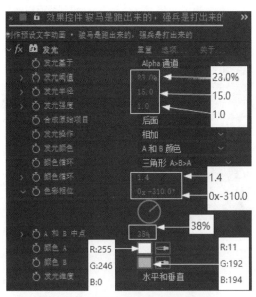

图 4.32　【发光】效果的参数设置

图 4.33　在【合成预览】窗口中的效果三

步骤 03：在菜单栏中单击【效果（T）】→【风格化】→【彩色浮雕】命令，完成效果的添加。

步骤 04：设置【彩色浮雕】效果参数，具体参数设置如图 4.34 所示。在【合成预览】窗口中的效果，如图 4.35 所示。

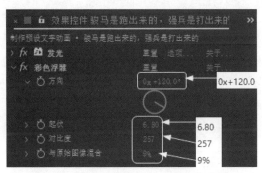

图 4.34　【彩色浮雕】效果的参数设置

图 4.35　在【合成预览】窗口中的效果四

视频播放：具体介绍，请观看配套视频"任务三：给文字图层添加效果.wmv"。

任务四：给文字动画添加背景

步骤 01：在【合成窗口】的空白处单击鼠标右键，弹出快捷菜单，在弹出的快捷菜单中单击【新建】→【纯色（S）…】命令，弹出【纯色设置】对话框。

步骤 02：在【纯色设置】对话框中，设置纯色层的名称为"背景"，颜色设置为纯黑色，单击【确定】按钮即可创建一个纯黑色的图层。

步骤 03：在菜单栏中单击【效果（T）】→【模拟】→【CC Snowfall】命令，完成【CC Snowfall】效果的添加。

步骤 04：设置【CC Snowfall】效果参数，具体参数设置如图 4.36 所示，在【合成预览】窗口中的效果，如图 4.37 所示。

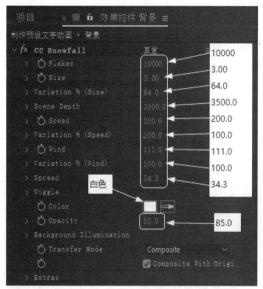

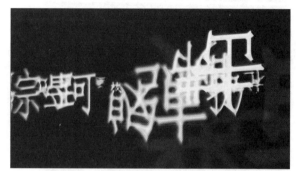

图 4.36 【CC Snowfall】参数设置　　　　　　图 4.37　在【合成预览】窗口中的效果五

视频播放：具体介绍，请观看配套视频"任务四：给文字动画添加背景.wmv"。

七、拓展训练

根据所学知识完成如下效果。

【案例 3：拓展训练】

学习笔记：

学习笔记：

案例 4：制作变形动画文字效果

一、案例内容简介

本案例主要介绍使用 After Effects CC 2019 中的效果命令，综合应用来制作一个随水波变形的动画文字效果。

二、案例效果欣赏

【案例4　简介】

三、案例制作（步骤）流程

任务一：创建新合成➡任务二：创建"涟漪"效果➡任务三：创建预合成➡任务四：创建文字图层➡任务五：给文字添加效果➡任务六：给"涟漪"图层添加效果

四、制作目的

（1）理解"涟漪"效果制作；
（2）掌握图层重组的方法；
（3）理解"焦散"效果的作用和参数设置；
（4）掌握给"涟漪"图层添加效果的作用。

五、制作过程中需要解决的问题

（1）制作"涟漪"效果的原理；
（2）理解图层重组的原理和作用；
（3）效果命令的综合应用和参数设置。

六、详细操作步骤

在 After Effects CC 2019 中，给文字添加【扭曲】或【分解】等效果，并将扭曲或分解的变化过程记录下来就可以制作各种各样的变形文字效果，例如水波文字、烟雾文字、爆炸文字等。

在本案例中通过制作一个涟漪波光文字动画来详细介绍动画文字效果制作的基本原理和方法。

【任务一：创建新合成】

任务一：创建新合成

步骤 01：启动 After Effects CC 2019。

步骤 02：创建新合成。在菜单栏中单击【合成（C）】→【新建合成（C）…】（或按"Ctrl+N"组合键），弹出【合成设置】对话框。

步骤 03：在该对话框中设置合成名称为"变形文字动画"，尺寸为"1280px×720px"，持续时间为"6秒"。

步骤 04：单击【确定】按钮完成合成创建。

视频播放：具体介绍，请观看配套视频"任务一：创建新合成.wmv"。

【任务二：创建"涟漪"效果】

任务二：创建"涟漪"效果

步骤 01：创建纯色层。在【变形文字动画】窗口的空白处单击右键，弹出快捷菜单，在弹出的快捷菜单中单击【新建】→【纯色（S）…】命令，弹出【纯色设置】对话框。

步骤 02：在弹出的【纯色设置】对话框中设置名称为"涟漪图层"，颜色设置为纯黑色（R：0，G：0，B：0）→单击【确定】按钮即可创建一个"涟漪图层"。

步骤 03：添加【波形环境】效果。单选【变形文字动画】合成中的 [涟漪图层] 图层，在菜单栏中单击【效果（T）】→【模拟】→【波形环境】命令，完成【波形环境】效果的添加。

步骤 04：设置【波形环境】效果参数，具体参数设置，如图 4.38 所示。

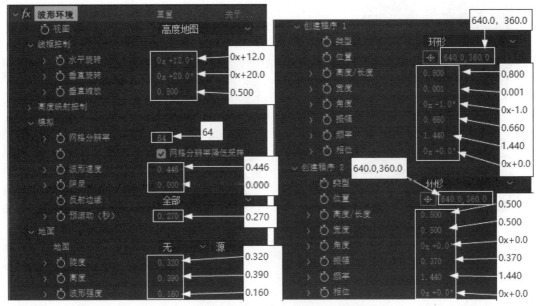

图 4.38　【波形环境】效果参数设置

视频播放： 具体介绍，请观看配套视频"任务二：创建'涟漪'效果.wmv"。

任务三：创建预合成

步骤 01： 单选 图层，在菜单栏中单击【图层（L）】→【与合成（P）…】命令（或按"Ctrl+Shift+C"组合键），弹出【预合成】对话框。

步骤 02： 设置【预合成】对话框参数，具体参数设置如图 4.39 所示。单击【确定】按钮完成图层重组，如图 4.40 所示。

【任务三：创建
预合成】

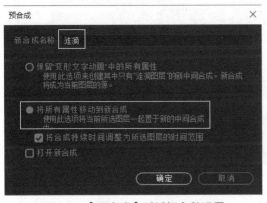

图 4.39　【预合成】对话框参数设置

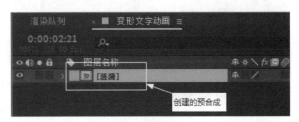

图 4.40　创建的预合成

视频播放： 具体介绍，请观看配套视频"任务三：创建预合成.wmv"。

任务四：创建文字图层

步骤 01： 在工具栏中单击 （横排文字工具），在【合成预览】窗口中单击并输入"美食中国"文字。

步骤 02： 设置文字参数，具体参数设置如图 4.41 所示，在【合成预览】窗口中的效果，如图 4.42 所示。

【任务四：创建
文字图层】

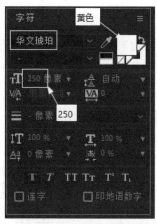

图 4.41　文字参数设置

图 4.42　在【合成预览】窗口中的效果一

视频播放：具体介绍，请观看配套视频"任务四：创建文字图层.wmv"。

任务五：给文字添加效果

步骤 01：单选 T 美食中国 图层，在菜单栏中单击【效果（T）】→【模拟】→【焦散】命令，完成【焦散】效果的添加。

【任务五：给
文字添加效果】

步骤 02：设置【焦散】效果的参数，具体参数设置如图 4.43 所示，在【合成预览】窗口中的效果，如图 4.44 所示。

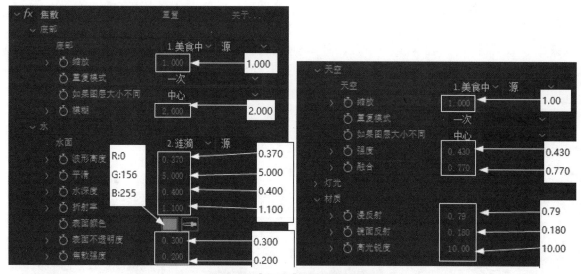

图 4.43　【焦散】效果参数设置

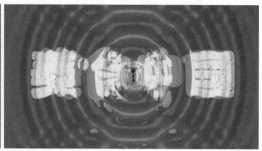

图 4.44　在【合成预览】窗口中的效果二

步骤 03：单选 图层，在菜单栏中单击【图层（L）】→【与合成（P）…】命令（或按"Ctrl+Shift+C"组合键），弹出【预合成】对话框。

步骤 04：设置【预合成】对话框参数，具体参数设置，如图 4.45 所示。单击【确定】按钮完成图层重组，如图 4.46 所示。

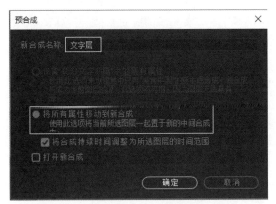

图 4.45　【预合成】对话框参数设置

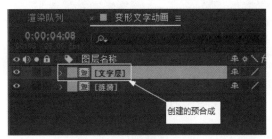

图 4.46　创建的预合成

步骤 05：添加阴影。在菜单栏中单击【效果（T）】→【透视】→【投影】命令，完成【阴影】效果添加。

步骤 06：设置【阴影】效果参数设置，具体参数设置如图 4.47 所示，在【合成预览】窗口中的效果，如图 4.48 所示。

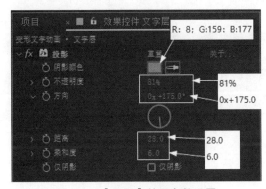

图 4.47　【阴影】效果参数设置

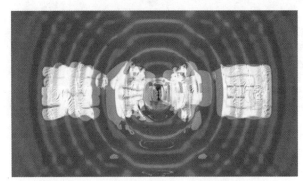

图 4.48　在【合成预览】窗口中的效果三

视频播放：具体介绍，请观看配套视频"任务五：给文字添加效果.wmv"。

任务六：给"涟漪"图层添加效果

步骤 01：单选 图层，在菜单栏中单击【效果（T）】→【生成】→【四色渐变】命令，完成【四色渐变】效果的添加。

【任务六：给"涟漪"图层添加效果】

步骤 02：设置【四色渐变】效果参数，具体参数设置如图 4.49 所示，在【合成预览】窗口中的效果，如图 4.50 所示。

视频播放：具体介绍，请观看配套视频"任务六：给'涟漪'图层添加效果.wmv"。

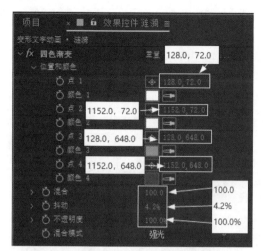

图 4.49 【四色渐变】参数设置

图 4.50　在【合成预览】窗口中的效果四

【案例4：拓展训练】

七、拓展训练

根据所学知识完成如下效果。

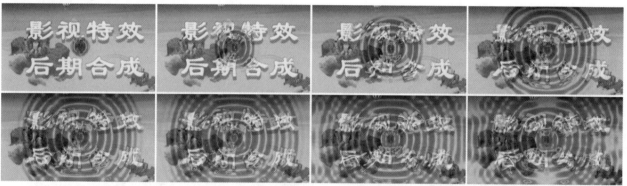

学习笔记：

学习笔记：

案例 5：制作空间文字动画

一、案例内容简介

本案例主要介绍空间文字动画制作的原理、2D 图层转 3D 图层、摄像机图层的创建、摄像机图层的参数调节、灯光图层的创建和参数调节。

【案例 5　简介】

二、案例效果欣赏

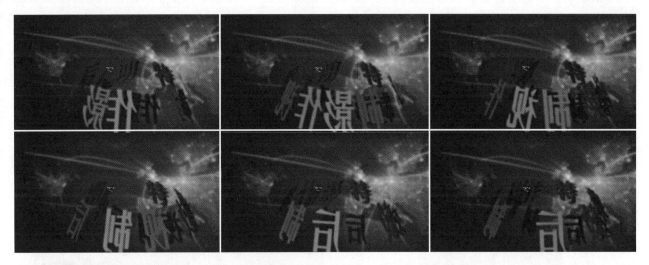

三、案例制作（步骤）流程

任务一：创建新合成和文字图层➡任务二：导入素材➡任务三：将 2D 图层转换为 3D 图层➡任务四：制作路径文字➡任务五：创建摄像机图层➡任务六：创建灯光图层➡任务七：制作文字旋转动画

四、制作目的

（1）理解 2D 图层和 3D 图层的概念；

（2）掌握 2D 图层转 3D 图层的方法；

（3）理解摄像机图层和灯光图层的概念；

（4）掌握摄像机图层和灯光图层的参数设置。

五、制作过程中需要解决的问题

（1）2D 图层转 3D 图层的原理；

（2）摄像机图层和灯光图层各个参数的作用；

（3）各种图层参数的综合设置。

六、详细操作步骤

在 After Effects CC 2019 中，用户不仅可以进行 2D 合成，还可以制作 3D 动画效果。3D 动画制作的方法主要有两种：一种是通过 3D 图层制作 3D 动画，另一种是通过外挂特效插件制作 3D 动画。

在本案例中主要使用 3D 图层来创建一个 3D 文字动画。在 After Effects CC 2019 默认情况下图层为 2D 图层，如果要使用 2D 图层来制作 3D 动画，可以将 2D 图层转化为 3D 图层，转化之后的图层就会出现一个 Z 轴。Z 轴主要用来描述深度信息。

下面通过制作一个空间文字动画来介绍 3D 文字动画的制作方法和原理。

任务一：创建新合成和文字图层

【任务一：创建新合成和文字图层】

1. 创建新合成

步骤 01：启动 After Effects CC 2019。

步骤 02：创建新合成。在菜单栏中单击【合成（C）】→【新建合成（C）…】（或按"Ctrl+N"组合键），弹出【合成设置】对话框。

步骤 03：该对话框中设置合成名称为"空间文字动画"，尺寸为"1280px×720px"，持续时间为"6 秒"。

步骤 04：单击【确定】按钮完成合成创建。

2. 创建文字图层

步骤 01：在工具栏中单击 T（横排文字工具）或按"Ctrl+T"组合键，在【合成预览】窗口中单击并输入"影视后期特效制作"文字。

步骤 02：设置文字参数，文字的具体参数设置如图 4.51 所示，在【合成预览】窗口中的效果如图 4.52 所示。

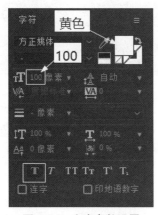

图 4.51　文字参数设置

图 4.52　在【合成预览】窗口中的效果一

视频播放：具体介绍，请观看配套视频"任务一：创建新合成和文字图层.wmv"。

【任务二：导入素材】

任务二：导入素材

步骤 01：在菜单栏中单击【文件（F）】→【导入（I）】→【文件…】命令（或按"Ctrl+I"组合键），弹出【导入文件】对话框。

步骤 02：在【导入文件】对话框中单选"背景 02.jpg"图片素材。单击【导入】按钮，即可将图片素材导入【项目】窗口中。

步骤 03：将"背景 02.jpg"图片素材拖到【空间文字动画】合成窗口中。在【合成预览】窗口中的效果，如图 4.53 所示。

图 4.53　在【合成预览】窗口中的效果二

视频播放：具体介绍，请观看配套视频"任务二：导入素材.wmv"。

任务三：将 2D 图层转换为 3D 图层

【任务三：将 2D 图层转换为 3D 图层】

步骤 01：分别单击两个图层的【3D 图层】开关，将两个 2D 图层转换为 3D 图层，并设置图层参数，具体参数设置如图 4.54 所示。

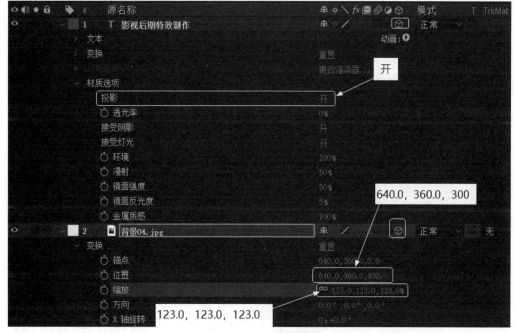

图 4.54　图层参数设置

步骤 02：将【合成预览】窗口切换到 4 视图显示方式，如图 4.55 所示。

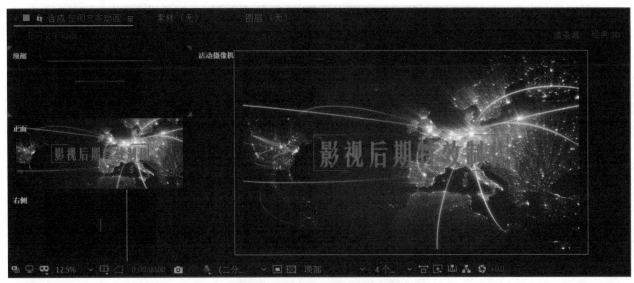

图 4.55 【合成预览】窗口的显示方式

视频播放： 具体介绍，请观看配套视频"任务三：将 2D 图层转换为 3D 图层.wmv"。

【任务四：制作
路径文字】

任务四：制作路径文字

步骤 01： 单选 `T 中国梦 民族梦 世界梦` 图层，再单击 ◯（椭圆工具），在【合成预览】窗口中绘制一个圆路径，如图 4.56 所示。

图 4.56 绘制的圆路径

步骤 02： 设置文字的路径，具体参数设置如图 4.57 所示，在【合成预览】窗口中的效果，如图 4.58 所示。

步骤 03： 继续调节 `T 中国梦 民族梦 世界梦` 图层的参数，单击【动画】右边的 ⊙ 图标，弹出快捷菜单，在弹出的快捷菜单中单击【启用逐字 3D 化】命令，图层文字开启逐字 3D 化功能。

步骤 04： 单击【动画】右边的 ⊙ 图标，弹出快捷菜单，在弹出的快捷菜单中单击【旋转】命令为文字添加旋转属性，具体参数设置如图 4.59 所示，在【合成预览】窗口中的效果如图 4.60 所示。

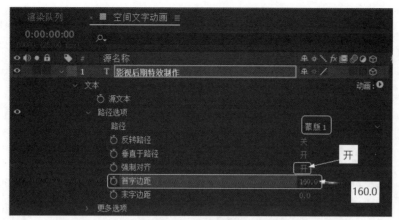

图 4.57 文字的路径选择

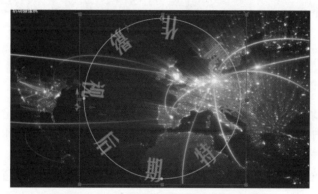

图 4.58 在【合成预览】窗口中的效果三

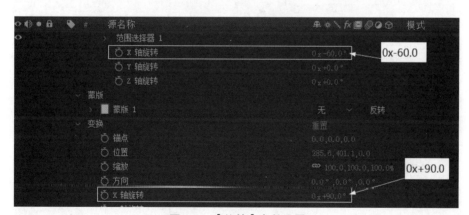

图 4.59 【旋转】参数设置

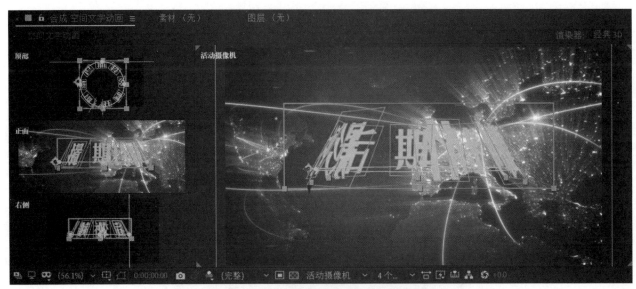

图 4.60　在【合成预览】窗口中的效果四

视频播放：具体介绍，请观看配套视频"任务四：制作路径文字.wmv"。

【任务五：创建摄像机图层】

任务五：创建摄像机图层

步骤 01：在【空间文字动画】合成中单击鼠标右键，弹出快捷菜单，在弹出的快捷菜单中单击【新建】→【摄像机（C）…】命令，弹出【摄像机设置】对话框，采用默认设置→单击【确定】按钮完成摄像机图层的创建。

步骤 02：设置摄像机图层的参数，具体设置如图 4.61 所示，在【合成预览】窗口中的效果，如图 4.62 所示。

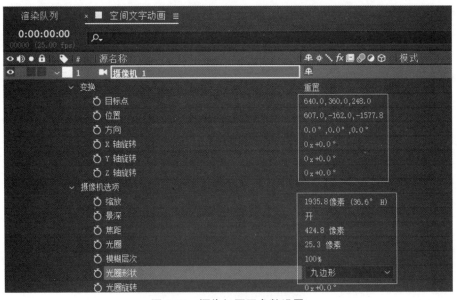

图 4.61　摄像机图层参数设置

图 4.62　在【合成预览】窗口中的效果五

视频播放：具体介绍，请观看配套视频"任务五：创建摄像机图层.wmv"。

任务六：创建灯光图层

【任务六：创建
灯光图层】

步骤01：在【空间文字动画】合成中单击鼠标右键，弹出快捷菜单，在弹出的快捷菜单中单击【新建】→【灯光（L）…】命令，弹出【灯光设置】对话框，采用默认设置→单击【确定】按钮完成摄像机图层的创建。

步骤02：设置灯光图层的参数，具体设置如图 4.63 所示，在【合成预览】窗口中的效果，如图 4.64 所示。

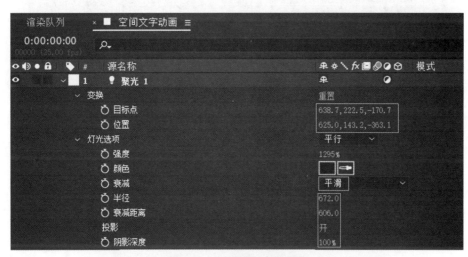

图 4.63　灯光图层参数设置

图 4.64　在【合成预览】窗口中的效果六

视频播放： 具体介绍，请观看配套视频"任务六：创建灯光图层.wmv"。

【任务七：制作
文字旋转动画】

任务七：制作文字旋转动画

文字旋转动画的制作主要通过调节文字图层中【首字边距】属性来完成。

步骤01： 将 ▼（时间指针）移到第0帧的位置，设置【首字边距】属性的参数为"0"并单击【首字边距】属性左侧的 ⏱ 图标，给【首字边距】属性添加关键帧，如图4.65所示。

步骤02： 将 ▼（时间指针）移到第6秒0帧的位置，设置【首字边距】属性的参数为"-1440"，完成旋转文字动画制作，从第0帧位置到第6秒0帧位置，文字旋转4圈。在【合成预览】窗口中的效果，如图4.66所示。

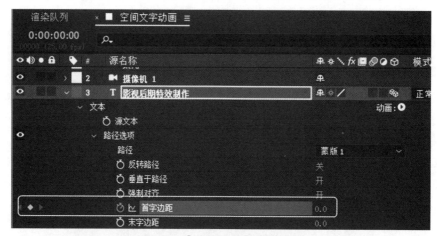

图4.65 【首字边距】属性设置

图4.66 在【合成预览】窗口中的效果七

视频播放： 具体介绍，请观看配套视频"任务七：制作文字旋转动画.wmv"。

【案例5：拓展训练】

七、拓展训练

根据所学知识完成如下效果。

学习笔记：

案例 6：卡片式出字效果

一、案例内容简介

本案例主要介绍使用【卡片擦除】【梯度渐变】【发光】【色阶】【方向模糊】和【镜头光晕】效果的综合应用来制作一个卡片式出字效果。

【案例6　简介】

二、案例效果欣赏

三、案例制作（步骤）流程

> 任务一：创建新合成和文字图层➡任务二：制作卡片擦除效果➡任务三：制作渐变背景和发光散射效果➡任务四：制作光晕效果

四、制作目的

（1）掌握卡片式出字效果制作的原理；

（2）掌握【卡片擦除】效果的作用和参数设置；

（3）理解图层叠加模式的原理和作用；

（4）掌握【预合成】的创建。

五、制作过程中需要解决的问题

（1）多个效果综合应用的能力；

（2）【卡片擦除】效果中参数的灵活调节；

（3）【预合成】的作用和应用原则。

六、详细操作步骤

在本案例中主要通过"卡片擦除"效果、"方向模糊"效果和"镜头光晕"效果的综合应用来制作卡片出字效果。

【任务一：创建新合成和文字图层】

任务一：创建新合成和文字图层

1. 创建新合成

步骤 01：启动 After Effects CC 2019。

步骤 02：创建新合成。在菜单栏中单击【合成（C）】→【新建合成（C）…】（或按"Ctrl+N"组合键），弹出【合成设置】对话框。

步骤 03：在该对话框中设置合成名称为"卡片式擦除效果"，尺寸为"1280px×720px"，持续时间为"3秒"。

步骤 04：单击【确定】按钮完成合成创建。

2. 创建文字图层

步骤 01： 在工具栏中单击 ▣（横排文字工具）或按 "Ctrl+T" 组合键，在【合成预览】窗口中单击并输入文字 "学霸是练出来的　精英是训出来的"。

步骤 02： 设置文字参数，文字的具体参数设置如图 4.67 所示，在【合成预览】窗口中的最终效果如图 4.68 所示。

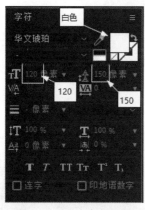

图 4.67　文字参数设置

图 4.68　在【合成预览】窗口中的效果一

视频播放： 具体介绍，请观看配套视频 "任务一：创建新合成和文字图层.wmv"。

任务二：制作卡片擦除效果

【任务二：制作卡片擦除效果】

卡片擦除效果主要使用【卡片擦除】属性来实现，具体操作方法如下。

步骤 01： 在【卡片式擦除效果】合成中单选刚创建的文字图层。

步骤 02： 在菜单栏中单击【效果（T）】→【过渡】→【卡片擦除】命令完成【卡片擦除】效果的添加。

步骤 03： 将 ▣（时间指针）移到第 0 秒 0 帧的位置，调节【卡片擦除】效果参数，具体参数设置如图 4.69 所示，在【合成预览】窗口中的效果如图 4.70 所示。

步骤 04： 将 ▣（时间指针）移到第 2 秒 10 帧的位置，设置【卡片擦除】效果参数，【卡片擦除】效果参数设置如图 4.71 所示。在【合成预览】窗口中的效果，如图 4.72 所示。

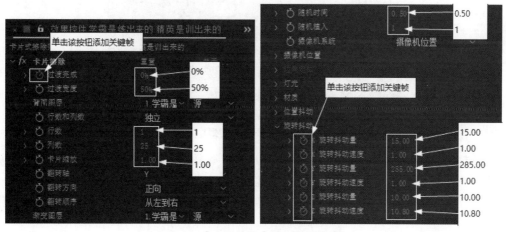

图 4.69　【卡片擦除】效果参数设置一

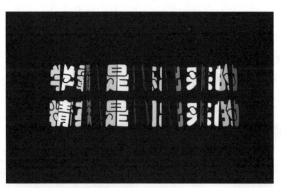

图 4.70 在【合成预览】窗口中的效果二

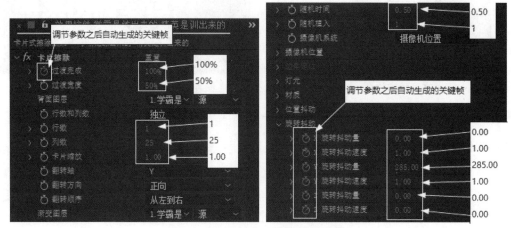

图 4.71 【卡片擦除】效果参数设置二

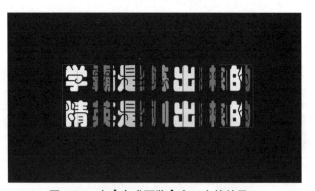

图 4.72 在【合成预览】窗口中的效果三

步骤 05：转换为【预合成】。将鼠标移到【卡片式擦除效果】合成窗口中的 图层上，单击鼠标右键，弹出快捷菜单→在弹出的快捷菜单中单击【预合成…】命令上单击，弹出【预合成】对话框→设置【预合成】参数（图 4.73）→单击【确定】按钮，完成预合成的转换，转换之后的效果如图 4.74 所示。

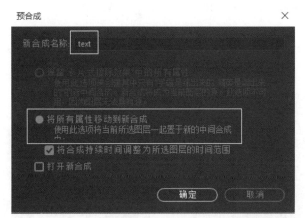

图 4.73　【预合成】对话框参数设置

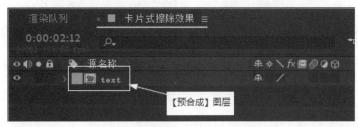

图 4.74　转换为【预合成】的图层

视频播放： 具体介绍，请观看配套视频"任务二：制作卡片擦除效果.wmv"。

任务三：制作渐变背景和发光散射效果

1. 创建渐变背景效果

步骤 01： 按"Ctrl+Y"组合键，弹出【纯色设置】对话框，设置对话框参数，具体设置如图 4.75 所示。

步骤 02： 单击【确定】按钮即可创建一个名为"背景"的纯色层，并将该纯色层放置在最底层，如图 4.76 所示。

【任务三：制作
渐变背景和发光
散射效果】

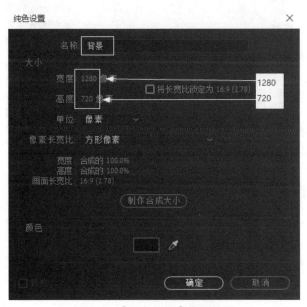

图 4.75　【纯色设置】参数设置

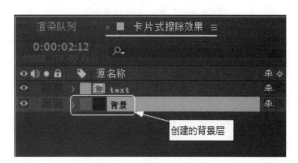

图 4.76　创建的背景层

步骤 03：单击创建的█████背景纯色层，在菜单栏中单击【效果（T）】→【生成】→【梯度渐变】命令完成"梯度渐变"效果添加。

步骤 04：设置【梯度渐变】参数设置，具体设置如图 4.77 所示，在【合成预览】窗口中的效果，如图 4.78 所示。

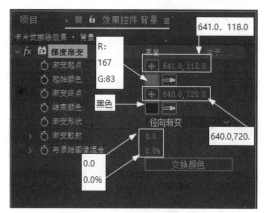

图 4.77　【梯度渐变】参数设置

图 4.78　在【合成预览】窗口中的效果四

2. 制作发光散射效果

步骤 01：在【卡片式擦除效果】合成窗口中单选 text 图层，在菜单栏中单击【效果（T）】→【风格化】→【发光】命令，即可给单选的图层添加"发光"效果。

步骤 02：设置【发光】效果参数，具体参数设置如图 4.79 所示，在【合成预览】窗口中的效果，如图 4.80 所示。

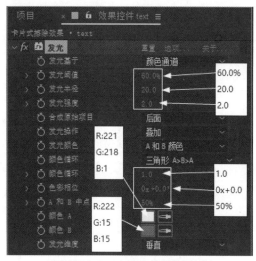

图 4.79　【发光】效果参数设置

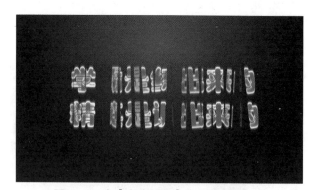

图 4.80　在【合成预览】窗口中的效果五

步骤 03：单选 text 图层，按"Ctrl+D"组合键，复制该图层并将复制图层重命名为"text01"，如图 4.81 所示。

步骤 04：单选 text01 图层，在菜单栏中单击【效果（T）】→【颜色校正】→【色阶】命令即可给单选图层添加【色阶】效果。

步骤 05：设置【色阶】效果参数，具体参数设置如图 4.82 所示，在【合成预览】窗口中的效果，如图 4.83 所示。

步骤 06： 继续给 图层添加效果，在菜单栏中单击【效果（T）】→【模糊和锐化】→【定向模糊】命令即可给单选图层添加【定向模糊】效果。

步骤 07： 设置【定向模糊】效果参数，具体参数设置如图 4.84 所示。设置 text01 图层混合模式为"叠加"模式，如图 4.85 所示。在【合成预览】窗口中的效果，如图 4.86 所示。

图 4.81　复制并重命名的图层

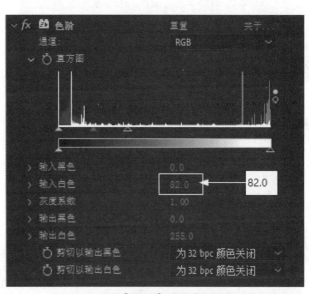

图 4.82　【色阶】效果参数设置

图 4.83　在【合成预览】窗口中的效果六

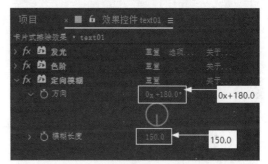

图 4.84　【定向模糊】参数设置

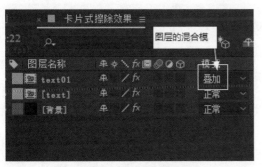

图 4.85　图层的混合模式

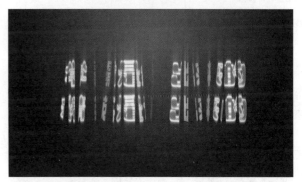

图 4.86　在【合成预览】中窗口的效果七

视频播放： 具体介绍，请观看配套视频"任务三：制作渐变背景和发光散射效果.wmv"。

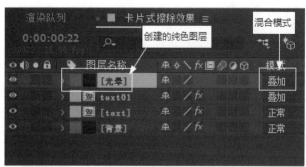

图 4.87　创建的纯色层

【任务四：制作
光晕效果】

任务四：制作光晕效果

步骤 01：创建一个黑色纯色层，并设置该图层的混合模式为"叠加"模式，如图 4.87 所示。

步骤 02：单选创建的 ■[光晕] 纯色层，在菜单栏中单击【效果（T）】→【生成】→【镜头光晕】命令即可给单选图层添加一个【镜头光晕】效果。

步骤 03：将 ▽（时间指针）移到第 0 秒 10 帧的位置，设置【镜头光晕】效果的参数，具体参数设置如图 4.88 所示。

步骤 04：将 ▽（时间指针）移到第 1 秒 0 帧的位置，将【光晕中心】参数设置为"552.0，296.8"。

步骤 05：将 ▽（时间指针）移到第 1 秒 10 帧的位置，将【光晕中心】参数设置为"1057.0，329.3"。

步骤 06：将 ▽（时间指针）移到第 2 秒 5 帧的位置，将【光晕中心】参数设置为"637.0，348.0"。在【合成预览】窗口中的效果，如图 4.89 所示。

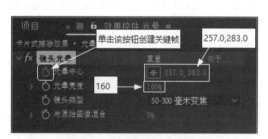

图 4.88　【镜头光晕】参数设置

图 4.89　在【合成预览】窗口中的效果八

视频播放：具体介绍，请观看配套视频"任务四：制作光晕效果.wmv"。

七、拓展训练

根据所学知识完成如下效果。

【案例 6：拓展训练】

学习笔记：

案例 7：玻璃切割效果

【案例 7　简介】

一、案例内容简介

　　本案例主要介绍使用【描边】【残影】【快速方框模糊】和【发光】效果的综合应用来制作一个玻璃切割效果。

二、案例效果欣赏

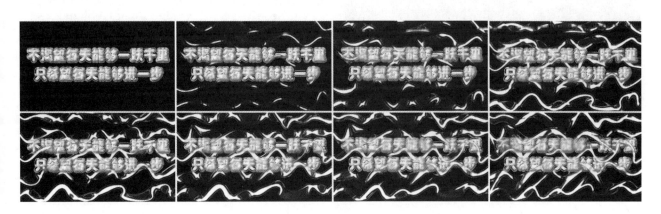

三、案例制作（步骤）流程

任务一：创建新合成和创建遮罩路径➡任务二：制作"光效"效果➡任务三：制作玻璃合成效果➡任务四：制作玻璃文字

四、制作目的

（1）掌握玻璃切割效果制作的原理；
（2）掌握【描边】效果的作用和参数设置；
（3）掌握【残影】效果的作用和参数设置；
（4）掌握路径动画制作。

五、制作过程中需要解决的问题

（1）路径绘制的方法和技巧；
（2）怎样综合使用【描边】效果、【残影】效果、【快速方框模糊】效果和【发光】效果；
（3）【CC Glass】效果参数的设置。

六、详细操作步骤

在本案例中主要通过【描边】效果、【残影】效果、【快速方框模糊】效果、【CC Glass】效果和【发光】效果的综合应用来制作玻璃切割效果。

任务一：创建新合成和创建遮罩路径

【任务一：创建新合成和创建遮罩路径】

1. 创建新合成

步骤01：启动 After Effects CC 2019。

步骤02：创建新合成。在菜单栏中单击【合成（C）】→【新建合成（C）…】（或按"Ctrl+N"组合键），弹出【合成设置】对话框。

步骤03：在该对话框中设置合成名称为"线条"，尺寸为"1280px×720px"，持续时间为"10秒"。

步骤04：单击【确定】按钮完成合成创建。

2. 创建"发光"效果

步骤01：按【线条】合成窗口中单击鼠标右键，弹出快捷菜单，在弹出的快捷菜单中单击【新建】→【纯色（S）…】命令（"Ctrl+Y"组合键），弹出【纯色设置】对话框，设置该对话框参数，具体设置如图4.90所示。

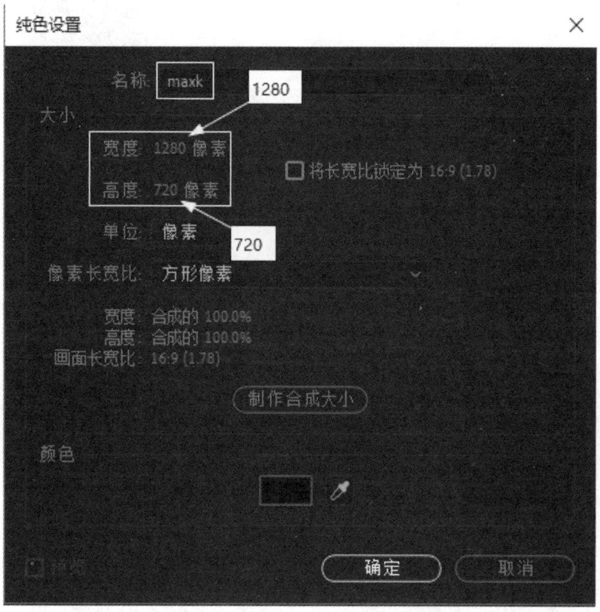

步骤02：参数设置完毕，单击【确定】按钮即可创建一个纯色层。如图4.91所示。

步骤03：将 ▼（时间指针）移到第0秒0帧的位置，单击█████ 纯色图层，在工具栏中单击 ✎（钢笔工具），在【合成预览】窗口中绘制如图4.92所示的遮罩。

图4.90 【纯色设置】面板参数

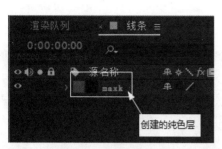

图 4.91 创建的纯色层

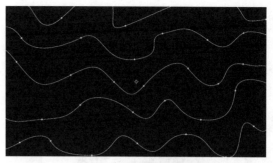

图 4.92 绘制的遮罩路径

提示： 这里的遮罩路径形状是随意绘制的，读者可以根据自己的喜好绘制各种形状路径。

步骤 04： 展开绘制的遮罩属性，单击【形状…】右边的◎图标即可给该遮罩创建一个关键帧，如图 4.93 所示。

步骤 05： 将 ▼（时间指针）移到第 3 秒 0 帧的位置，调节遮罩路径的形状，如图 4.94 所示。

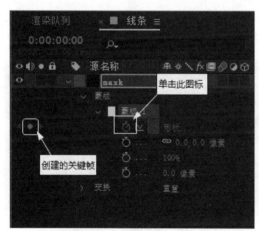

图 4.93 创建的关键帧

图 4.94 第 3 秒 0 帧的遮罩路径

步骤 06： 将 ▼（时间指针）移到第 7 秒 0 帧的位置，调节遮罩路径的形状，如图 4.95 所示。

步骤 07： 将 ▼（时间指针）移到第 9 秒 20 帧的位置，调节遮罩路径的形状，如图 4.96 所示。

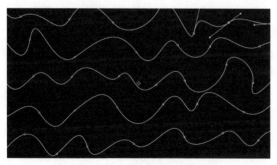

图 4.95 第 7 秒 0 帧的遮罩路径

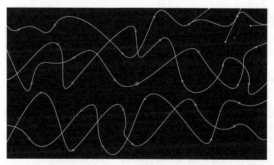

图 4.96 第 9 秒 20 帧的遮罩路径

步骤 08： 单选 ▇▇▇ mask 纯色层。在菜单栏中单击【效果（T）】→【生成】→【描边】命令即可给单选的图层添加"描边"效果。

步骤 09： 设置【描边】效果参数，具体设置如图 4.97 所示，在【合成预览】窗口中的效果如图 4.98 所示。

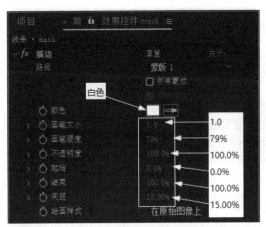

图 4.97　【描边】参数设置

图 4.98　在【合成预览】窗口中的效果一

步骤 10： 继续单选 ▇▇ maxk 纯色图层，在菜单栏中单击【效果（T）】→【模糊和锐化】→【快速方框模糊】命令即可给单选的图层添加【快速方框模糊】效果。

步骤 11： 设置【快速方框模糊】效果参数，具体设置如图 4.99 所示。在【合成预览】窗口中的截图效果，如图 4.100 所示。

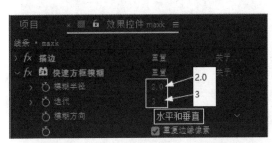

图 4.99　【快速方框模糊】参数设置

图 4.100　在【合成预览】窗口中的效果二

视频播放：具体介绍，请观看配套视频"任务一：创建新合成和创建遮罩路径.wmv"。

任务二：制作"光效"效果

步骤 01： 按"Ctrl+N"组合键，弹出【合成设置】对话框，在该对话框中设置合成的名称为"光效"，其他参数为默认设置。单击【确定】按钮即可创建一个名为"光效"的合成。

步骤 02： 将前面制作的【线条】合成拖拽到【光效】合成窗口中，如图 4.101 所示。

步骤 03： 单选【光效】图层中的 线条 图层，在菜单栏中单击【效果（T）】→【时间】→【残影】命令即可给单选的图层添加【残影】效果，设置参数，具体设置如图 4.102 所示，在【合成预览】窗口中的截图效果，如图 4.103 所示。

步骤 04： 继续单选【光效】图层中的 线条 图层，在菜单栏中单击【效果（T）】→【模糊和锐化】→【高斯模糊】命令即可给单选的图层添加"高斯模糊"效果，具体参数设置如图 4.104 所示，在【合成预览】窗口中的

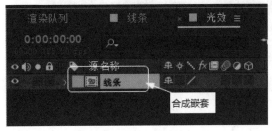

图 4.101　合成嵌套

效果如图 4.105 所示。

步骤 05： 继续单选【光效】图层中的 线条 图层，在菜单栏中单击【效果（T）】→【风格化】→【发光】命令即可给单选的图层添加【发光】效果，具体参数设置如图 4.106 所示，在【合成预览】窗口中的效果如图 4.107 所示。

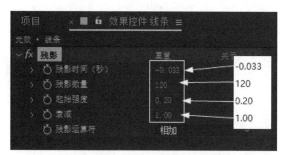

图 4.102　【残影】参数设置

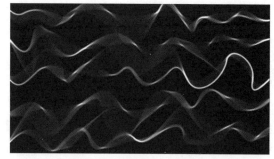

图 4.103　在【合成预览】窗口中的效果三

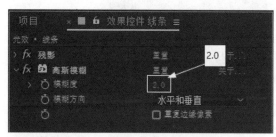

图 4.104　【高斯模糊】参数设置

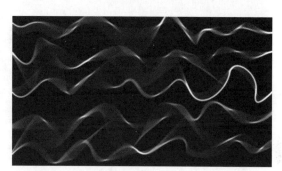

图 4.105　在【合成预览】窗口中的效果四

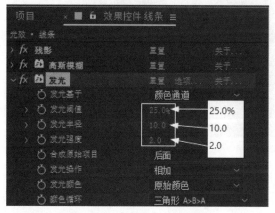

图 4.106　【发光】参数设置

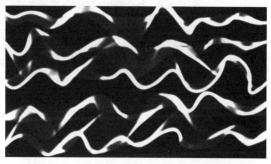

图 4.107　在【合成预览】窗口中的效果五

步骤 06：继续单选【光效】图层中的 图层，在菜单栏中单击【效果（T）】→【色彩校正】→【三色调】命令即可给单选的图层添加【三色调】效果，具体参数设置如图 4.108 所示，在【合成预览】窗口中的效果如图 4.109 所示。

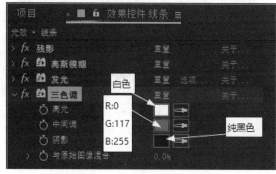

图 4.108　【三色调】参数设置

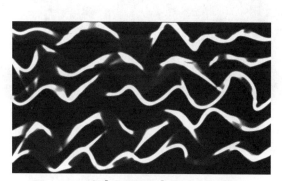

图 4.109　在【合成预览】窗口中的效果六

任务三：制作玻璃合成效果

步骤01：按"Ctrl+N"组合键，弹出【合成设置】对话框，在该对话框中设置合成的名称为"玻璃效果"，其他参数为默认设置。单击【确定】按钮即可创建一个名为"光效"的合成。

步骤02：将【光效】合成拖拽到【玻璃效果】合成窗口中，如图4.110所示。

步骤03：单选▉▉光效图层，按"Ctrl+D"组合键复制一个图层，并设置图层模式为"叠加"模式，如图4.111所示。

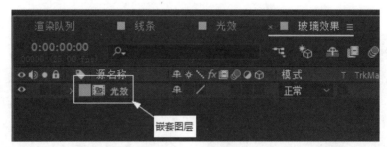

图4.110　图层嵌套

图4.111　复制的图层

步骤04：单选复制的▉▉光效图层，在菜单栏中单击【效果（T）】→【风格化】→【CC Glass】命令即可给单选的图层添加【CC Glass】效果，具体参数设置如图4.112所示。在【合成预览】窗口中的效果，如图4.113所示。

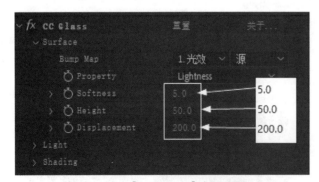

图4.112　【CC Glass】参数设置

图4.113　在【合成预览】窗口中的效果七

任务四：制作玻璃文字

步骤 01： 在工具栏中单击【横排文字工具】或按"Ctrl+T"组合键，在【合成预览】窗口中单击并输入文字"不渴望每天能够一跃千里 只希望每天能够进一步"，文字参数设置如图 4.114 所示。文字效果如图 4.115 所示。

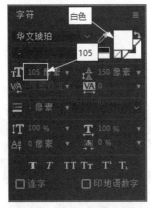

图 4.114　文字参数设置

图 4.115　在【合成预览】窗口中的效果八

步骤 02： 单选文字图层，在菜单栏中单击【效果（T）】→【模糊和锐化】→【复合模糊】命令即可给单选的图层添加【复合模糊】效果。

步骤 03： 设置【复合模糊】效果参数，具体参数设置如图 4.116 所示，在【合成预览】窗口中的效果，如图 4.117 所示。

图 4.116　【复合模糊】参数设置

图 4.117　在【合成预览】窗口中的效果九

步骤 04： 按"Ctrl+D"组合键复制文字图层。并单选复制的文字图层，在菜单栏中单击【效果（T）】→【风格化】→【CC Glass】命令即可给单选的图层添加【CC Glass】效果，具体参数设置如图 4.118 所示。在【合成预览】窗口中的效果，如图 4.119 所示。

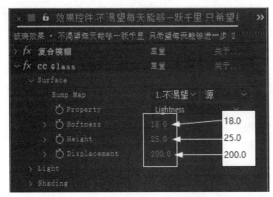

图 4.118　【CC Glass】效果参数

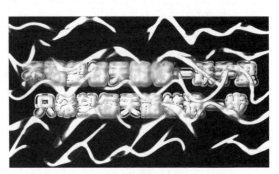

图 4.119　在【合成预览】窗口中的效果十

步骤05：单选最底层的 光效 图层，在菜单栏中单击【效果（T）】→【通道】→【通道合成器】命令即可给单选图层添加【通达合成器】效果。

步骤06：继续单选最底层的 光效 图层，在菜单栏中单击【效果（T）】→【通道】→【移除颜色遮罩】命令即可给单选图层添加【移除颜色遮罩】命令。

步骤07：调节【通道合成器】和【移除颜色遮罩】效果的参数，具体调节如图 4.120 所示，在【合成预览】窗口中的效果，如图 4.121 所示。

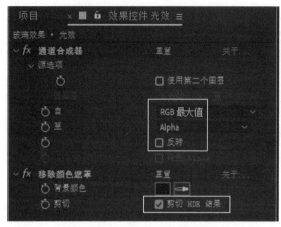

图 4.120　两个效果参数调节

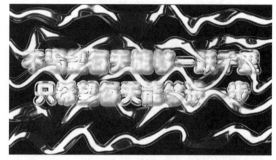

图 4.121　在【合成预览】窗口中的效果十一

视频播放：具体介绍，请观看配套视频"任务四：制作玻璃文字.wmv"。

【案例7：拓展训练】

七、拓展训练

根据所学知识完成如下效果。

学习笔记：

学习笔记：

第 5 章

色彩校正与调色

知识点

案例 1：常用校色效果的介绍

案例 2：给视频调色

案例 3：制作晚霞效果

案例 4：制作水墨山水画效果

案例 5：给美女化妆

说 明

本章主要通过 5 个案例的介绍，全面讲解色彩校正与调色的原理和方法。

教学建议课时数

一般情况下需要 6 课时，其中理论讲解 2 课时，实际操作 4 课时（特殊情况可做相应调整）。

思维导图

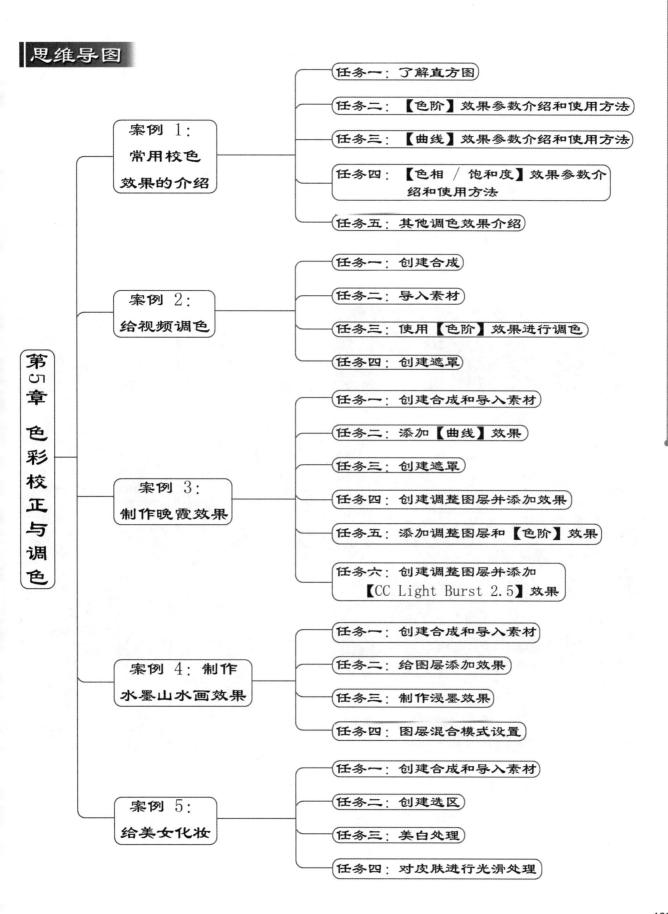

案例 1：常用校色效果的介绍
- 任务一：了解直方图
- 任务二：【色阶】效果参数介绍和使用方法
- 任务三：【曲线】效果参数介绍和使用方法
- 任务四：【色相 / 饱和度】效果参数介绍和使用方法
- 任务五：其他调色效果介绍

案例 2：给视频调色
- 任务一：创建合成
- 任务二：导入素材
- 任务三：使用【色阶】效果进行调色
- 任务四：创建遮罩

案例 3：制作晚霞效果
- 任务一：创建合成和导入素材
- 任务二：添加【曲线】效果
- 任务三：创建遮罩
- 任务四：创建调整图层并添加效果
- 任务五：添加调整图层和【色阶】效果
- 任务六：创建调整图层并添加【CC Light Burst 2.5】效果

案例 4：制作水墨山水画效果
- 任务一：创建合成和导入素材
- 任务二：给图层添加效果
- 任务三：制作渗墨效果
- 任务四：图层混合模式设置

案例 5：给美女化妆
- 任务一：创建合成和导入素材
- 任务二：创建选区
- 任务三：美白处理
- 任务四：对皮肤进行光滑处理

第 5 章 色彩校正与调色

　　本章主要通过 5 个案例全面介绍色彩校正和调色的相关知识点，通过这 5 个案例的学习，用户基本上可以掌握色彩校正与调色的方法和技巧。

　　在影视后期合成中色彩的校正与调色主要包括对素材画面进行曝光过度、曝光不足、偏色以及根据用户的要求处理成特定效果的视觉画面等操作。

案例 1：常用校色效果的介绍

【案例 1　简介】

一、案例内容简介

　　本案例主要介绍常用校色效果的作用、参数调节和使用方法。在这里，我们重点介绍【色阶】效果、【曲线】效果和【色相位 / 饱和度】效果的参数调节和使用。

二、案例效果欣赏

三、案例制作（步骤）流程

　　任务一：了解直方图➡任务二：【色阶】效果参数介绍和使用方法➡任务三：【曲线】效果参数介绍和使用方法➡任务四：【色相 / 饱和度】效果参数介绍和使用方法➡任务五：其他调色效果介绍

四、制作目的

（1）了解色彩校正的原理；

（2）掌握【色阶】效果的作用、参数设置和使用方法；

（3）掌握【曲线】效果的作用、参数设置和使用方法；

（4）掌握【色相位 / 饱和度】效果的作用、参数设置和使用方法；

（5）了解其他调色效果的作用、参数设置和使用方法。

五、制作过程中需要解决的问题

（1）掌握色彩理论基础知识；

（2）掌握校色基本规律；

（3）色彩校正效果的综合应用能力。

六、详细操作步骤

在影视后期合成中，主要包括的调色效果，可以通过 After Effects CC 2019 自带的校色效果或第三方插件两种方法来实现。有时候为了满足客户的苛刻要求，也可以通过将两种方法综合使用来完成。

下面通过具体案例，详细介绍校色效果和常用第三方插件的作用，以及相关参数的含义。

任务一：了解直方图

直方图是指使用图像的显示来展示视频素材画面的影调构成。用户通过直方图的显示方式很容易看出视频画面的影调分布情况，比如画面中有大面积的偏亮显示的画面，则在它的直方图的右边会分布许多峰状波形，如图 5.1 所示。

【任务一：了解
直方图】

图 5.1　大面积偏亮的直方图和画面效果

如果画面中有大面积偏暗的影调，则直方图的左边分布许多峰状的波形，如图 5.2 所示。

通过直方图可以清楚了解画面上的阴影和高光的位置，在 After Effects CC 2019 中，用户使用【色阶】或者【曲线】效果很容易调整画面中的影调。

用户还可以通过直方图辨别出视频素材的画质，例如，发现直方图的顶部被平切了，说明视频素材的一部分高光或阴影由于各种原因已经损失掉，而且这种损失掉的画质是不可挽回的，如图 5.2 所示。

图 5.2　大面积偏暗的直方图和画面效果

如果在直方图的中间出现缺口，说明该视频素材在之前经过多次修改，画质受到了严重损失，而好的画质其直方图的顶部应该平滑过渡。

【任务二：【色阶】效果参数介绍和使用方法】

> 视频播放：具体介绍，请观看配套视频"任务一：了解直方图.wmv"。

任务二：【色阶】效果参数介绍和使用方法

使用【色阶】效果可以通过改变输入颜色的级别来获取一个新的颜色范围，以达到修改视频画面亮度和对比度的目的。【色阶】效果参数面板如图 5.3 所示。

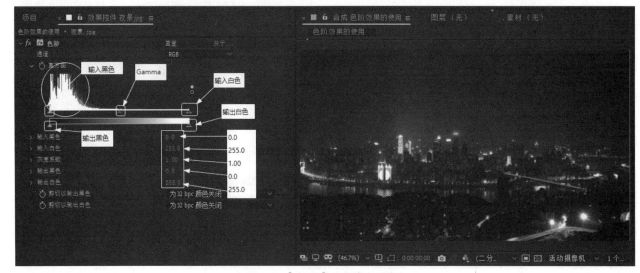

图 5.3　【色阶】效果参数面板

1.【色阶】效果参数介绍

（1）【通道】：主要用来选择效果需要修改的通道，可以分别对 RGB、R、G、B 和 Alpha 这几个通道进行单独调整。

（2）【直方图】：主要用来显示各个影调的像素在画面中的分布情况。

（3）【输入黑色】：主要用来控制图像中黑色的阈值输入，可以通过调节直方图中左边的褐色小三角形滑块来控制。

（4）【输入白色】：主要用来控制图像中白色的阈值输入，可以通过调节直方图中右边的白色小三角形滑块来控制。

（5）【Gamma】：也叫伽玛值，主要通过直方图中间的灰色小三角形滑块来控制图像影调在阴影和高光的相对值，【Gamma】在一定程度上会影响中间调，改变整个图像的对比度。

（6）【输出黑色】：主要用来控制图像中黑色的阈值输出，由直方图中色条左边的黑色小三角形滑块来控制。

（7）【输出白色】：主要用来控制图像中白色的阈值输出，由直方图中色条右边的白色小三角形滑块来控制。

2. 使用【色阶】效果调整图像

步骤 01：根据前面所学知识，启动 After Effects CC 2019，创建一个名为"常用校色效果介绍"项目文件。

步骤 02：新建一个名为"色阶效果的使用"的合成。

步骤 03：导入一张如图 5.4 所示的图片并将其拖到"色阶效果的使用"合成窗口中。

步骤 04：添加"色阶"效果。在菜单栏中单击【效果（T）】→【颜色校正】→【色阶】命令，【色阶】效果参数面板如图 5.5 所示。

图 5.4　导入的图片

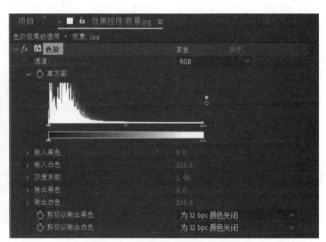

图 5.5　【色阶】效果参数面板

步骤 05：从图 5.5 可以看出图片曝光不足，中间调缺损，设置【色阶】效果参数，具体设置如图 5.6 所示，最终效果如图 5.7 所示。

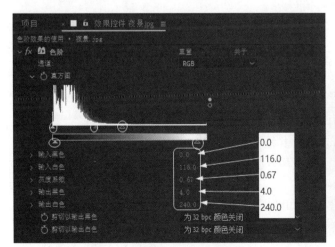

图 5.6　【色阶】效果参数设置

图 5.7　调节【色阶】参数之后的效果

视频播放：具体介绍，请观看配套视频"任务二：【色阶】效果参数介绍和使用方法.wmv"。

任务三：【曲线】效果参数介绍和使用方法

【任务三：【曲线】
效果参数介绍和
使用方法】

在 After Effects CC 2019 中，使用【色阶】效果能够调节出的效果，使用【曲线】效果也能做到。【曲线】效果与【色阶】效果相比有以下两个优势。

优势 1：使用【曲线】效果能够对画面整体和单独的颜色通道精确地调整色阶的平衡和对比度。

优势 2：使用【曲线】效果可以通过调节指定的影调来控制指定范围的影调对比度。

1. 【曲线】效果参数介绍

【曲线】效果参数面板如图 5.8 所示。

（1）【通道】：主要为用户提供通道的选择。通道主要包括 RGB（三色通道）、红色、绿色、蓝色和Alpha（透明通道）。单击【通道】右边的█图标，弹出下拉菜单，在弹出的下拉菜单中单击需要的通道即可。

（2）【曲线】：主要为用户提供曲线的调节方式来改变图像的色调。

（3）【█曲线工具】：主要为用户提供在曲线上添加节点。用户可以通过移动节点来调整画面色调。如果要删除节点，只要将需要删除的节点拖到曲线图之外即可。

（4）【█铅笔工具】：主要用来在坐标图上随意绘制曲线。

（5）【打开…】：主要用来打开以前保存的曲线调整参数和 Photoshop 中使用的曲线数据。

（6）【保存…】：主要用来保存当前已经调节好的调整曲线，方便以后重复使用。保存的色调调节曲线文件还可以在 Photoshop 中使用。

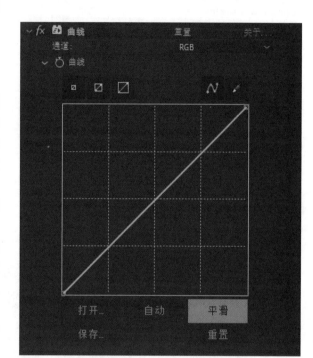

图 5.8 【曲线】效果参数面板

（7）【平滑】：主要用来平滑曲线。

（8）【重置】：主要用来将曲线恢复到调节之前的状态。

在图 5.8 中，底部水平方向从左往右表示 0 ～ 255 个级别的亮度输入，这与【色阶】效果是一致的。左侧从下往上垂直方向上表示 0 ～ 255 个级别的亮度输出。这与【色阶】特效垂直方向上表示像素的多少有些不同。用户通过曲线的调节可以将"输入亮度"改变成对应的"输出亮度"。

2. 使用【曲线】效果调节视频画面

步骤 01：新建一个名为"曲线效果参数的使用"合成。

步骤 02：导入一段视频，视频截图如图 5.9 所示并将其拖拽到"曲线效果参数的使用"合成窗口中。

步骤 03：添加【曲线】效果。在菜单栏中单击【效果（T）】→【颜色校正】→【曲线】命令完成【曲线】效果的添加。

步骤 04：调节【曲线】效果面板的曲线，具体调节如图 5.10 所示，在【合成预览】窗口中的最终效果如图 5.11 所示。

图 5.9　视频截图效果

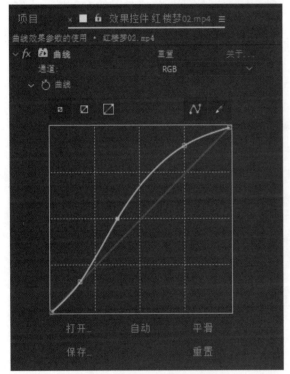

图 5.10　【曲线】效果参数调节

图 5.11　调节【曲线】参数视频截图效果

视频播放：具体介绍，请观看配套视频"任务三：【曲线】效果参数介绍和使用方法.wmv"。

任务四：【色相 / 饱和度】效果参数介绍和使用方法

【色相 / 饱和度】效果主要用来调整画面中的色调、亮度和饱和度。【色相 / 饱和度】
效果参数面板如图 5.12 所示。

【任务四：【色相 /
饱和度】效果参数
介绍和使用方法】

1. 【色相 / 饱和度】效果参数介绍

（1）【通道控制】：主要用来控制受特效影响的通道。如果设置遮罩，会影响所有的通道；如果选择
的不是遮罩，在调节通道控制参数时，可以控制受影响通道的具体范围。

（2）【通道范围】：主要用来显示通道受影响的范围。

（3）【主色相】：主要用来控制指定颜色通道的色调。

（4）【主饱和度】：主要用来控制指定颜色通道的饱和度。

（5）【主亮度】：主要用来控制指定颜色通道的亮度。

（6）【彩色化】：主要用来控制是否将指定图像进行单色处理。

（7）【着色色相】：主要用来将灰阶图像转换为彩色图像。

（8）【着色饱和度】：主要用来控制彩色化图像的饱和度。

（9）【着色亮度】：主要用来控制彩色化图像的亮度。亮度值越大，图像画面就越灰。

2. 利用【色相 / 饱和度】效果对视频进行调色

步骤 01： 新建一个名为"色相 / 饱和度"的合成。

步骤 02： 导入一段视频，并将其拖拽到"色相 / 饱和度"合成窗口中。

步骤 03： 添加【色相 / 饱和度】效果。在菜单栏中单击【效果（T）】→【颜色校正】→【色相 / 饱和度】命令，完成【色相 / 饱和度】效果的添加。

步骤 04： 设置【色相 / 饱和度】效果的参数，具体设置如图 5.13 所示，在【合成预览】窗口中的截图效果如图 5.14 所示。

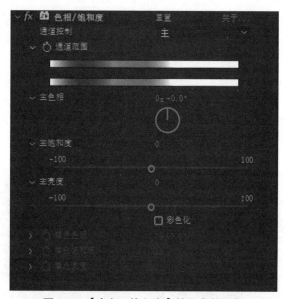

图 5.12　【色相 / 饱和度】效果参数面板

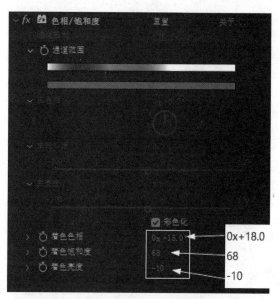

图 5.13　【色相 / 饱和度】效果参数设置

提示： 在其他参数不变的情况下，将图 5.13 中的着色饱和度的数值设置为 0 的话，图像将变成灰色图像，如图 5.15 所示。

图 5.14　调节【色相 / 饱和度】参数之后的效果

图 5.15　将【着色饱和度】的值设置为"0"的效果

视频播放： 具体介绍，请观看配套视频"任务四：【色相 / 饱和度】效果参数介绍和使用方法.wmv"。

任务五：其他调色效果介绍

1.【自动颜色】和【自动对比度】效果

【任务五：其他
调色效果介绍】

【自动颜色】效果主要通过对画面中的阴影、中间调和高光进行分析来调节图像的对比度和颜色。如图 5.16 所示为使用【自动颜色】效果前后的对比。

图 5.16　添加【自动颜色】画面前后的对比效果

【自动对比度】效果主要用来自动调节画面的对比度和颜色混合度。该特效不能单独调节通道,【自动对比度】效果的调节原理是通过将画面中最亮的和最暗的部分分别映射为白色和黑色,可使高光部分变得更亮,而暗的部分变得更暗。如图 5.17 为使用【自动对比度】效果前后的对比。

图 5.17　添加【自动对比度】画面前后的对比效果

2.【颜色平衡】和【颜色平衡(HLS)】效果

(1)【颜色平衡】效果。

【颜色平衡】效果主要是通过控制红、绿、蓝在中间色、阴影色和高光色的比重来实现颜色平衡的一种效果,主要用来对画面中的亮部、暗部和中间色域进行精细调节。如图 5.18 所示为使用【颜色平衡】效果前后的对比。

图 5.18　添加【颜色平衡】效果前后的画面对比

（2）【颜色平衡（HLS）】效果。

【颜色平衡（HLS）】效果主要通过色相、饱和度和明度 3 个参数来调节画面色彩平衡关系。如图 5.19 所示为使用【颜色平衡（HLS）】效果前后的对比。

图 5.19　添加【颜色平衡（HLS）】效果前后的画面对比

3. 【CC Toner（CC 调色）】和【CC Color Offset（色彩偏移）】效果

（1）【CC Toner（CC 调色）】效果。

【CC Toner（CC 调色）】主要通过调节高光、中间值和阴影 3 种颜色来调整画面的颜色。如图 5.20 所示为使用【CC Toner（CC 调色）】效果前后的对比图。

图 5.20　添加【CC Toner（CC 调色）】效果前后的画面对比

（2）【CC Color Offset（色彩偏移）】效果。

【CC Color Offset（色彩偏移）】效果主要通过调节各个颜色通道的偏移值来达到调节画面颜色的目的。如图 5.21 所示是使用【CC Color Offset（色彩偏移）】效果前后的对比图。

图 5.21　添加【CC Color Offset（色彩偏移）】效果前后的画面对比

视频播放：具体介绍，请观看配套视频"任务五：其他调色效果介绍.wmv"。

七、拓展训练

根据所学知识完成如下效果。

【案例 1：拓展训练】

学习笔记：

案例2：给视频调色

【案例2 简介】

一、案例内容简介

本案例主要介绍使用【色阶】效果给视频调色和遮罩的制作。

二、案例效果欣赏

三、案例制作（步骤）流程

任务一：创建合成➡任务二：导入素材➡任务三：使用【色阶】效果进行调色➡任务四：创建遮罩

四、制作目的

（1）了解对视频进行调色的原理；

（2）掌握使用【色阶】效果对视频调色的方法和技巧；

（3）了解遮罩的概念和遮罩的创建。

五、制作过程中需要解决的问题

（1）掌握色彩理论的基础知识；

（2）掌握色彩调节的基本原则；

（3）掌握给画面调色的基本思路。

六、详细操作步骤

在学习这个案例的时候，不要求记住每个【色阶】效果设置的具体参数，只要掌握对画面进行调色的方法和步骤即可。因为每个人对画面的要求不同，所以在对画面进行调色的时候，要根据客户的具体要求来调节。例如，有的人喜欢画面透亮一些；有的人喜欢画面厚重一点；有的人则不喜欢太刺眼的画面，而喜欢稍灰的画面。

调色之后的画面并不要求每个人都觉得漂亮，但调节出来的画面要求大多数专业人士都认可。通过该案例的学习，掌握一些图像画面的共性，以此作为以后对图片进行调色的依据。

任务一：创建合成

【任务一：创建合成】

步骤01：启动 After Effects CC 2019。

步骤02：创建新合成。在菜单栏中单击【合成（C）】→【新建合成（C）···】（或按"Ctrl+N"组合键），弹出【合成设置】对话框。

步骤03：在该对话框中设置合成名称为"给视频调色"，尺寸为"1280px×720px"，持续时间为"03秒20帧"。

步骤 04：单击【确定】按钮完成合成创建。

视频播放：具体介绍，请观看配套视频"任务一：创建合成.wmv"。

任务二：导入素材

【任务二：导入
素材】

步骤 01：在【项目】窗口的空白处单击鼠标右键，弹出快捷菜单，在弹出的快捷菜单中单击【导入】→【文件…】命令（或按"Ctrl+I"组合键），弹出【导入文件】对话框，在该对话框中单选"红楼梦 02.mpg"视频素材。

步骤 02：单击【导入】按钮，即可将"红楼梦 02.mpg"视频素材导入【项目】窗口中。

步骤 03：将【项目】窗口中的"红楼梦 02.mpg"视频素材拖到【给视频调色】合成窗口中，在【给视频调色】合成窗口中和【合成预览】窗口中的效果如图 5.22 所示。

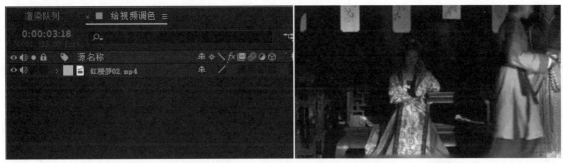

图 5.22　在【给视频调色】合成窗口中和【合成预览】窗口中的效果

视频播放：具体介绍，请观看配套视频"任务二：导入素材.wmv"。

任务三：使用【色阶】效果进行调色

1. 添加【色阶】效果

【任务三：使用
【色阶】效果
进行调色】

步骤 01：在菜单栏中单击【效果（T）】→【颜色校正】→【色阶】命令完成【色阶】效果的添加。

步骤 02：设置【色阶】参数，【色阶】参数主要有 5 个，具体设置如图 5.23 所示。在【合成预览】窗口中的效果，如图 5.24 所示。

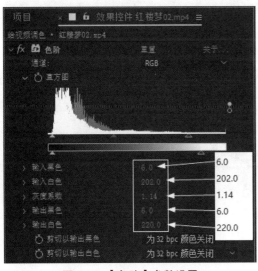

图 5.23　【色阶】参数设置

图 5.24　在【合成预览】窗口中的效果一

2.【色阶】效果参数说明

（1）【输入黑色】：该参数为6.0，也就是将原始图像中6.0值的亮度定义为纯黑色，而6.0值以下的亮度比纯黑色还要黑，所以在画面中才能出现纯黑的画面。

（2）【输入白色】：该参数为202.0，也就是将原始图像中202.0值的亮度定义为纯白色，而202.0值以上的亮度比纯白还要白。通过这两个参数的调整之后，画面的亮度对比度有所提高，基本上满足客户的要求。

（3）【输出黑色】：该参数值为6.0，也就是说图像中低于6.0以下的亮度会自动调高到6.0的亮度。

（4）【输出白色】：该参数值为220.0，也就是说画面中高于220.0以上的亮度不被输出，这些高于220.0亮度的像素的参数会自动降低到220.0的亮度，通过调整【输出白色】的参数可以调整图像画面的灰度。

（5）【灰度系数】：主要用来调节整个画面的中间调，改变整个图像的对比度。

视频播放： 具体介绍，请观看配套视频"任务三：使用【色阶】效果进行调色.wmv"。

任务四：创建遮罩

【任务四：创建遮罩】

步骤01： 创建纯色图。在【给视频调色】合成窗口中单击鼠标右键，弹出快捷菜单，在弹出的快捷菜单中单击【新建】→【纯色（S）…】命令，弹出【纯色设置】对话框，在【名称】右边的文本框中输入"遮罩"，其他参数为默认设置，单击【确定】按钮即可创建一个纯色层，如图5.25所示。

步骤02： 单击■ 遮罩 图层，在工具栏中单击■（矩形工具）。

步骤03： 在【合成预览】窗口中绘制一个矩形遮罩，具体参数设置如图5.26所示，在【合成预览】窗口中的效果如图5.27所示。

步骤04： 在菜单栏中单击【效果（T）】→【生成】→【四色渐变】命令完成效果添加，该效果参数采用默认设置，在【合成预览】窗口中的效果如图5.28所示。

图5.25 创建的纯色层

图5.26 遮罩参数设置

图5.27 在【合成预览】窗口中的效果二

图5.28 在【合成预览】窗口中的效果三

视频播放： 具体介绍，请观看配套视频"任务四：创建遮罩.wmv"。

七、拓展训练

根据所学知识将上排的画面效果调节为下排的画面效果。

【案例 2：拓展训练】

学习笔记：

案例3：制作晚霞效果

【案例3　简介】

一、案例内容简介

本案例主要介绍使用【颜色校正】命令组的效果对画面进行综合调色。

二、案例效果欣赏

三、案例制作（步骤）流程

　　　任务一：创建合成和导入素材➡任务二：添加【曲线】效果➡任务三：创建遮罩➡任务四：创建调整图层并添加效果➡任务五：添加调整图层和【色阶】效果➡任务六：创建调整图层并添加【CC Light Burst 2.5】效果

四、制作目的

（1）掌握"晚霞"效果制作的原理；

（2）掌握【曲线】效果的作用、使用方法和技巧；

（3）掌握【CC Light Burst 2.5】效果的作用、使用方法和技巧。

五、制作过程中需要解决的问题

（1）"晚霞"效果制作的流程和基本原则；

（2）使用【颜色校正】命令组中的效果对画面进行综合调色；

（3）调节层的作用和调节原理。

六、详细操作步骤

在本案例中主要通过综合使用【颜色校正】效果组中的效果对画面进行色彩调整来制作各种氛围的画面效果。

任务一：创建合成和导入素材

【任务一：创建合成和导入素材】

1. 创建合成

步骤01：启动 After Effects CC 2019。

步骤02：创建新合成。在菜单栏中单击【合成（C）】→【新建合成（C）…】（或按"Ctrl+N"组合键），弹出【合成设置】对话框。

步骤 03: 在该对话框中设置合成名称为"制作晚霞效果",尺寸为"1280px×720px",持续时间为"10 秒"。

步骤 04: 单击【确定】按钮完成合成创建。

2. 导入素材

步骤 01: 在【项目】窗口的空白处单击鼠标右键,弹出快捷菜单,在弹出的快捷菜单中【导入】→【文件…】命令(或按"Ctrl+I"组合键),弹出【导入文件】对话框,在对话框中单选需要导入的素材。

步骤 02: 单击【导入】按钮即可将选择的素材导入【项目】窗口中,如图 5.29 所示。

步骤 03: 将"小镇 .jpg"图片拖到【制作晚霞效果】合成窗口中,调节好画面大小,在【合成预览】窗口中的效果,如图 5.30 所示。

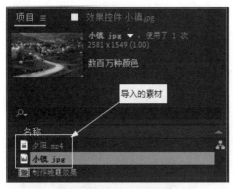

图 5.29　导入的素材

图 5.30　在【合成预览】窗口中的效果一

视频播放: 具体介绍,请观看配套视频"任务一:创建合成和导入素材.wmv"。

任务二:添加【曲线】效果

步骤 01: 在【制作晚霞效果】合成窗口中单选 小镇 jpg 图层。

步骤 02: 添加【曲线】效果。在菜单栏中单击【效果(T)】→【颜色校正】→【曲线】命令,完成【曲线】效果的添加。

步骤 03: 调节【曲线】效果参数,具体调节如图 5.31 所示,调节之后在【合成预览】窗口中的效果,如图 5.32 所示。

【任务二:添加
【曲线】效果

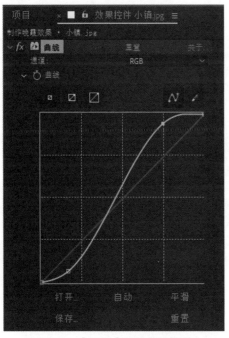

图 5.31　【曲线】效果参数调节

图 5.32　在【合成预览】窗口中的效果二

步骤04：调节【曲线】效果中的"红色"通道，具体调节如图5.33所示，调节之后在【合成预览】窗口中的效果，如图5.34所示。

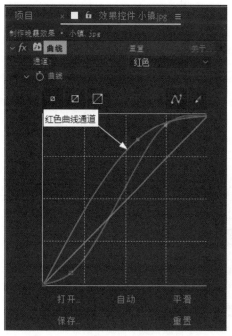

图5.33　"红色"通道曲线调节　　　　图5.34　调节"红色"通道之后的效果

步骤05：调节【曲线】效果中的"蓝色"通道，具体调节如图5.35所示，调节之后在【合成预览】窗口中的效果，如图5.36所示。

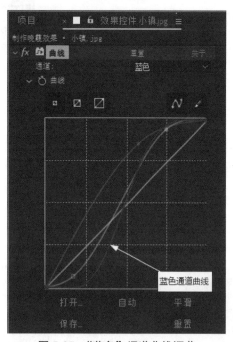

图5.35　"蓝色"通道曲线调节　　　　图5.36　调节"蓝色"通道之后的效果

视频播放：具体介绍，请观看配套视频"任务二：添加【曲线】效果.wmv"。

图 5.37　在【合成预览】窗口中的效果三

任务三：创建遮罩

步骤 01： 将【项目】窗口中的"夕阳.mp4"图片拖到【制作晚霞效果】合成窗口中，调节位置和大小，在【合成预览】窗口中的效果，如图 5.37 所示。

【任务三：创建遮罩】

步骤 02： 在【制作晚霞效果】合成中单选 夕阳.mp4 图层，在工具栏中单选 ■（矩形工具）按钮。在【合成预览】窗口中绘制遮罩，并设置遮罩参数，具体参数设置如图 5.38 所示，调节遮罩参数之后的效果，如图 5.39 所示。

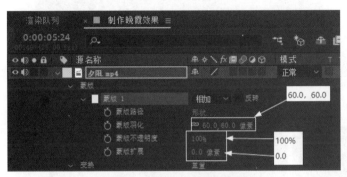

图 5.38　遮罩参数设置

图 5.39　在【合成预览】窗口中的效果四

视频播放： 具体介绍，请观看配套视频"任务三：创建遮罩.wmv"。

任务四：创建调整图层并添加效果

创建"调整图层"的目的是对"调整图层"下面的所有图层进行调整的同时，不破坏下面图层画面。

步骤 01： 在【制作晚霞效果】合成中的空白处单击鼠标右键，弹出快捷菜单，在弹出的快捷菜单中单击【新建】→【调整图层（A）】命令完成"调整图层"的创建，如图 5.40 所示。

【任务四：创建调整图层并添加效果】

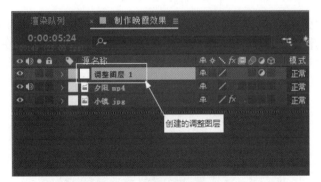

图 5.40　创建的调整图层

步骤 02： 添加【CC Light Sweep】效果。在菜单栏中单击【效果（T）】→【生成】→【CC Light Sweep】命令完成效果的添加。

步骤 03： 设置【CC Light Sweep】效果的参数，具体设置如图 5.41 所示。在【合成预览】窗口中的效果，如图 5.42 所示。

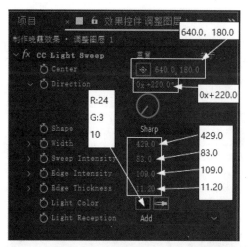

图 5.41 设置【CC Light Sweep】效果的参数

图 5.42 在【合成预览】窗口中的效果五

步骤 04：单选□ 调整图层1 图层，单击 ✍（钢笔工具）按钮，在【合成预览】窗口中绘制闭合遮罩曲线，并设置遮罩曲线的参数，具体设置如图 5.43 所示。在【合成预览】窗口中的效果和遮罩路径，如图 5.44 所示。

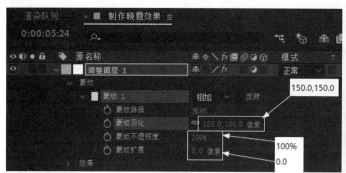

图 5.43 遮罩参数设置

图 5.44 画面效果和遮罩路径

视频播放：具体介绍，请观看配套视频"**任务四：创建调整图层并添加效果**.wmv"。

【任务五：添加调整
图层和【色阶】效果】

任务五：添加调整图层和【色阶】效果

步骤 01：在【制作晚霞效果】合成中的空白处单击鼠标右键，弹出快捷菜单，在弹出的快捷菜单中单击【新建】→【调整图层（A）】命令完成"调整图层"的创建，如图 5.45 所示。

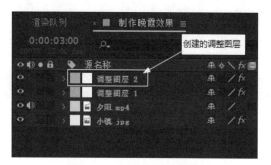

图 5.45 创建的调整图层

步骤 02：添加【色阶】效果。在菜单栏中单击【效果（T）】→【颜色校正】→【色阶】命令，完成【色阶】效果的添加。

步骤 03：设置【色阶】效果参数，具体参数设置如图 5.46 所示。在【合成预览】窗口中的效果，如图 5.47 所示。

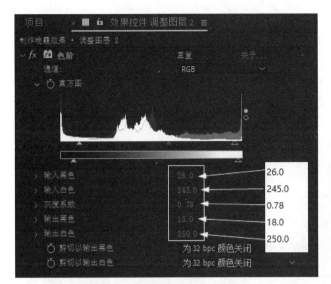

图 5.46　【色阶】效果参数设置

图 5.47　在【合成预览】窗口中的效果六

视频播放：具体介绍，请观看配套视频"任务五：添加调整图层和【色阶】效果.wmv"。

任务六：创建调整图层并添加【CC Light Burst 2.5】效果

步骤 01：在【制作晚霞效果】合成中的空白处单击鼠标右键，弹出快捷菜单，在弹出的快捷菜单中单击【新建】→【调整图层（A）】命令完成"调整图层"的创建，如图 5.48 所示。

【任务六：创建调整图层并添加【CC Light Burst 2.5】效果】

步骤 02：添加【CC Light Burst 2.5】效果，单选 调整图层 3 图层，在菜单栏中单击【效果（T）】→【生成】→【CC Light Burst 2.5】命令，完成【CC Light Burst 2.5】效果的添加。

步骤 03：设置【CC Light Burst 2.5】参数，具体参数设置如图 5.49 所示。

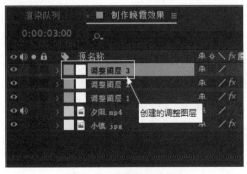

图 5.48　创建的调整图层

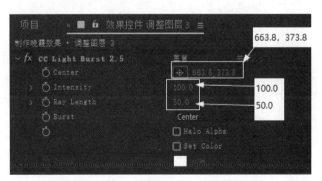

图 5.49　【CC Light Burst 2.5】参数设置

步骤 04：设置 调整图层 3 图层的混合模式为"叠加"混合模式，如图 5.50 所示。在【合成预览】窗口中的截图效果，如图 5.51 所示。

视频播放：具体介绍，请观看配套视频"任务六：创建调整图层并添加【CC Light Burst 2.5】效果.wmv"。

图 5.50　图层的混合模式

图 5.51　在【合成预览】窗口中的效果七

【案例 3：拓展训练】

七、拓展训练

根据所学知识制作如下效果。

学习笔记：

学习笔记：

案例 4：制作水墨山水画效果

一、案例内容简介

本案例主要介绍使用【色相／饱和度】【查找边缘】【中值】【快速模糊】【湍流置换】等效果的综合应用来制作水墨山水画效果。

【案例 4　简介】

二、案例效果欣赏

三、案例制作（步骤）流程

任务一：创建合成和导入素材 ➡ 任务二：给图层添加效果 ➡ 任务三：制作浸墨效果 ➡ 任务四：图层混合模式设置

四、制作目的

（1）掌握水墨山水画效果制作的原理；
（2）掌握水墨山水画效果制作的基本流程；
（3）掌握效果的综合应用和调节。

五、制作过程中需要解决的问题

（1）了解水墨山水画的特点；
（2）掌握各个效果的参数设置；
（3）理解每个效果中的参数作用和设置的注意事项。

六、详细操作步骤

在本案例中主要讲解使用 After Effects CC 2019 自带效果的组合来完成水墨山水画的制作方法。在影视制作中，水墨效果较为常见，在二维软件制作中主要通过取色和多层叠加来完成。

任务一：创建合成和导入素材

【任务一：创建合成和导入素材】

1. 创建合成

步骤 01：启动 After Effects CC 2019。
步骤 02：创建新合成。在菜单栏中单击【合成（C）】→【新建合成（C）…】（或按"Ctrl+N"组合键），弹出【合成设置】对话框。
步骤 03：在该对话框中设置合成名称为"制作水墨山水画效果"，尺寸为"1280px×720px"，持续时间为"10 秒"。
步骤 04：单击【确定】按钮完成合成创建。

2. 导入素材

步骤 01：在【项目】窗口的空白处单击鼠标右键，弹出快捷菜单，在弹出的快捷菜单中【导入】→【文件…】命令（或按"Ctrl+I"组合键），弹出【导入文件】对话框，在该对话框中单选需要导入的素材。
步骤 02：单击【导入】按钮即可将选择的素材导入【项目】窗口中，如图 5.52 所示。
步骤 03：将导入的素材拖到【制作水墨山水画效果】合成中，图层顺序如图 5.53 所示。

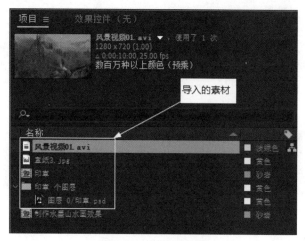

图 5.52　导入的素材

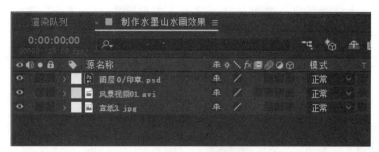

图 5.53　图层顺序

视频播放：具体介绍，请观看配套视频"任务一：创建合成和导入素材.wmv"。

任务二：给图层添加效果

步骤 01：给视频画面去色处理。单选 [风景视频01.avi] 图层，在菜单栏中单击【效果（T）】→【颜色校正】→【色相 / 饱和度】命令，完成【色相 / 饱和度】效果的添加。

【任务二：给图层添加效果】

步骤 02：设置【色相 / 饱和度】效果参数，具体参数设置如图 5.54 所示，在【合成预览】窗口中的效果，如图 5.55 所示。

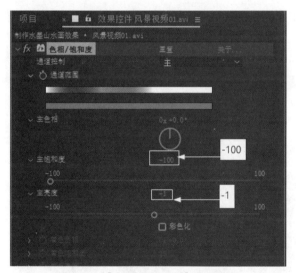

图 5.54　【色相 / 饱和度】参数设置

图 5.55　在【合成预览】窗口中的效果一

步骤 03：制作水墨笔触效果。在菜单栏中单击【效果（T）】→【风格化】→【查找边缘】命令，完成【查找边缘】效果的添加。

步骤 04：设置【查找边缘】效果参数，具体参数设置如图 5.56 所示，在【合成预览】窗口中的效果，如图 5.57 所示。

图 5.56　【查找边缘】参数设置

图 5.57　在【合成预览】窗口中的效果二

步骤 05：给细节添加模糊效果。在菜单栏中单击【效果（T）】→【杂色和颗粒】→【蒙尘与划痕】命令，完成【蒙尘与划痕】效果的添加。

步骤 06：设置【蒙尘与划痕】效果参数，具体参数设置如图 5.58 所示，在【合成预览】窗口中的效果，如图 5.59 所示。

图 5.58 【蒙尘与划痕】参数设置

图 5.59 在【合成预览】窗口中的效果三

步骤 07：增加画面的对比度。在菜单栏中单击【效果（T）】→【颜色校正】→【曲线】命令，完成【曲线】效果的添加。

步骤 08：设置【曲线】效果参数，具体参数设置如图 5.60 所示，在【合成预览】窗口中的效果，如图 5.61 所示。

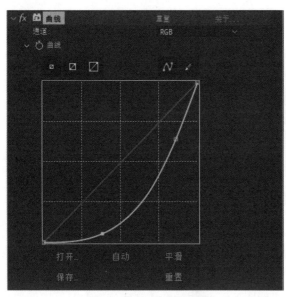

图 5.60 【曲线】参数设置

图 5.61 在【合成预览】窗口中的效果四

视频播放：具体介绍，请观看配套视频"任务二：给图层添加效果.wmv"。

任务三：制作浸墨效果

步骤 01：复制图层。单选 风景视频01.avi 图层，按"Ctrl+D"组合键复制图层，并命名为"浸墨"，如图 5.62 所示。

【任务三：制作浸墨效果】

步骤 02：修改 浸墨 图层中的【曲线】效果中的曲线，具体调节如图 5.63 所示。

步骤 03：给细节添加模糊效果。在菜单栏中单击【效果（T）】→【模糊和锐化】→【快速方框模糊】命令，完成【快速方框模糊】效果的添加。

步骤 04：设置【快速方框模糊】参数，具体设置如图 5.64 所示，在【合成预览】窗口中的效果，如图 5.65 所示。

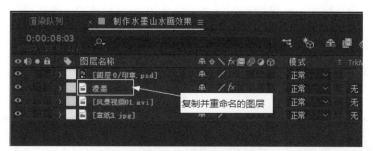

图 5.62　复制并重命名的图层

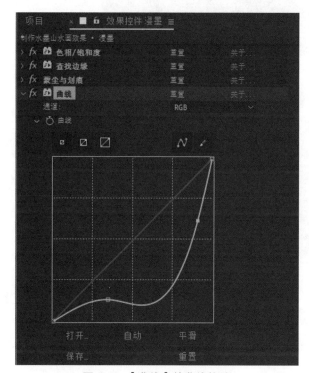

图 5.63　【曲线】的曲线修改

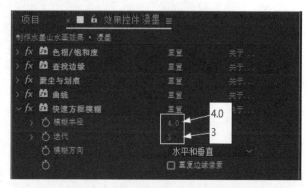

图 5.64　【快速方框模糊】参数设置

图 5.65　在【合成预览】窗口中的效果五

步骤 05：制作不规则的渗透吸墨效果。在菜单栏中单击【效果（T）】→【扭曲】→【湍流置换】命令，完成【湍流置换】效果的添加。

步骤 06：设置【湍流置换】参数，具体设置如图 5.66 所示，在【合成预览】窗口中的效果，如图 5.67 所示。

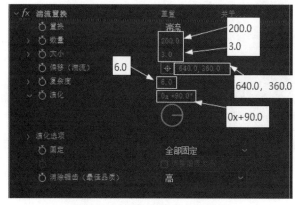

图 5.66　【湍流置换】参数设置

图 5.67　在【合成预览】窗口中的效果六

视频播放： 具体介绍，请观看配套视频"任务三：制作浸墨效果.wmv"。

【任务四：图层混合模式设置】

任务四：图层混合模式设置

步骤01： 设置图层的叠加混合模式，具体设置如图5.68所示。在【合成预览】窗口中的效果，如图5.69所示。

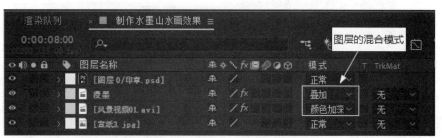

图5.68　图层的混合模式设置

图5.69　在【合成预览】窗口中的效果七

步骤02： 给 涘墨 图层绘制遮罩，单选 涘墨 图层，在工具栏中单击 （钢笔工具），在【合成预览】窗口中绘制如图5.70所示的闭合曲线，遮罩的具体参数设置如图5.71所示。

步骤03： 给 [风景视频01.avi] 图层绘制遮罩，单选 [风景视频01.avi] 图层，在工具栏中单击 （钢笔工具），在【合成预览】窗口中绘制如图5.72所示的闭合曲线，遮罩的具体参数设置如图5.73所示。

步骤04： 调整好印章的位置，如图5.74所示。设置 [图层0/印章.psd] 的混合模式为"颜色加深"，在【合成预览】窗口中的效果，如图5.75所示。

视频播放： 具体介绍，请观看配套视频"任务四：图层混合模式设置.wmv"。

图5.70　在【合成预览】窗口中的效果八

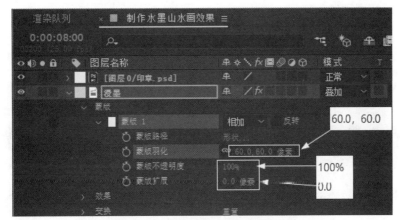

图 5.71　"遮罩"的参数设置一

图 5.72　在【合成预览】窗口中的效果九

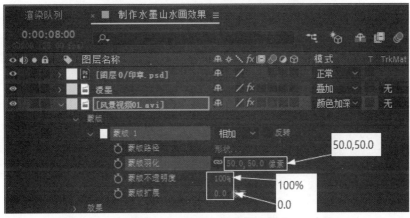

图 5.73　"遮罩"的参数设置二

图 5.74　印章的位置

图 5.75　在【合成预览】窗口中的效果十

191

七、拓展训练

根据所学知识制作如下效果。

【案例 4：拓展训练】

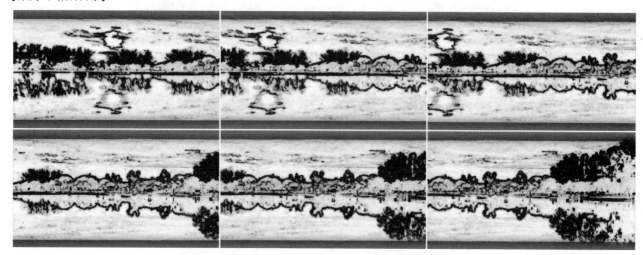

学习笔记：

案例 5：给美女化妆

一、案例内容简介

本案例主要介绍使用【转换通道】【曲线】【色相 / 饱和度】【移除颗粒】效果综合应用来对人物脸部进行美白处理。

二、案例效果欣赏

三、案例制作（步骤）流程

任务一：创建合成和导入素材➡任务二：创建选区➡任务三：美白处理➡任务四：对皮肤进行光滑处理

四、制作目的

（1）掌握人物脸部美白处理的原理；

（2）掌握通道的概念和通道的应用；

（3）掌握【转换通道】和【移除颗粒】效果的作用和参数设置。

五、制作过程中需要解决的问题

（1）了解一些化妆的基础知识；

（2）了解人变老的决定性因素；

（3）掌握美白处理的基本流程；

（4）了解决定柔滑白嫩皮肤的因素。

六、详细操作步骤

对于一个影视后期制作人员来说，对人物肤色的处理是经常碰到的事情。通过该案例的学习，制作人员掌握制作柔滑白嫩的皮肤效果的方法和技巧。

任务一：创建合成和导入素材

1. 创建合成

步骤 01：启动 After Effects CC 2019。

步骤 02：创建新合成。在菜单栏中单击【合成（C）】→【新建合成（C）…】（或按"Ctrl+N"组合键），弹出【合成设置】对话框。

步骤 03： 在该对话框中设置合成名称为"给美女化妆"，尺寸为"1280px×720px"，持续时间为"3秒"。

步骤 04： 单击【确定】按钮完成合成创建。

2. 导入素材

步骤 01： 在【项目】窗口的空白处单击鼠标右键，弹出快捷菜单，在弹出的快捷菜单中单击【导入】→【文件…】命令（或按"Ctrl+I"组合键），弹出【导入文件】对话框，在对话框中单选需要导入的素材。

步骤 02： 单击【导入】按钮即可将选择的素材导入【项目】窗口中，如图 5.76 所示。

步骤 03： 将导入的素材拖到【给美女化妆】合成中，图层顺序如图 5.77 所示。

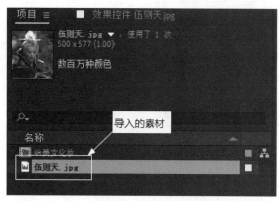

图 5.76　导入的素材

图 5.77　在【给美女化妆】合成窗口中的图层顺序

视频播放： 具体介绍，请观看配套视频"任务一：创建合成和导入素材.wmv"。

【任务二：创建选区】

任务二：创建选区

步骤 01： 设置 伍则天.jpg 图层的变换参数，具体设置如图 5.78 所示，在【合成预览】窗口中的效果，如图 5.79 所示。

步骤 02： 单击【合成预览】窗口下方的 ▣（显示通道及色彩管理设置）图标，弹出下拉菜单，如图 5.80 所示。

步骤 03： 在弹出的下拉菜单中选择不同的通道，所得到的效果如图 5.81 所示。

步骤 04： 从图 5.81 可以看出，红色通道是最干净的一个通道，在这里可以使用红色通道来创建选区。

步骤 05： 复制图层。单选 伍则天.jpg 图层，按"Ctrl+D"组合键复制一个图层并重命名为"伍则天遮罩"，如图 5.82 所示。

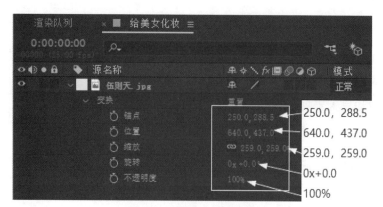

图 5.78　"变换"参数设置

图 5.79　在【合成预览】窗口中的效果一

图 5.80　弹出的下拉菜单

红色通道效果

绿色通道效果

蓝色通道效果

图 5.81　各个通道的画面效果

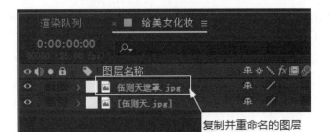

图 5.82　复制并重命名的图层

步骤 06：将 伍则天遮罩.jpg 图层的蓝色通道和绿色通道转换为红色通道。在菜单栏中单击【效果（T）】→【通道】→【转换通道】命令，完成【转换通道】效果的添加，具体参数设置如图 5.83 所示。

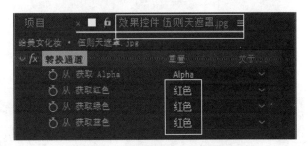

图 5.83　【转换通道】参数设置

步骤 07：调整画面亮度。在菜单栏中单击【效果（T）】→【颜色校正】→【曲线】命令，完成【曲线】效果的添加，调整曲线，具体调整如图 5.84 所示，在【合成预览】窗口中的效果如图 5.85 所示。

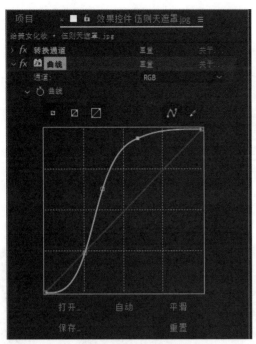

图 5.84 【曲线】效果参数调整

图 5.85 在【合成预览】窗口中的效果二

视频播放： 具体介绍，请观看配套视频"任务二：创建选区.wmv"。

【任务三：美白处理】

任务三：美白处理

步骤 01： 创建调整图层。在【给美女化妆】合成的空白处单击鼠标右键，弹出快捷菜单，在弹出的快捷菜单中单击【新建】→【调整图层】命令，完成调整图层的创建。

步骤 02： 对创建的调整图层进行重命名，命名为"美白调节"并调整图层的顺序，如图 5.86 所示。

步骤 03： 设置□美白调节图层的蒙版方式为"亮度蒙版伍则天遮罩"模式，如图 5.87 所示。

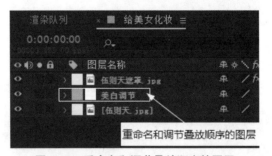

图 5.86 重命名和调节叠放顺序的图层

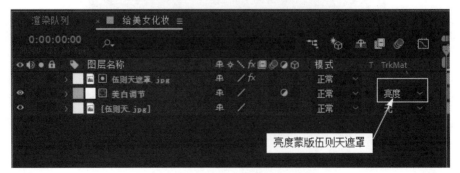

图 5.87 "美白调节"图层的蒙版模式

步骤 04：调节□美白调节图层的亮度，在菜单栏中单击【效果（T）】→【颜色校正】→【曲线】命令，完成【曲线】效果的添加，调节曲线，具体调节如图 5.88 所示，在【合成预览】窗口中的效果如图 5.89 所示。

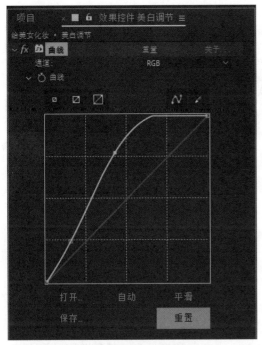

图 5.88　【曲线】效果参数调节　　　　　　　　　图 5.89　在【合成预览】窗口中的效果三

步骤 05：调节□美白调节图层的色彩。在菜单栏中单击【效果（T）】→【颜色校正】→【色相 / 饱和度】命令，完成【色相 / 饱和度】的添加。调节【色相 / 饱和度】参数，具体调节如图 5.90 所示，在【合成预览】窗口中的效果如图 5.91 所示。

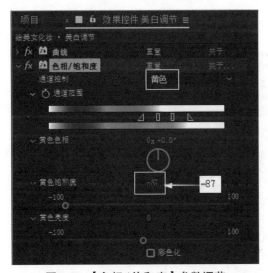

图 5.90　【色相 / 饱和度】参数调节　　　　　　　图 5.91　在【合成预览】窗口中的效果四

步骤 06：继续调节【色相 / 饱和度】效果参数，具体调节如图 5.92 所示，在【合成预览】窗口中的效果如图 5.93 所示。

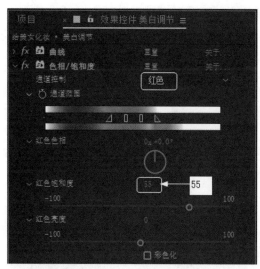

图 5.92 【色相 / 饱和度】参数调节

图 5.93 在【合成预览】窗口中的效果五

视频播放：具体介绍，请观看配套视频"任务三：美白处理.wmv"。

任务四：对皮肤进行光滑处理

【任务四：对皮肤
进行光滑处理】

1. 添加【移除颗粒】效果

步骤 01：单选 □美白调节 图层。

步骤 02：在菜单栏中单击【效果（T）】→【杂色和颗粒】→【移除颗粒】命令，完成【移除颗粒】效果添加。

步骤 03：设置【移除颗粒】参数，具体设置如图 5.94 所示。在【合成预览】窗口中的效果，如图 5.95 所示。

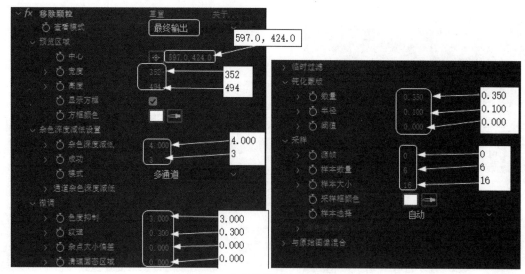

图 5.94 【移除颗粒】参数设置

图 5.95　在【合成预览】窗口中的效果六

2.【移除颗粒】效果参数介绍

（1）【杂色深度减低设置】：主要用来控制去除颗粒的程度；

（2）【微调】：主要用来去除颗粒后的细节进行调节；

（3）【钝化蒙版】：主要对最终画面效果进行清晰化处理；

（4）【采样】：主要对颗粒移除的采样。

视频播放：具体介绍，请观看配套视频"任务四：对皮肤进行光滑处理.wmv"。

七、拓展训练

根据所学知识将左边的画面效果处理成右边的画面效果。

【案例 5：拓展训练】

学习笔记：

学习笔记：

学习笔记：

第6章

抠像技术

知识点

案例 1：蓝频抠像技术

案例 2：亮度抠像技术

案例 3：半透明抠像技术

案例 4：毛发抠像技术

案例 5：替换背景

说 明

本章主要通过 5 个案例的介绍，全面讲解抠像技术的原理和使用技巧。

教学建议课时数

一般情况下需要 6 课时，其中理论讲解 2 课时，实际操作 4 课时（特殊情况可做相应调整）。

思维导图

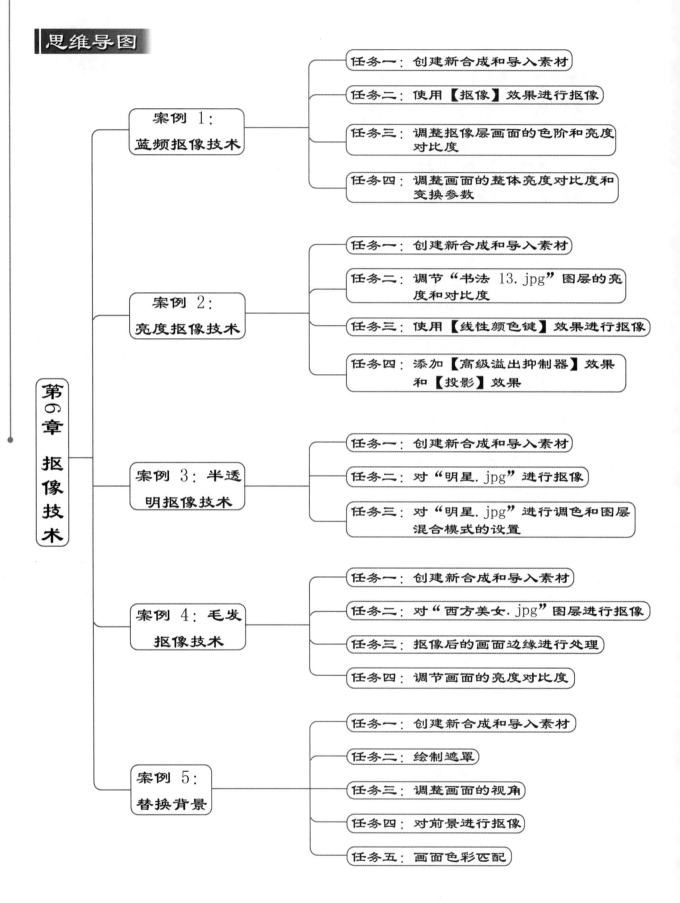

第6章 抠像技术

案例1：蓝频抠像技术
- 任务一：创建新合成和导入素材
- 任务二：使用【抠像】效果进行抠像
- 任务三：调整抠像层画面的色阶和亮度对比度
- 任务四：调整画面的整体亮度对比度和变换参数

案例2：亮度抠像技术
- 任务一：创建新合成和导入素材
- 任务二：调节"书法13.jpg"图层的亮度和对比度
- 任务三：使用【线性颜色键】效果进行抠像
- 任务四：添加【高级溢出抑制器】效果和【投影】效果

案例3：半透明抠像技术
- 任务一：创建新合成和导入素材
- 任务二：对"明星.jpg"进行抠像
- 任务三：对"明星.jpg"进行调色和图层混合模式的设置

案例4：毛发抠像技术
- 任务一：创建新合成和导入素材
- 任务二：对"西方美女.jpg"图层进行抠像
- 任务三：抠像后的画面边缘进行处理
- 任务四：调节画面的亮度对比度

案例5：替换背景
- 任务一：创建新合成和导入素材
- 任务二：绘制遮罩
- 任务三：调整画面的视角
- 任务四：对前景进行抠像
- 任务五：画面色彩匹配

在本章中主要通过 5 个案例全面介绍【抠像】效果组中【抠像】效果的作用、使用方法、参数介绍和使用技巧。在 After Effects CC 2019 中有多个抠像效果，这些【抠像】效果有其自身的特点和用途。用户通过本章的学习，在以后的后期合成中可以根据合成素材的特点选择最合适的【抠像】效果。

案例 1：蓝频抠像技术

一、案例内容简介

【案例 1　简介】

本案例主要介绍使用【Keylight（1.2）】效果、【色阶】效果和【曲线】效果综合应用来对画面进行抠像合成。

二、案例效果欣赏

三、案例制作（步骤）流程

任务一：创建新合成和导入素材➡任务二：使用【抠像】效果进行抠像➡任务三：调整抠像层画面的色阶和亮度对比度➡任务四：调整画面的整体亮度对比度和变换参数

四、制作目的

（1）了解蓝频抠像的原理；
（2）掌握【色阶】效果的作用、参数设置和使用方法；
（3）掌握【曲线】效果的作用、参数设置和使用方法。

五、制作过程中需要解决的问题

（1）掌握抠像的概念；
（2）掌握抠像基本流程；
（3）获得各种效果的综合应用能力。

六、详细操作步骤

蓝频抠像技术与绿频抠像技术的原理和方法基本相同，即在纯蓝色或纯绿色的背景下拍摄素材，然后使用抠像效果将其蓝色背景或绿色背景去除，在这里要提醒读者的是，拍摄对象尽量不要包含有蓝色或绿色。东方国家在对演员进行拍摄时一般使用蓝色背景，而西方国家对演员进行拍摄时一般使用绿色背景，因为西方国家的演员眼睛通常是蓝色的。

【任务一：创建新合成和导入素材】

任务一：创建新合成和导入素材

1. 创建新合成

步骤 01：启动 After Effects CC 2019。

步骤 02：创建新合成。在菜单栏中单击【合成（C）】→【新建合成（C）…】命令，弹出【合成设置】对话框，在该对话框中，合成名称为"蓝频抠像"，尺寸为"1280px×720px"，持续时间为"6 秒"，其他参数为默认设置。

步骤 03：设置完参数，单击【确定】按钮完成合成创建。

2. 导入素材

步骤 01：在【项目】窗口的空白处单击右键，弹出快捷菜单，在弹出的快捷菜单中单击【导入】→【文件…】命令，弹出【导入文件】对话框，在【导入文件】对话框选择需要导入的文件。

步骤 02：单击【导入】按钮即可将选择的素材导入【项目】窗口中，如图 6.1 所示。

步骤 03：将导入的素材拖拽到【蓝频抠像】合成中，如图 6.2 所示。

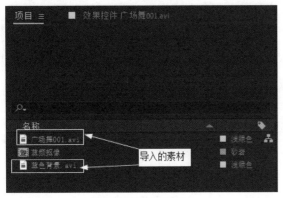

图 6.1　导入的素材

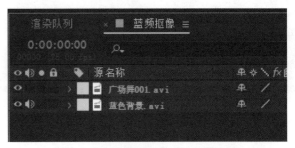

图 6.2　在【蓝频抠像】中合成设置

视频播放：具体介绍，请观看配套视频"任务一：创建新合成和导入素材.wmv"。

【任务二：使用【抠像】效果进行抠像】

任务二：使用【抠像】效果进行抠像

步骤 01：选择图层。在【蓝频抠像】合成中单选 广场舞001.avi 图层。

步骤 02：添加抠像效果。在菜单栏中单击【效果（T）】→【Keying】→【Keylight（1.2）】命令，完成【Keylight（1.2）】抠像效果的添加。

步骤 03：调节【Keylight（1.2）】参数。在【效果控件】面板中单击【Keylight（1.2）】效果中的 图标。在【合成预览】窗口中的蓝色画面上单击，即可吸取蓝色作为抠像颜色，设置该效果参数，具体设置如图 6.3 所示。在【合成预览】窗口中的截图效果如图 6.4 所示。

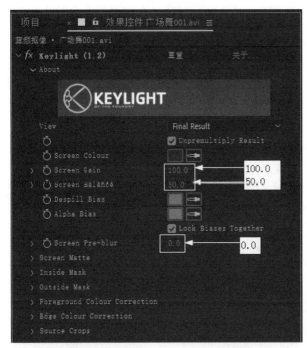

图 6.3　【Keylight（1.2）】参数设置　　　　图 6.4　在【合成预览】窗口中的截图效果一

视频播放： 具体介绍，请观看配套视频"任务二：使用【抠像】效果进行抠像.wmv"。

任务三：调整抠像层画面的色阶和亮度对比度

步骤 01： 添加【色阶】效果。在菜单栏中单击【效果（T）】→【颜色校正】→【色阶】命令完成【色阶】效果的添加。

步骤 02： 设置【色阶】效果参数，具体参数设置如图 6.5 所示，在【合成预览】窗口中的截图效果，如图 6.6 所示。

【任务三：调整抠像层画面的色阶和亮度对比度】

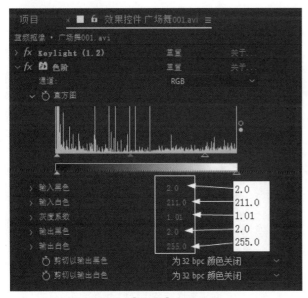

图 6.5　【色阶】参数设置　　　　　　图 6.6　在【合成预览】窗口中的截图效果二

步骤 03： 添加【曲线】效果。在菜单栏中单击【效果（T）】→【颜色校正】→【曲线】命令完成【曲线】效果的添加。

步骤04：调整【曲线】参数，【曲线】参数的具体调整如图6.7所示。在【合成预览】窗口中的截图效果，如图6.8所示。

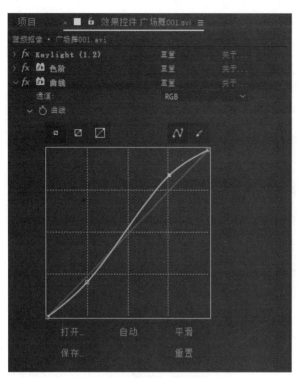

图6.7 【曲线】参数调节

图6.8 在【合成预览】窗口中的截图效果三

视频播放：具体介绍，请观看配套视频"任务三：调整抠像层画面的色阶和亮度对比度.wmv"。

【任务四：调整画面的整体亮度对比度和变换参数】

任务四：调整画面的整体亮度对比度和变换参数

步骤01：在【蓝频抠像】合成的空白处单击鼠标右键，弹出快捷菜单，在弹出的快捷菜单中单击【新建】→【调整图层（A）】命令，完成"调整图层"的添加。

步骤02：给"调整图层"添加效果。在【蓝频抠像】合成中单选刚创建的 调整图层1 图层。在菜单栏中单击【效果（T）】→【颜色校正】→【自动对比度】命令，完成【自动对比度】效果的添加，设置【自动对比度】效果参数，具体设置如图6.9所示。在【合成预览】窗口中的截图效果，如图6.10所示。

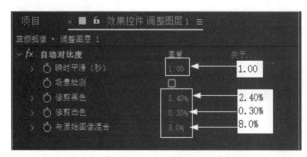

图6.9 【自动对比度】效果参数设置

图6.10 在【合成预览】窗口中的截图效果四

步骤03：在【蓝频抠像】合成中，设置 广场舞001.avi 图层的"变换"参数，具体设置如图6.11所示。在【合成预览】窗口中的截图效果，如图6.12所示。

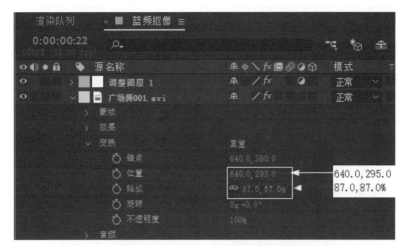

图 6.11　图层的"变换"参数设置

图 6.12　在【合成预览】窗口中的截图效果五

视频播放：具体介绍，请观看配套视频"任务四：调整画面的整体亮度对比度和变换参数.wmv"。

七、拓展训练

根据所学知识和提供的素材进行抠像合成，最终画面截图效果如下图所示。

【案例1：拓展训练】

学习笔记：

学习笔记：

【案例2　简介】

案例 2：亮度抠像技术

一、案例内容简介

本案例主要介绍使用【曲线】效果、【线性颜色键】效果和【投影】效果综合应用，对画面进行抠像。

二、案例效果欣赏

三、案例制作（步骤）流程

任务一：创建新合成和导入素材➡任务二：调整"书法 13.jpg"图层的亮度和对比度➡任务三：使用【线性颜色键】效果进行抠像➡任务四：添加【高级溢出抑制器】效果和【投影】效果

四、制作目的

（1）了解亮度抠像的原理；

（2）掌握【线性颜色键】效果的作用、参数调整和使用方法；

（3）掌握【投影】效果的作用、参数调整和使用方法。

五、制作过程中需要解决的问题

（1）理解提高画面亮度对比度的作用；

（2）掌握亮度抠像的基本流程；

（3）掌握亮度抠像过程中的技巧。

六、详细操作步骤

亮度抠像的原理是根据画面明暗对比进行抠像，主要对明暗差别比较明显的画面进行抠像，下面通过三个任务来学习亮度抠像的一般操作步骤和技巧。

任务一：创建新合成和导入素材

1. 创建新合成

步骤 01：启动 After Effects CC 2019。

步骤 02：创建新合成。在菜单栏中单击【合成（C）】→【新建合成（C）…】命令，弹出【合成设置】对话框，在该对话框中，合成名称为"亮度抠像"，尺寸为"1280px×720px"，持续时间为"10 秒"，其他参数为默认设置。

【任务一：创建新合成和导入素材】

步骤 03：设置完参数，单击【确定】按钮完成合成创建。

2. 导入素材

步骤 01：在【项目】窗口的空白处单击右键，弹出快捷菜单，在弹出的快捷菜单中单击【导入】→【文件…】命令，弹出【导入文件】对话框，在【导入文件】对话框选择需要导入的文件。

步骤 02：单击【导入】按钮即可将选择的素材导入【项目】窗口中，如图 6.13 所示。

步骤 03：将导入的素材拖拽到【亮度抠像】合成中，如图 6.14 所示。

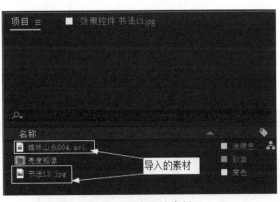

图 6.13　导入的素材

图 6.14　在【亮度抠像】中合成设置

> **视频播放**：具体介绍，请观看配套视频"任务一：创建新合成和导入素材.wmv"。

任务二：调整"书法 13.jpg"图层的亮度和对比度

步骤 01：在【亮度抠像】合成中单选 书法13.jpg 图层。

【任务二：调整"书法 13.jpg"图层的亮度和对比度】

步骤 02：调整图层的亮度对比度。在菜单栏中单击【效果（T）】→【颜色校正】→【曲线】命令，完成【曲线】效果的添加。调整【曲线】效果的参数，具体参数调整如图 6.15 所示。调整之后画面的前后对比，如图 6.16 所示。

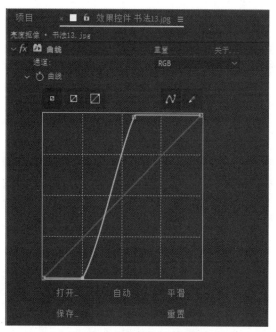

图 6.15　【曲线】参数调整

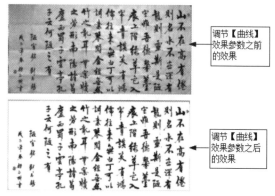

调节【曲线】效果参数之前的效果

调节【曲线】效果参数之后的效果

图 6.16　调整【曲线】效果参数前后的对比

视频播放： 具体介绍，请观看配套视频"任务二：调整'书法 13.jpg'图层的亮度和对比度.wmv"。

【任务三：使用【线性颜色键】效果进行抠像】

任务三：使用【线性颜色键】效果进行抠像

1. 对画面进行抠像

步骤 01：添加【线性颜色键】效果。在菜单栏中单击【效果（T）】→【抠像】→【线性颜色键】命令，完成【线性颜色键】效果的添加。

步骤 02：调整【线性颜色键】效果参数。具体参数调整如图 6.17 所示。在【合成预览】窗口中的截图效果，如图 6.18 所示。

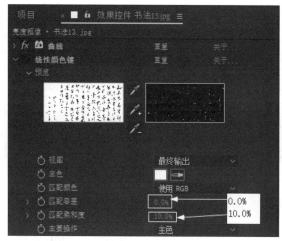

图 6.17　【线性颜色键】效果参数调整

图 6.18　在【合成预览】窗口中的截图效果一

2.【线性颜色键】效果参数介绍

（1）【视图】：为用户提供了"最终输出""仅限源"和"仅限遮罩"三种显示方式。

（2）【主色】：设置【合成预览】中抠像的颜色。

（3）【匹配颜色】：设置颜色匹配空间。

（4）【匹配容差】：设置颜色匹配范围。

（5）【匹配柔和度】：设置匹配柔和程度。

（6）【主要操作】：设置主要的操作方式，为用户提供了"主色"和"保持颜色"两种操作方式。

> **视频播放**：具体介绍，请观看配套视频"任务三：使用【线性颜色键】效果进行抠像.wmv"。

任务四：添加【高级溢出抑制器】效果和【投影】效果

【任务四：添加【高级溢出抑制器】效果和【投影】效果】

1. 添加【高级溢出抑制器】效果

步骤01：添加【高级溢出抑制器】效果。在菜单栏中单击【效果（T）】→【抠像】→【高级溢出抑制器】命令，完成【高级溢出抑制器】效果的添加。

步骤02：设置【高级溢出抑制器】效果的参数，该效果参数的具体设置如图6.19所示，在【合成预览】窗口中的截图效果如图6.20所示。

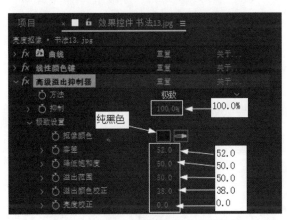

图6.19　【高级溢出抑制器】参数设置

图6.20　在【合成预览】窗口中的截图效果二

2.【高级溢出抑制器】效果参数介绍

（1）【方法】：为用户提供了"标准"和"极致"两种溢出方法。

（2）【抑制】：主要用来调节抑制程度的设置。

（3）【极致设置】参数组：主要用来调节抑制器的算法，增强抑制的精确度。

3. 添加【投影】效果

步骤01：添加【投影】效果。在菜单栏中单击【效果（T）】→【透视】→【投影】命令，完成【投影】效果的添加。

步骤02：调整【阴影】效果的参数，该效果参数的具体调整如图6.21所示，在【合成预览】窗口中的截图效果，如图6.22所示。

4.【投影】效果参数介绍

（1）【阴影颜色】：主要用来设置阴影的颜色。

（2）【不透明度】：主要用来设置阴影的透明程度。

（3）【方向】：主要用来设置阴影的投影方向。

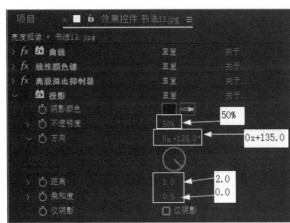

图 6.21 【阴影】效果参数设置

图 6.22 在【合成预览】窗口中的截图效果三

（4）【距离】：主要用来设置投影与图像之间的距离。

（5）【柔和度】：主要用来设置投影的柔和程度。

（6）【仅阴影】：勾选此项，则只显示阴影。

视频播放：具体介绍，请观看配套视频"任务四：添加【高级溢出抑制器】效果和【投影】效果.wmv"。

七、拓展训练

根据所学知识和提供的素材进行抠像合成，最终画面截图效果如图所示。

【案例 2：拓展训练】

学习笔记：

学习笔记：

案例 3：半透明抠像技术

一、案例内容简介

本案例主要介绍使用【颜色范围】效果、【色阶】效果和【颜色平衡】效果综合应用，对画面进行抠像处理。

【案例 3　简介】

二、案例效果欣赏

三、案例制作（步骤）流程

任务一：创建新合成和导入素材➡任务二：对"明星.jpg"进行抠像➡任务三：对"明星.jpg"进行调色和图层混合模式的设置

四、制作目的

（1）了解半透明度抠像的原理；

（2）掌握【颜色范围】效果的作用、参数调整和使用方法；

（3）掌握【颜色平衡】效果的作用、参数调整和使用方法。

五、制作过程中需要解决的问题

（1）理解各个效果中参数的作用；

（2）掌握半透明度抠像的基本流程；

（3）掌握半透明度抠像过程中的技巧。

六、详细操作步骤

半透明度抠像主要对抠像对象进行多次取样，从而达到抠像的目的，主要对玻璃、薄衣服之类的半透明对象进行抠像。

【任务一：创建新
合成和导入素材】

任务一：创建新合成和导入素材

1. 创建新合成

步骤 01： 启动 After Effects CC 2019。

步骤 02： 创建新合成。在菜单栏中单击【合成（C）】→【新建合成（C）…】命令，弹出【合成设置】对话框，在该对话框中，合成名称为"半透明度抠像"，尺寸为"1280px×720px"，持续时间为"10 秒"，其他参数为默认设置。

步骤 03： 设置完参数，单击【确定】按钮完成合成创建。

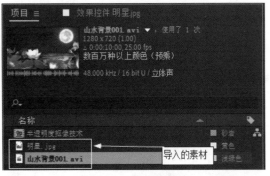

图 6.23　导入的素材

2. 导入素材

步骤 01： 在【项目】窗口的空白处单击右键，弹出快捷菜单，在弹出的快捷菜单中单击【导入】→【文件…】命令，弹出【导入文件】对话框，在【导入文件】对话框选择需要导入的文件。

步骤 02： 单击【导入】按钮即可将选择的素材导入【项目】窗口中，如图 6.23 所示。

步骤 03： 将导入的素材拖拽到【半透明度抠像】合成中，如图 6.24 所示。

图 6.24　在【半透明度抠像】中合成设置

任务二：对"明星.jpg"进行抠像

1. 使用【颜色范围】效果进行抠像

【任务二：对"明星.jpg"进行抠像】

步骤 01：在【半透明度抠像】合成中单选 明星.jpg 图层。

步骤 02：添加【颜色范围】效果。在菜单栏中单击【效果（T）】→【抠像】→【颜色范围】命令，完成【颜色范围】效果的添加。

步骤 03：调节【颜色范围】效果参数，在【效果控件】面板中单击【颜色范围】效果参数中的 按钮，在【预览】窗口中需要抠除的位置处单击即可对画面进行抠像，再使用 工具和 工具对画面抠像范围进行添加和减少，设置参数，具体设置如图 6.25 所示。在【合成预览】窗口中的截图效果，如图 6.26 所示。

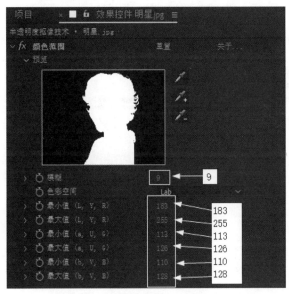

图 6.25 【颜色范围】效果参数设置

图 6.26 在【合成预览】窗口中的截图效果一

2.【颜色范围】效果参数介绍

（1）【预览】：为用户提供观察抠像选取效果。
（2）【模糊】：主要用来调整抠像的匹配取样范围。
（3）【色彩空间】：主要用来设置色彩空间的算法，主要有 Lab、YUV 和 RGB 三种方式。
（4）【最小值/最大值（L，Y，R）/（a，U，G）/（b，V，B）】：主要用来精确调整色彩空间参数。

3. 添加【高级溢出抑制器】效果

步骤 01：添加【高级溢出抑制器】效果。在菜单栏中单击【效果（T）】→【抠像】→【高级溢出抑制器】命令，完成【高级溢出抑制器】效果的添加。

步骤 02：设置【高级溢出抑制器】效果的参数，该效果参数的具体设置如图 6.27 所示，在【合成预览】窗口中的截图效果如图 6.28 所示。

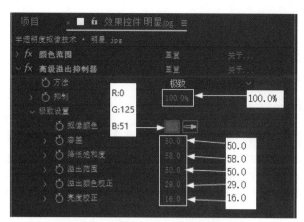

图6.27　【高级溢出抑制器】参数设置

图6.28　在【合成预览】窗口中的截图效果二

视频播放：具体介绍，请观看配套视频"任务二：对'明星.jpg'进行抠像.wmv"。

【任务三：对"明星.jpg"进行调色和图层混合模式的设置】

任务三：对"明星.jpg"进行调色和图层混合模式的设置

1. 使用【色阶】效果对画面进行调节

步骤01：选择图层。在【半透明度抠像】合成中单选 [明星.jpg] 图层。

步骤02：给选择图层添加【色阶】效果。在菜单栏中单击【效果（T）】→【颜色校正】→【色阶】命令，完成【色阶】效果的添加。

　步骤03：设置【色阶】效果的参数。【色阶】效果参数的具体设置如图6.29所示，在【合成预览】窗口中的截图效果，如图6.30所示。

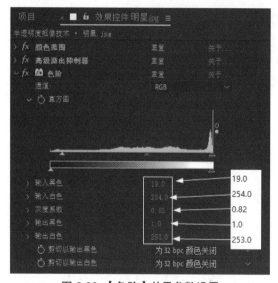

图6.29　【色阶】效果参数设置

图6.30　在【合成预览】窗口中的截图效果三

2. 设置图层的混合叠加模式

　图层的混合模式设置比较简单，在【半透明度抠像】合成中，将图层叠加模式设置为"强光"，如图6.31所示。在【合成预览】窗口中的截图效果，如图6.32所示。

图 6.31 图层的混合叠加模式

图 6.32 在【合成预览】窗口中的截图效果四

视频播放：具体介绍，请观看配套视频"任务三：对'明星.jpg'进行调色和图层混合模式的设置.wmv"。

七、拓展训练

根据所学知识和提供的素材进行抠像合成，最终画面截图效果如下图所示。

【案例3：拓展训练】

学习笔记：

学习笔记：

案例 4：毛发抠像技术

【案例 4　简介】

一、案例内容简介

本案例主要介绍使用【线性颜色键】效果、【高级溢出抑制器】效果和【内部 / 外部键】效果综合应用，对画面进行毛发抠像处理。

二、案例效果欣赏

三、案例制作（步骤）流程

任务一：创建新合成和导入素材➡任务二：对"西方美女 .jpg"图层进行抠像➡任务三：抠像后的画面边缘进行处理➡任务四：调整画面的亮度对比度

四、制作目的

（1）了解毛发抠像的原理；
（2）掌握【线性颜色键】效果的作用、参数调整和使用方法；
（3）掌握【内部 / 外部键】效果的作用、参数调整和使用方法。

五、制作过程中需要解决的问题

（1）理解各个效果中参数的作用；
（2）掌握毛发抠像的基本流程；
（3）掌握毛发抠像过程中的技巧。

六、详细操作步骤

对毛发进行抠像，是影视后期合成最难的工作，因为毛发本身容易残留背景色，既要去除残留的背景色，又要保留毛发的完整性，使用前面介绍的抠像技术是没法做到的，在本案例中，使用一些特殊抠像效果来完成毛发的抠像。

任务一：创建新合成和导入素材

【任务一：创建新合成和导入素材】

1. 创建新合成

步骤 01： 启动 After Effects CC 2019。
步骤 02： 创建新合成。在菜单栏中单击【合成（C）】→【新建合成（C）…】命令，弹出【合成设置】对话框，在该对话框中，合成名称为"毛发抠像技术"，尺寸为"1280px×720px"，持续时间为"10秒"，其他参数为默认设置。
步骤 03： 设置完参数，单击【确定】按钮完成合成创建。

2. 导入素材

步骤 01： 在【项目】窗口的空白处单击右键，弹出快捷菜单，在弹出的快捷菜单中单击【导入】→【文件…】命令，弹出【导入文件】对话框，在【导入文件】对话框选择需要导入的文件。
步骤 02： 单击【导入】按钮即可将选择的素材导入【项目】窗口中，如图 6.33 所示。
步骤 03： 将导入的素材拖拽到【毛发抠像技术】合成中，如图 6.34 所示。

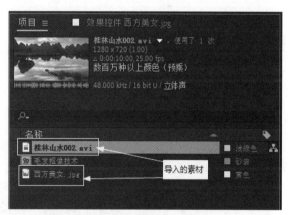

图 6.33　导入的素材

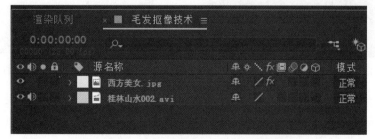

图 6.34　在【毛发抠像技术】中合成设置

视频播放：具体介绍，请观看配套视频"任务一：创建新合成和导入素材.wmv"。

【任务二：对"西方美女.jpg"图层进行抠像】

任务二：对"西方美女.jpg"图层进行抠像

1. 使用【颜色范围】效果进行抠像

步骤 01：选择图层。在【毛发抠像技术】合成中单选 西方美女.jpg 图层。

步骤 02：添加【线性颜色键】效果。在菜单栏中单击【效果（T）】→【抠像】→【线性颜色键】命令，完成【线性颜色键】效果的添加。

步骤 03：设置【线性颜色键】参数，【线性颜色键】效果参数的具体设置如图 6.35 所示，在【合成预览】窗口中的截图效果，如图 6.36 所示。

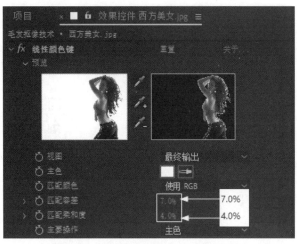

图 6.35 【线性颜色键】效果参数设置

图 6.36 在【合成预览】窗口中的截图效果一

2. 添加【高级溢出抑制器】效果

步骤 01：添加【高级溢出抑制器】效果。在菜单栏中单击【效果（T）】→【抠像】→【高级溢出抑制器】命令，完成【高级溢出抑制器】的添加。

步骤 02：设置【高级溢出抑制器】参数，该效果参数的具体设置如图 6.37 所示，在【合成预览】窗口中的截图效果，如图 6.38 所示。

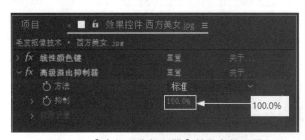

图 6.37 【高级溢出抑制器】效果参数设置

图 6.38 在【合成预览】窗口中的截图效果二

【任务三：抠像后的画面边缘进行处理】

视频播放：具体介绍，请观看配套视频"任务二：对'西方美女.jpg'图层进行抠像.wmv"。

任务三：抠像后的画面边缘进行处理

步骤 01：在【毛发抠像技术】合成中单选 西方美女.jpg 图层。

步骤 02：绘制"蒙版 1"。在工具箱中单击 🖊（钢笔工具），在【合成预览】窗口中绘制一个蒙版，如图 6.39 所示。

步骤 03：绘制"蒙版 2"。继续使用 🖊（钢笔工具），在【合成预览】窗口中绘制蒙版，系统自动命名为"蒙版 2"。绘制好的"蒙版 2"，在【合成预览】窗口中的效果，如图 6.40 所示。

图 6.39　蒙版 1 的效果

图 6.40　蒙版 2 的效果

步骤 04：添加【内部 / 外部键】效果。在菜单栏中单击【效果（T）】→【抠像】→【内部 / 外部键】命令，完成【内部 / 外部键】效果。

步骤 05：设置【内部 / 外部键】效果参数。【内部 / 外部键】效果参数具体设置如图 6.41 所示，在【合成预览】窗口中的截图效果，如图 6.42 所示。

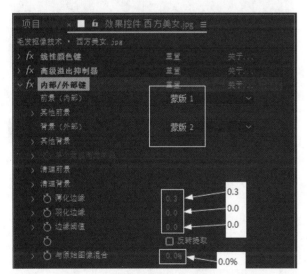

图 6.41　【内部 / 外部键】效果参数设置

图 6.42　在【合成预览】窗口中的截图效果三

视频播放：具体介绍，请观看配套视频"任务三：抠像后的画面边缘进行处理.wmv"。

任务四：调整画面的亮度对比度

【任务四：调整画面的亮度对比度】

步骤 01：创建调整图层。在【毛发抠像技术】合成中的空白处单击鼠标右键，弹出快捷菜单，在弹出的快捷菜单中单击【新建】→【调整图层（A）】命令，完成调整图层的创建。

步骤 02：在【毛发抠像技术】合成中单选刚创建的调整图层。如图 6.43 所示。

步骤 03：给调整图层添加【曲线】效果。在菜单栏中单击【效果（T）】→【颜色校正】→【曲线】命令，完成给选择图层添加【曲线】效果。

步骤 04：调整【曲线】效果参数。【曲线】效果参数的具体调整如图 6.44 所示，在【合成预览】窗口中的截图效果，如图 6.45 所示。

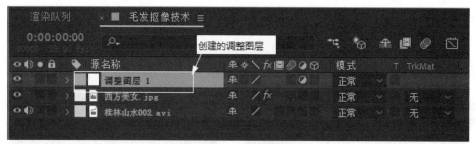

图 6.43　选择调整图层

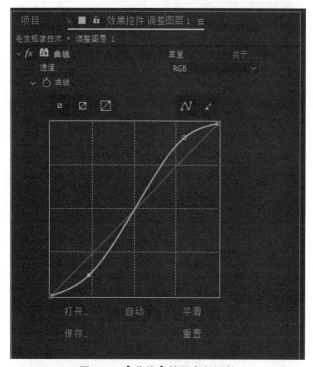

图 6.44　【曲线】效果参数调整

图 6.45　在【合成预览】窗口中的截图效果四

视频播放：具体介绍，请观看配套视频"任务四：调整画面的亮度对比度.wmv"。

七、拓展训练

【案例4：拓展训练】

根据所学知识和提供的素材进行抠像合成，最终画面截图效果如图所示。

学习笔记：

案例 5：替换背景

一、案例内容简介

　　本案例主要介绍使用【边角定位】效果、【颜色范围】效果和【颜色链接】效果综合应用，对画面进行替换操作。

【案例 5　简介】

二、案例效果欣赏

三、案例制作（步骤）流程

任务一：创建新合成和导入素材➡任务二：绘制遮罩➡任务三：调整画面的视角➡任务四：对前景进行抠像➡任务五：画面色彩匹配

四、制作目的

（1）了解替换背景的原理；

（2）掌握【颜色链接】效果的作用、参数调整和使用方法；

（3）掌握【边角定位】效果的作用、参数调整和使用方法。

五、制作过程中需要解决的问题

（1）理解各个效果中参数的作用；

（2）掌握替换背景的基本流程；

（3）熟悉替换背景过程中的技巧。

六、详细操作步骤

在后期合成中，用户经常会遇到前景色与背景色的亮度、色调不协调，特别是前景为静态图片而背景为变化多端的动态背景时，为了很好地进行合成，就需要通过 After Effects CC 2019 中相关特效组来综合完成。

【任务一：创建新合成和导入素材】

任务一：创建新合成和导入素材

1. 创建新合成

步骤 01： 启动 After Effects CC 2019。

步骤 02： 创建新合成。在菜单栏中单击【合成（C）】➡【新建合成（C）…】命令，弹出【合成设置】对话框，在该对话框中，合成名称为"替换背景"，尺寸为"1280px×720px"，持续时间为"10秒"，其他参数为默认设置。

步骤 03：设置完参数，单击【确定】按钮完成合成创建。

2. 导入素材

步骤 01：在【项目】窗口的空白处单击右键，弹出快捷菜单，在弹出的快捷菜单中单击【导入】→【文件…】命令，弹出【导入文件】对话框，在【导入文件】对话框选择需要导入的文件。

步骤 02：单击【导入】按钮即可将选择的素材导入【项目】窗口中，如图 6.46 所示。

步骤 03：将导入的素材拖拽到【替换背景】合成中，如图 6.47 所示。

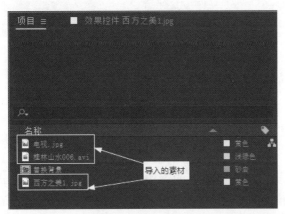

图 6.46　导入的素材

图 6.47　在【替换背景】中合成设置

视频播放：具体介绍，请观看配套视频"任务一：创建新合成和导入素材.wmv"。

任务二：绘制遮罩

步骤 01：选择图层。在【替换背景】合成中单选 电视.jpg 图层。

【任务二：绘制遮罩】

步骤 02：绘制遮罩。在工具箱中单击 ✎（钢笔工具），在【合成预览】窗口中绘制如图 6.48 所示的闭合遮罩路径。在【替换背景】合成中的效果如图 6.49 所示。

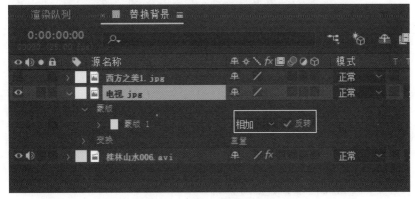

图 6.48　闭合蒙版的效果

图 6.49　绘制闭合遮罩路径

视频播放： 具体介绍，请观看配套视频"任务二：绘制遮罩.wmv"。

【任务三：调整
画面的视角】

任务三：调整画面的视角

步骤 01： 选择图层。在【替换背景】合成中单选 桂林山水006.avi 图层。

步骤 02： 调整画面的视角。在菜单栏中单击【效果（T）】→【扭曲】→【边角定位】命令，完成【边角定位】效果的添加。

步骤 03： 调整【边角定位】效果参数，【边角定位】效果参数的具体调整如图 6.50 所示，在【合成预览】窗口中的截图效果，如图 6.51 所示。

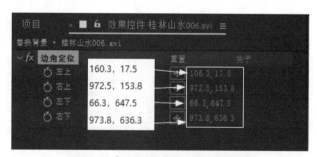

图 6.50　【边角定位】效果参数调整

图 6.51　在【合成预览】窗口中的截图效果一

视频播放： 具体介绍，请观看配套视频"任务三：调整画面的视角.wmv"。

【任务四：对前
景进行抠像】

任务四：对前景进行抠像

步骤 01： 在【替换背景】合成中单选 西方之美1.jpg 图层。

步骤 02： 添加【曲线】效果。在菜单栏中单击【效果（T）】→【颜色校正】→【曲线】效果，完成【曲线】效果的添加。

步骤 03：调整【曲线】效果的参数。【曲线】效果参数的具体调整如图 6.52 所示，在【合成预览】窗口中的截图效果，如图 6.53 所示。

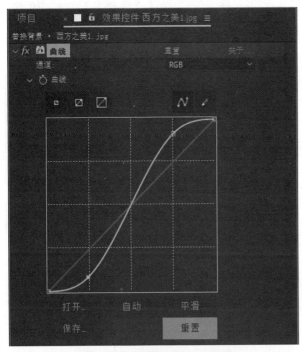

图 6.52　【曲线】效果参数调整

图 6.53　在【合成预览】窗口中的截图效果二

步骤 04：添加【颜色范围】效果，在菜单栏中单击【效果（T）】→【抠像】→【颜色范围】命令，完成【颜色范围】效果的添加。

步骤 05：调整【颜色范围】效果参数，【颜色范围】效果参数的具体调整如图 6.54 所示，在【合成预览】窗口中的截图效果，如图 6.55 所示。

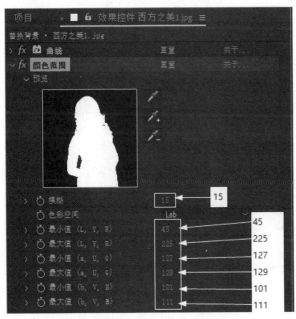

图 6.54　【颜色范围】效果参数调整

图 6.55　在【合成预览】窗口中的截图效果三

　　步骤 06： 添加【遮罩阻塞工具】效果。在菜单栏中单击【效果（T）】→【遮罩】→【遮罩阻塞工具】命令，完成【遮罩阻塞工具】的添加。

　　步骤 07： 调整【遮罩阻塞工具】效果参数，具体调整如图 6.56 所示，在【合成预览】窗口中的截图效果，如图 6.57 所示。

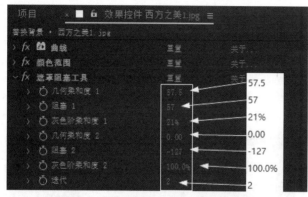

图 6.56　【遮罩阻塞工具】效果参数调整　　　　图 6.57　在【合成预览】窗口中的截图效果四

　　视频播放： 具体介绍，请观看配套视频"任务四：对前景进行抠像.wmv"。

【任务五：画面色彩匹配】

任务五：画面色彩匹配

1. 添加【颜色链接】效果

　　画面色彩匹配主要通过【颜色链接】效果来完成。

　　步骤 01： 选择图层。在【替换背景】合成中单选 西方之美1.jpg 图层。

　　步骤 02： 添加【颜色链接】效果。在菜单栏中单击【效果（T）】→【颜色校正】→【颜色链接】命令，完成【颜色链接】效果的添加。

　　步骤 03： 调整【颜色链接】效果参数，【颜色链接】效果参数的具体调整如图 6.58 所示，在【合成预览】窗口中的截图效果，如图 6.59 所示。

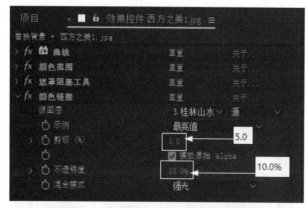

图 6.58　【颜色链接】效果参数调整一　　　　图 6.59　在【合成预览】窗口中的截图效果五

　　步骤 04： 选择图层。在【替换背景】合成中单选 电视.jpg 图层。

　　步骤 05： 添加【颜色链接】效果。在菜单栏中单击【效果（T）】→【颜色校正】→【颜色链接】命令，完成【颜色链接】效果的添加。

　　步骤 06： 调整【颜色链接】效果参数，【颜色链接】效果参数的具体调整如图 6.60 所示，在【合成预览】窗口中的截图效果，如图 6.61 所示。

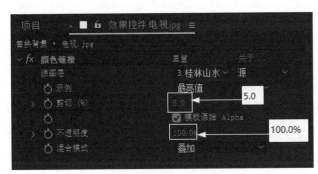 

图 6.60 【颜色链接】效果参数调整— 　　图 6.61　在【合成预览】窗口中的截图效果六

2.【颜色链接】效果参数介绍

（1）【源图层】：主要用来设置需要颜色匹配的图层。

（2）【示例】：主要用来选取颜色取样点的调整方式。

（3）【剪切（%）】：主要用来设置剪切百分比数值。

（4）【模板原始 Alpha】：主要用来设置原稿的透明模板或类似透明区域。

（5）【不透明度】：主要用来调整效果的透明程度。

（6）【混合模式】：主要用来设置效果的混合模式。

视频播放：具体介绍，请观看配套视频"任务五：画面色彩匹配.wmv"。

七、拓展训练

根据所学知识和提供的素材进行抠像合成，最终画面截图效果如图所示。

【案例 5：拓展训练】

学习笔记：

学习笔记：

学习笔记：

第7章

创建三维空间

知识点

案例1：制作空间环绕效果
案例2：制作人物长廊
案例3：创建三维空间中的运动文字效果
案例4：制作旋转的立方体效果

说明

本章主要通过4个案例的介绍，全面讲解创建三维空间效果的原理和方法。

教学建议课时数

一般情况下需要6课时，其中理论讲解2课时，实际操作4课时（特殊情况可做相应调整）。

思维导图

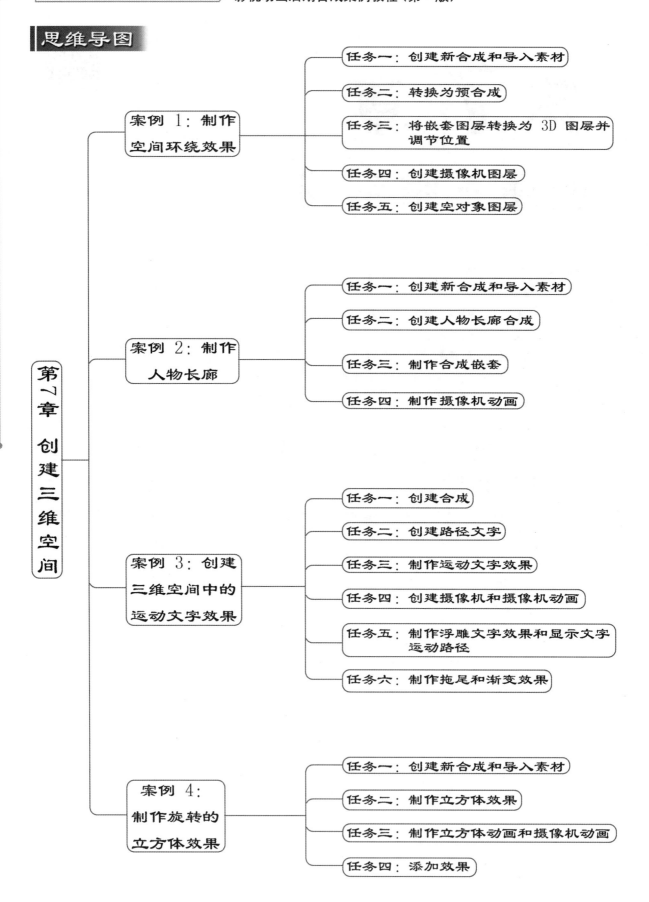

第7章 创建三维空间

案例 1：制作空间环绕效果
任务一：创建新合成和导入素材
任务二：转换为预合成
任务三：将嵌套图层转换为 3D 图层并调节位置
任务四：创建摄像机图层
任务五：创建空对象图层

案例 2：制作人物长廊
任务一：创建新合成和导入素材
任务二：创建人物长廊合成
任务三：制作合成嵌套
任务四：制作摄像机动画

案例 3：创建三维空间中的运动文字效果
任务一：创建合成
任务二：创建路径文字
任务三：制作运动文字效果
任务四：创建摄像机和摄像机动画
任务五：制作浮雕文字效果和显示文字运动路径
任务六：制作拖尾和渐变效果

案例 4：制作旋转的立方体效果
任务一：创建新合成和导入素材
任务二：制作立方体效果
任务三：制作立方体动画和摄像机动画
任务四：添加效果

在本章中主要通过 4 个案例全面介绍三维空间的创建原理和方法。在 After Effects CC 2019 中普通图层都可以转换为 3D 图层，转换之后的图层具有透视深度属性，通过使用摄影机或灯光等技术创建三维空间运动，增强作品强烈的视觉冲击力。

【案例 1 简介】

案例 1：制作空间环绕效果

一、案例内容简介

本案例主要介绍使用摄像机图层、3D 图层和空对象图层来实现空间环绕效果的制作。

二、案例效果欣赏

三、案例制作（步骤）流程

任务一：创建新合成和导入素材➡任务二：转换为预合成➡任务三：将嵌套图层转换为 3D 图层并调节位置➡任务四：创建摄像机图层➡任务五：创建空对象图层

四、制作目的

（1）了解空间环绕效果制作的原理；

（2）掌握摄像机图层的创建，参数的作用和调整；

（3）掌握空对象图层的作用和使用方法。

五、制作过程中需要解决的问题

（1）3D 图层的工作原理；

（2）3D 图层的参数调整；

（3）摄像机图层的相关操作；

（4）视听语言中的相关基础知识。

六、详细操作步骤

空间环绕效果的制作思路是：制作 4 个图像合成，对合成进行嵌套，再将嵌套合成转换为 3D 图层，对转换的 3D 图层进行位置和旋转操作，使用摄像机创建透视的三维空间，再通过调整层的父子关系进行统一的位移和旋转等操作。

【任务一：创建新合成和导入素材】

任务一：创建新合成和导入素材

1. 创建新合成

步骤 01： 启动 After Effects CC 2019。

步骤 02： 创建新合成。在菜单栏中单击【合成（C）】→【新建合成（C）…】命令，弹出【合成设置】对话框，在该对话框中，合成名称为"制作空间环绕效果"，尺寸为"1280px×720px"，持续时间为"10 秒"，其他参数为默认设置。

步骤 03： 设置完参数，单击【确定】按钮完成合成创建。

2. 导入素材

步骤 01： 在【项目】窗口的空白处单击右键，弹出快捷菜单，在弹出的快捷菜单中单击【导入】→【文件…】命令，弹出【导入文件】对话框，在【导入文件】对话框选择需要导入的图片素材，如图 7.1 所示。

图 7.1　选择需要导入的图片素材

步骤 02： 单击【导入】按钮即可将选择的素材导入【项目】窗口中。

步骤 03： 将"图片 01.jpg"至"图片 08.jpg"的素材拖拽到【制作空间环绕效果】合成中，如图 7.2 所示。

步骤 04： 通过调整图层的"变换"属性的"位置"参数，调节图片在【合成预览】窗口中的位置，最终调整之后的效果，如图 7.3 所示。

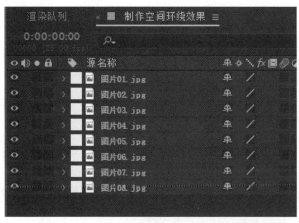

图 7.2　在【制作空间环绕效果】合成中的图层

图 7.3　在【合成预览】窗口中的效果一

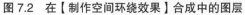

视频播放：具体介绍，请观看配套视频"任务一：创建新合成和导入素材.wmv"。

任务二：转换为预合成

步骤 01： 在【制作空间环绕效果】合成中框选所有图层。

步骤 02： 在菜单栏中单击【图层（L）】→【预合成（P）…】命令（或按"Ctrl+Shift+C"组合键）→弹出【预合成】对话框，具体设置如图 7.4 所示。

【任务二：转换为预合成】

步骤 03： 设置完参数之后，单击【确定】按钮完成【预合成】的创建，如图 7.5 所示。

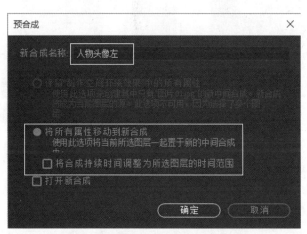

图 7.4　【预合成】对话框参数设置

图 7.5　创建的【人物头像左】预合成

步骤 04： 方法同上，继续创建【人物头像右】【人物头像前】和【人物头像后】3 个预合成，如图 7.6 所示。

图 7.6　最终的 4 个预合成嵌套图层

视频播放：具体介绍，请观看配套视频"任务二：转换为预合成.wmv"。

【任务三：将嵌套
图层转换为3D图
层并调节位置】

任务三：将嵌套图层转换为3D图层并调节位置

步骤01：将【制作空间环绕效果】合成中的嵌套图层转换为3D图层，如图7.7所示。

步骤02：将【合成预览】窗口切换为4视图显示。单击【合成预览】下方的 ✓（选择视图布局）按钮，弹出下拉菜单，在弹出的下拉菜单中单击【4个视图-左侧】项，将【合成预览】窗口切换为4视图显示，如图7.8所示。

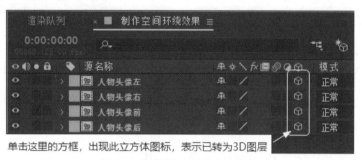

图 7.7　转换为3D图层的效果

图 7.8　4视图显示效果

步骤03：在【制作空间环绕效果】窗口中设置嵌套图层参数，具体设置如图7.9所示，在【合成预览】窗口中的效果，如图7.10所示。

提示：在【合成预览】窗口中框选所有图层，按键盘上的"P"键，则显示所有图层的"位置"属性，再按住"Shift+R"键，则显示图层的"位置"和"旋转"属性。如果按"S"键，则显示图层的"缩放"属性。如果再按已经显示的属性的字母，则全部收起。

视频播放：具体介绍，请观看配套视频"任务三：将嵌套图层转换为3D图层并调节位置.wmv"。

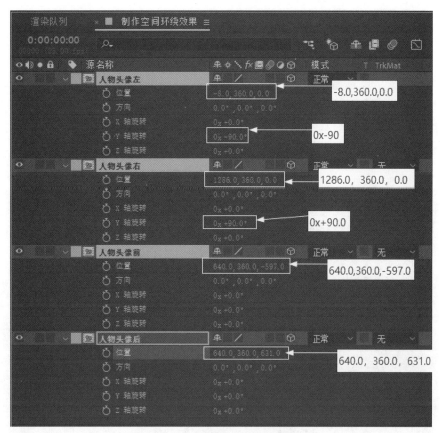

图 7.9　嵌套图层的参数设置

图 7.10　在【合成预览】窗口中的效果二

【任务四：创建
摄像机图层】

任务四：创建摄像机图层

步骤 01：在【制作空间环绕效果】合成中的空白处，单击鼠标右键，弹出快捷菜单，在弹出的快捷菜单中单击【新建】→【摄像机（C）…】命令，弹出【摄像机设置】对话框，如图 7.11 所示。

步骤 02：【摄像机设置】对话框参数采用默认设置，单击【确定】按钮，完成摄像机图层的创建。

步骤 03：在【制作空间环绕效果】窗口中，设置摄像机图层的参数，具体设置如图 7.12 所示。在【预览合成】窗口中的效果，如图 7.13 所示。

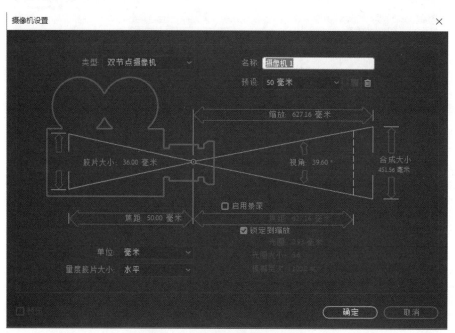

图 7.11 【摄像机设置】对话框

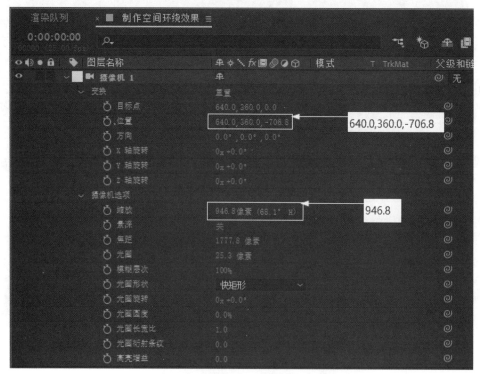

图 7.12 "摄像机 1"图层参数设置

图 7.13　在【合成预览】窗口中的效果三

视频播放：具体介绍，请观看配套视频"任务四：创建摄像机图层.wmv"。

任务五：创建空对象图层

创建空对象图层的目的是通过空对象图层来控制所有嵌套图层的旋转运动。

步骤 01：创建空对象图层。在【制作空间环绕效果】合成的空白处单击鼠标右键，弹出快捷菜单，在弹出的快捷菜单中单击【新建】→【空对象（N）】命令，完成空对象图层的创建，如图 7.14 所示。

【任务五：创建空对象图层】

图 7.14　创建的"空对象 1"图层

步骤 02：将其他 4 个嵌套图层设置为 空对象1 图层的子图层。如图 7.15 所示。

步骤 03：将 （时间指针）移到第 0 秒 0 帧的位置。给 空对象1 图层的旋转属性设置关键帧，如图 7.16 所示。

步骤 04：将 （时间指针）移到第 9 秒 24 帧的位置。设置 空对象1 的旋转属性，具体设置如图 7.17 所示。

步骤 05：将【预览合成】窗口切换为单视图显示，单击【合成预览】下方的 （选择视图布局）按钮，弹出下拉菜单，在弹出的下拉菜单中单击【1 个视图】项，将【合成预览】窗口切换为 1 视图显示，在【合成预览】窗口中的效果，如图 7.18 所示。

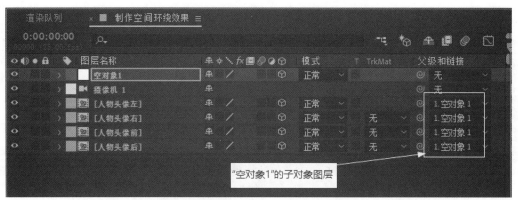

图 7.15 设置"空对象 1"的子图层

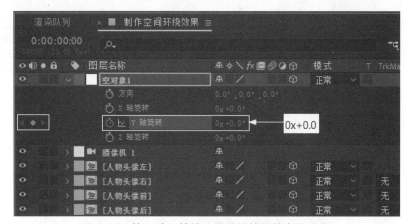

图 7.16 第 0 秒 0 帧的位置的旋转属性参数设置

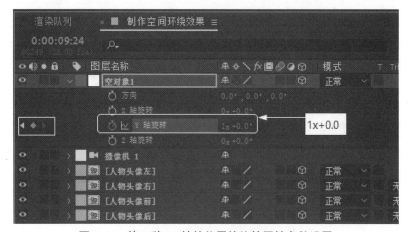

图 7.17 第 9 秒 24 帧的位置的旋转属性参数设置

图 7.18 在【合成预览】窗口中的效果四

视频播放：具体介绍，请观看配套视频"任务五：创建'空对象'图层.wmv"。

【案例 1：拓展训练】

七、拓展训练

根据所学知识和提供的素材进行合成，最终画面截图效果如下图所示。

学习笔记：

案例 2：制作人物长廊

【案例2 简介】

一、案例内容简介

本案例主要介绍使用多个摄像机图层多视角控制显示、3D 图层、空对象图层和合成嵌套等技术来实现人物长廊效果的制作。

二、案例效果欣赏

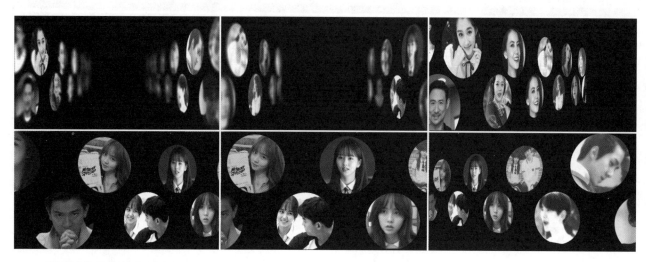

三、案例制作（步骤）流程

任务一：创建新合成和导入素材➡任务二：创建人物长廊合成➡任务三：制作合成嵌套➡任务四：制作摄像机动画

四、制作目的

（1）了解人物长廊效果制作的原理；
（2）掌握多摄像机之间的相互转场的原理、方法和技巧；
（3）掌握嵌套图层的原理和基本规则。

五、制作过程中需要解决的问题

（1）摄像机的工作原理；
（2）摄像机中基本参数的作用和调整方法；
（3）嵌套的原理和注意事项；
（4）视听语言中的景别和镜头的相关知识。

六、详细操作步骤

人物长廊的制作思路是：将大量人物图片在三维空间中排列为一条长廊，然后通过摄像机图层的位置改变来模拟摄像机在人物长廊中的穿行的效果。

在本案例中还使用多个摄像机和视角切换的方法、标尺和参考线。

任务一：创建新合成和导入素材

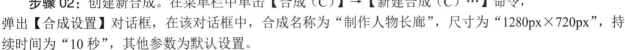
【任务一：创建新
合成和导入素材】

1. 创建新合成

步骤 01： 启动 After Effects CC 2019。

步骤 02： 创建新合成。在菜单栏中单击【合成（C）】→【新建合成（C）…】命令，弹出【合成设置】对话框，在该对话框中，合成名称为"制作人物长廊"，尺寸为"1280px×720px"，持续时间为"10 秒"，其他参数为默认设置。

步骤 03： 设置完参数，单击【确定】按钮完成合成创建。

2. 导入素材

步骤 01： 在【项目】窗口的空白处单击右键，弹出快捷菜单，在弹出的快捷菜单中单击【导入】→【文件…】命令，弹出【导入文件】对话框，在【导入文件】对话框选择需要导入的图片素材，如图 7.19 所示。

步骤 02： 单击【导入】按钮，弹出【圆形头像 .psd】对话框，具体设置如图 7.20 所示。

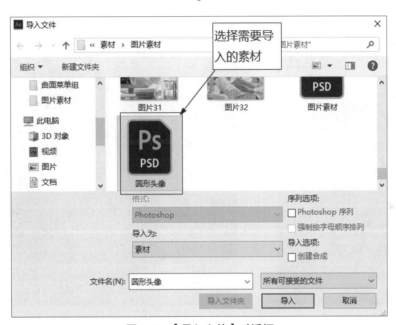

图 7.19 【导入文件】对话框

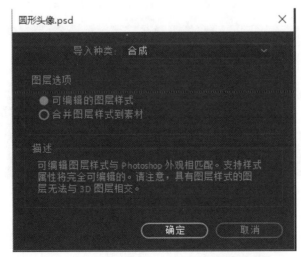

图 7.20 【圆形头像 .psd】对话框参数设置

步骤 03：单击【确定】按钮即可将选择的 ".psd" 文件导入【项目】文件中，如图 7.21 所示。

视频播放：具体介绍，请观看配套视频"任务一：创建新合成和导入素材.wmv"。

【任务二：创建
人物长廊合成】

任务二：创建人物长廊合成

步骤 01：在菜单栏中单击【合成（C）】→【新建合成（C）…】命令，弹出【合成设置】对话框，在该对话框中，合成名称为"人物长廊 01"，尺寸为"3000px×720px"，持续时间为"10 秒"，其他参数为默认设置。

步骤 02：设置完参数，单击【确定】按钮完成合成创建。

步骤 03：将素材拖拽到【人物长廊 01】合成中，如图 7.22 所示。

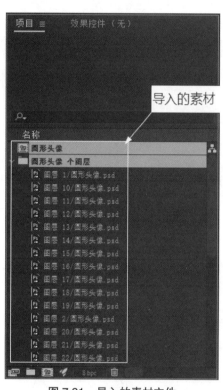

图 7.21　导入的素材文件

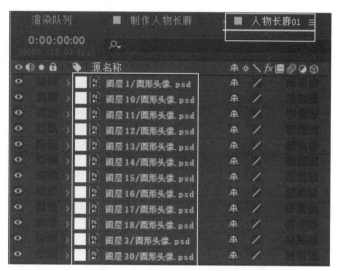

图 7.22　在【人物长廊 01】中合成设置

步骤 04：在【合成预览】窗口中调节图片的排布，最终效果如图 7.23 所示。

图 7.23　图片的排布效果一

步骤 05：方法同上，创建一个【人物长廊 02】，尺寸为"3000px×720px"，持续时间为"10 秒"，其他参数为默认设置。将素材拖拽到【合成预览】窗口中并排布好，最终效果如图 7.24 所示。

图 7.24　图片的排布效果二

视频播放：具体介绍，请观看配套视频"任务二：创建人物长廊合成.wmv"。

任务三：制作合成嵌套

制作合成嵌套的方法是将"任务二"中制作的合成拖拽到【制作人物长廊】合成中，通过将嵌套的合成图层转换为 3D 图层和摄像机来实现。

【任务三：制作合成嵌套】

步骤 01：将【人物长廊 01】和【人物长廊 02】合成拖拽到【制作人物长廊】中，如图 7.25 所示，在【合成预览】中效果如图 7.26 所示。

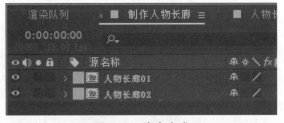

图 7.25　嵌套合成

图 7.26　4 视图显示的【合成预览】窗口的效果

步骤 02：将【制作人物长廊】合成中的嵌套图层转换为 3D 图层，并调整好参数，具体参数调整如图 7.27 所示。在【合成预览】窗口中的效果，如图 7.28 所示。

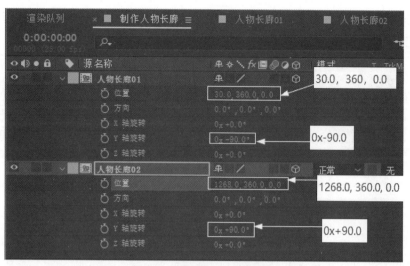

图 7.27　嵌套合成的参数调整

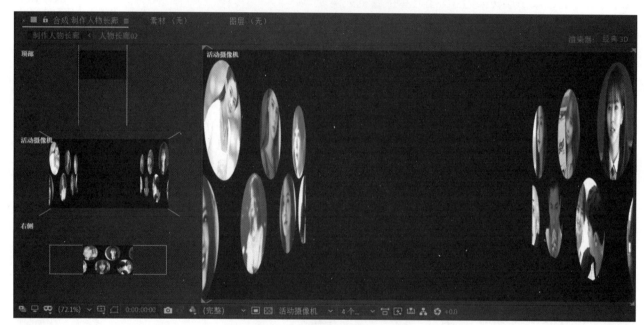

图 7.28　在【合成预览】窗口的效果一

提示： 在【制作人物长廊】合成中，框选需要展开的图层，按键盘上的"P"键，显示框选图层的位置参数，在按住"Shift"键的同时，按键盘上的"R"键，加选框选图层的旋转参数。如果不按"Shift"键，直接按键盘上的"R"键，切换到旋转参数显示；按"S"键，显示框选图层的缩放参数。

视频播放： 具体介绍，请观看配套视频"任务三：制作合成嵌套.wmv"。

【任务四：制作
摄像机动画】

任务四：制作摄像机动画

在本任务中主要通过 3 个摄像机的切换来实现人物长廊效果。

1. 制作"摄像机 1"

步骤 01： 在【制作人物长廊】合成中单击鼠标右键，弹出快捷菜单，在弹出的快捷菜单中单击【新建】→【摄像机（C）…】命令，弹出【摄像机设置】对话框，在该对话框中采用默认设置，单击【确定】按钮，完成"摄像机 1"的创建。

步骤 02：将🔲（时间指针）移到第 0 秒 0 帧的位置，调节"摄像机 1"的参数，并给"目标点"和"位置"参数添加关键帧，具体调整如图 7.29 所示，在【合成预览】窗口中的效果，如图 7.30 所示。

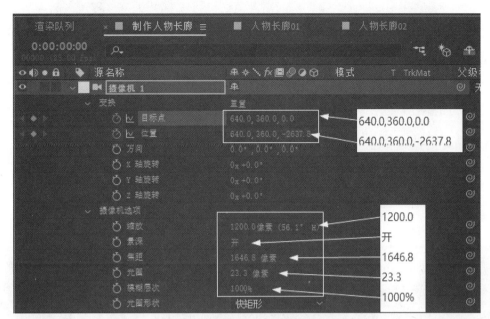

图 7.29　"摄像机 1"的参数设置

图 7.30　在【合成预览】窗口的效果二

步骤 03：将🔲（时间指针）移到第 3 秒 0 帧的位置，继续调整"摄像机 1"的参数，具体调整如图 7.31 所示，在【合成预览】中效果如图 7.32 所示。

2. 制作"摄像机 2"动画

步骤 01：方法同上，创建"摄像机 2"，将🔲（时间指针）移到第 3 秒 0 帧的位置，将摄像机的开始位置设置到第 3 秒 0 帧的位置设置参数并添加关键帧，具体设置如图 7.33 所示。

步骤 02：调整参数后，在【合成预览】窗口中的效果，如图 7.34 所示。

步骤 03：将🔲（时间指针）移到第 5 秒 0 帧的位置，设置"摄像机 2"的参数，如图 7.35 所示。在【合成预览】窗口的效果，如图 7.36 所示。

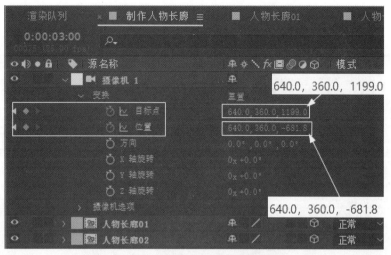

图 7.31 "摄像机 1"的参数设置

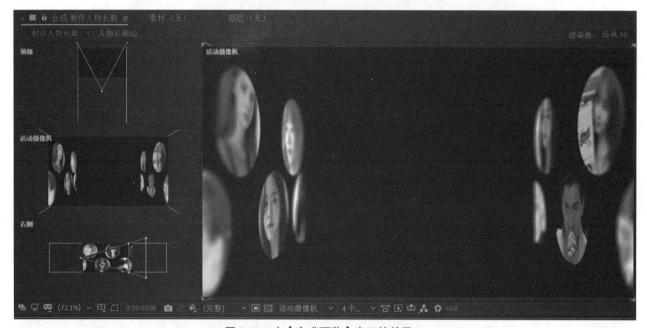

图 7.32 在【合成预览】窗口的效果三

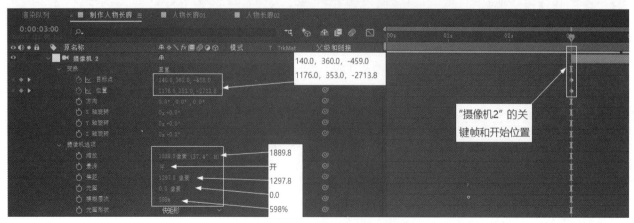

图 7.33 "摄像机 2"的开始位置和参数设置

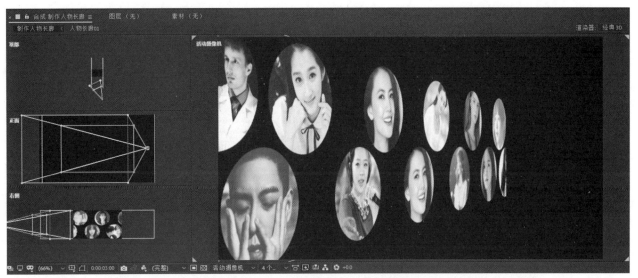

图 7.34　在【合成预览】窗口的效果四

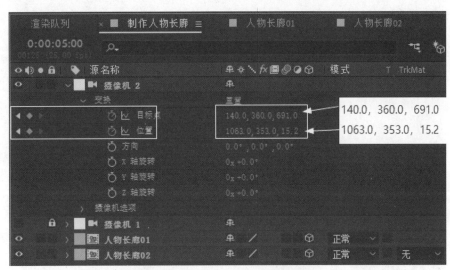

图 7.35　"摄像机 2"的参数设置

图 7.36　在【合成预览】窗口的效果五

3. 制作"摄像机 3"动画

步骤 01：方法同上，创建"摄像机 3"，将 ▣（时间指针）移到第 5 秒 0 帧的位置，将摄像机的开始位置拖到第 5 秒 0 帧的位置设置参数并添加关键帧，具体设置如图 7.37 所示。

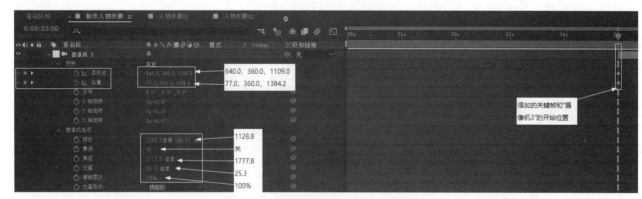

图 7.37　摄像机的开始位置和参数设置

步骤 02：调整参数后，在【合成预览】窗口中的效果，如图 7.38 所示。

图 7.38　在【合成预览】窗口的效果六

步骤 03：将 ▽（时间指针）移到第 7 秒 0 帧的位置，设置"摄像机 3"的参数，如图 7.39 所示。在【合成预览】窗口中的效果，如图 7.40 所示。

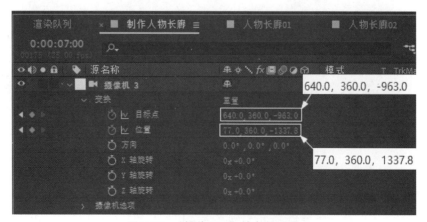

图 7.39　"摄像机 3"的参数设置

图 7.40　在【合成预览】窗口的效果比

步骤 04：将 4 视图预览方式切换为 1 视图显示方式，完成摄像机动画的制作，在【合成预览】窗口中的截图效果，如图 7.41 所示。

图 7.41　在【合成预览】窗口中的截图效果

视频播放：具体介绍，请观看配套视频"任务四：制作摄像机动画.wmv"。

七、拓展训练

根据所学知识和提供的素材进行合成，最终画面截图效果如图所示。

【案例 2：拓展训练】

学习笔记：

案例 3：创建三维空间中的运动文字效果

一、案例内容简介

本案例主要介绍使用摄像机图层、3D 图层、描边效果、路径文字和添加文字动画属性以及设置文字动画属性来实现三维空间中的运动文字效果。

二、案例效果欣赏

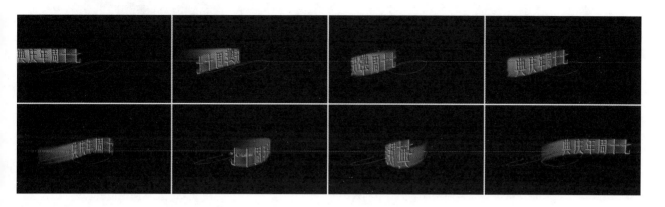

三、案例制作（步骤）流程

任务一：创建合成➡任务二：创建路径文字➡任务三：制作运动文字效果➡任务四：创建摄像机和摄像机动画➡任务五：制作浮雕文字效果和显示文字运动路径➡任务六：制作拖尾和渐变效果

四、制作目的

（1）理解三维空间中的运动文字效果制作的原理；

（2）掌握三维空间中的运动文字效果制作的方法和技巧；

（3）掌握"描边"效果的作用、参数调整和使用方法。

五、制作过程中需要解决的问题

（1）理解路径文字的概念；

（2）文字动画属性的添加、使用规则和参数调整；

（3）描边路径的作用和技巧；

（4）理解 3D 图层的空间坐标轴。

六、详细操作步骤

在 After Effects CC 2019 中，用户可以使用三维文字的功能，在三维空间中对文字进行自由移动和旋转等操作。在本案例中主要介绍利用三维文字的功能制作在三维空间中运动的文字效果。

任务一：创建合成

步骤 01：启动 After Effects CC 2019。

步骤 02：创建新合成。在菜单栏中单击【合成（C）】→【新建合成（C）…】命令，弹出【合成设置】对话框，在该对话框中，合成名称为"创建三维空间中的运动文字效果"，尺寸为"1280px×720px"，持续时间为"10 秒"，其他参数为默认设置。

【任务一：创建合成】

步骤 03：设置完参数，单击【确定】按钮完成合成创建。

视频播放：具体介绍，请观看配套视频"任务一：创建合成.wmv"。

任务二：创建路径文字

步骤 01：在工具箱中单击 **T**（横排文字工具），在【合成预览】窗口中输入文字，如图 7.42 所示。文字属性设置如图 7.43 所示。

【任务二：创建路径文字】

图 7.42　在【合成预览】窗口中的效果一

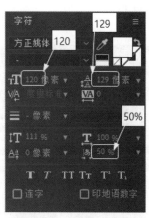

图 7.43　文字属性设置

步骤 02：在【创建三维空间中的运动文字效果】合成中单击 典庆年周十七 图层，在工具箱中单击 （钢笔工具），在【合成预览】窗口中绘制路径，绘制路径效果如图 7.44 所示，设置文字路径如图 7.45 所示。

图 7.44　绘制路径效果

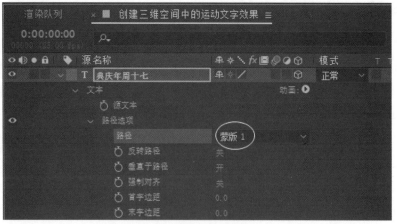

图 7.45　设置文字路径

步骤 03：设置文字路径之后，在【合成预览】窗口中的效果，如图 7.46 所示。

步骤 04：在 典庆年周十七 中单击【动画】右边的 图标，弹出快捷菜单，在弹出的快捷菜单中单击【启用逐字 3D 化】命令，将文字转换为 3D 图层。

步骤 05：再单击【动画】右边的 图标，弹出快捷菜单，在弹出的快捷菜单中单击【旋转】命令，调节 典庆年周十七 图层的参数，具体调整如图 7.47 所示。

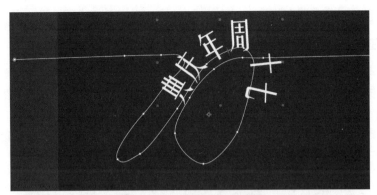

图 7.46　文字路径文字效果

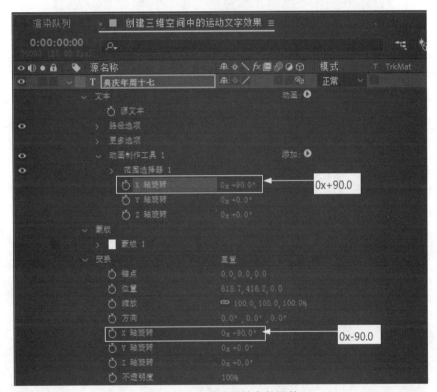

图 7.47　文字图层的参数调整

步骤 06：调整参数后，将【合成预览】窗口调整为 4 视图方式显示，效果如图 7.48 所示。

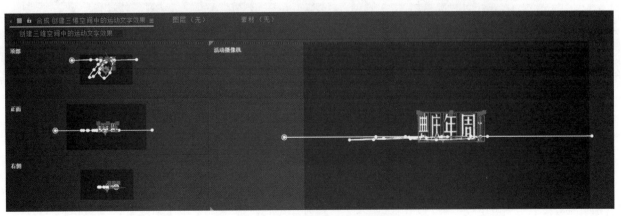

图 7.48　4 视图方式显示效果

视频播放： 具体介绍，请观看配套视频"任务二：创建路径文字.wmv"。

【任务三：制作
运动文字效果】

任务三：制作运动文字效果

运动文字效果主要通过修改文字图层中的"首字边距"参数来实现。

步骤 01： 将🔲（时间指针）移到第 0 秒 0 帧的位置，调整文字图层的"路径选项"中的参数并设置关键帧，具体设置如图 7.49 所示。

步骤 02： 将🔲（时间指针）移到第 9 秒 24 帧的位置，将"首字边距"的参数设置为"–2000.0"，文字在【合成预览】窗口中的效果，如图 7.50 所示。

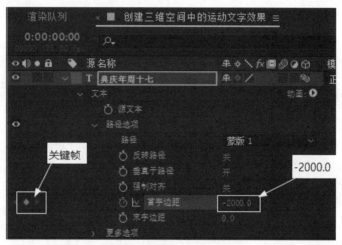

图 7.49　文本参数调整

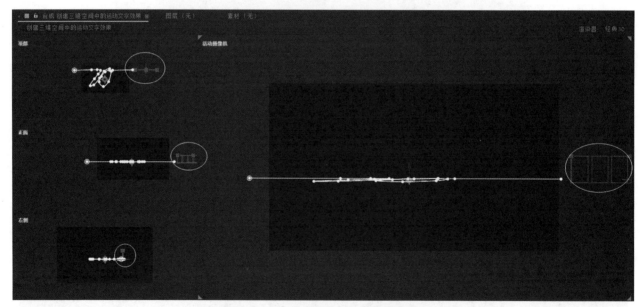

图 7.50　在【合成预览】窗口中的效果二

视频播放： 具体介绍，请观看配套视频"任务三：制作运动文字效果.wmv"。

【任务四：创建摄像
机和摄像机动画】

任务四：创建摄像机和摄像机动画

步骤 01： 创建摄像机。在【创建三维动画中的运动文字效果】合成窗口的空白处，单击鼠标右键，弹出快捷菜单，在弹出的快捷菜单中单击【新建】→【摄像机（C）…】

命令，弹出【摄像机设置】对话框，该对话框采用默认设置→【确定】完成摄像机的创建。

　　步骤 02：调整摄像机图层的参数。将 （时间指针）移到第 0 秒 0 帧的位置，设置 摄像机 1 图层的参数，具体设置如图 7.51 所示。在【合成预览】窗口中的效果，如图 7.52 所示。

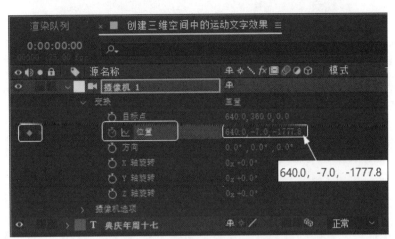

图 7.51　【摄像机 1】图层参数设置

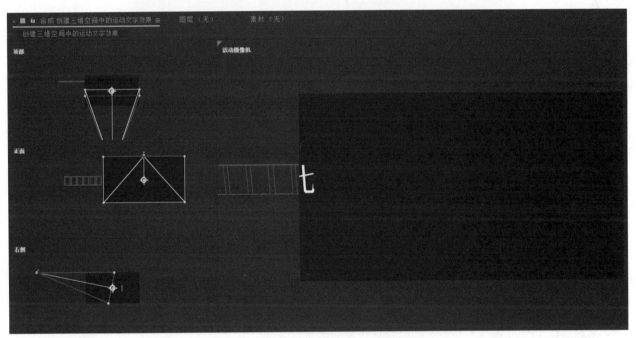

图 7.52　在【合成预览】窗口中的效果三

　　步骤 03：继续调整摄像机图层的参数。将（时间指针）移到第 9 秒 24 帧的位置，将 摄像机 1 图层中的"位置"参数设置为"640.0，−7.0，−1777.8"，此时，系统给该参数自动添加一个关键帧，完成摄像机动画的制作。

　　视频播放：具体介绍，请观看配套视频"任务四：创建摄像机和摄像机动画.wmv"。

任务五：制作浮雕文字效果和显示文字运动路径

　　文字的浮雕效果和显示文字运动路径主要通过 After Effects CC 2019 自带的【浮雕】和【描边】效果来实现。

　　步骤 01：复制图层。在【创建三维空间中的运动文字效果】合成窗口中单击 典庆年周十七 图层，按"Ctrl+D"组合键，完成图层的复制。

【任务五：制作浮雕文字效果和显示文字运动路径】

步骤02：将复制的图层重命名，单选复制的图层，将名称重命名为"浮雕渐变运动文字"，如图7.53所示。

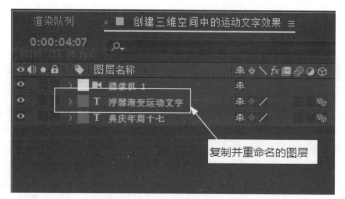

图7.53　复制并重命名的图层

步骤03：添加【描边】效果。在菜单栏中单击【效果（T）】→【生成】→【描边】命令，完成【描边】效果的添加。

步骤04：设置【描边】效果的参数，具体设置如图7.54所示。在【合成预览】窗口中的效果，如图7.55所示。

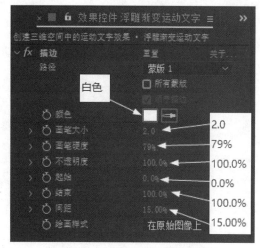

图7.54　【描边】效果参数设置

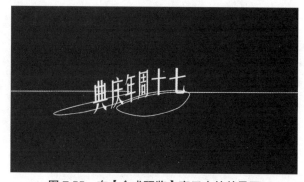

图7.55　在【合成预览】窗口中的效果四

步骤05：添加【浮雕】效果。在菜单栏中单击【效果（T）】→【风格化】→【浮雕】命令，完成【浮雕】效果的添加。

步骤06：设置【浮雕】效果参数，具体设置如图7.56所示。在【合成预览】窗口中的效果，如图7.57所示。

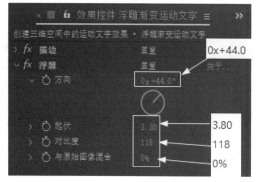

图7.56　【浮雕】效果参数设置

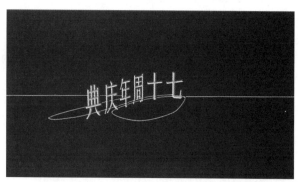

图7.57　在【合成预览】窗口中的效果五

视频播放： 具体介绍，请观看配套视频"任务五：制作浮雕文字效果和显示文字运动路径.wmv"。

任务六：制作拖尾和渐变效果

【任务六：制作拖尾和渐变效果】

拖尾和渐变效果主要通过 After Effects CC 2019 自带的【残影】和【四色渐变】效果来实现。

步骤 01： 选择图层。在【创建三维空间中的运动文字效果】合成窗口中单击 典庆年周十七图层即可选择该图层。

步骤 02： 添加【残影】效果。在菜单栏中单击【效果（T）】→【时间】→【残影】命令，完成【残影】效果的添加。

步骤 03： 设置【残影】效果参数，具体设置如图 7.58 所示，在【合成预览】窗口中的截图效果，如图 7.59 所示。

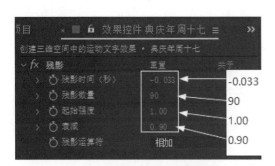

图 7.58　【残影】效果参数设置

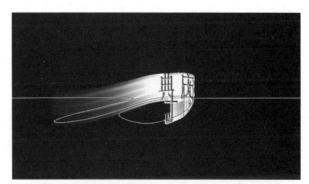

图 7.59　在【合成预览】窗口中的截图效果一

步骤 04： 添加【四色渐变】效果。在菜单栏中单击【效果（T）】→【生成】→【四色渐变】命令，完成【四色渐变】效果的添加，参数采用默认设置。

步骤 05： 添加【高斯模糊】效果。在菜单栏中单击【效果（T）】→【模糊和锐化】→【高斯模糊】命令，完成【高斯模糊】效果的添加。

步骤 06： 设置【高斯模糊】效果的参数，具体设置如图 7.60 所示，在【合成预览】窗口中的截图效果，如图 7.61 所示。

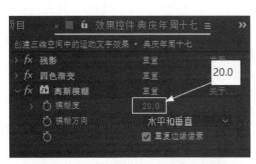

图 7.60　【高斯模糊】效果参数设置

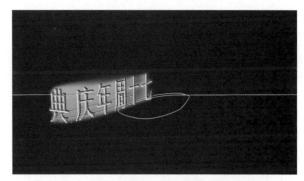

图 7.61　在【合成预览】窗口中的截图效果二

视频播放： 具体介绍，请观看配套视频"任务六：制作拖尾和渐变效果.wmv"。

七、拓展训练

根据所学知识制作三维空间中的运动文字效果，最终画面截图效果如图所示。

【案例 3：拓展训练】

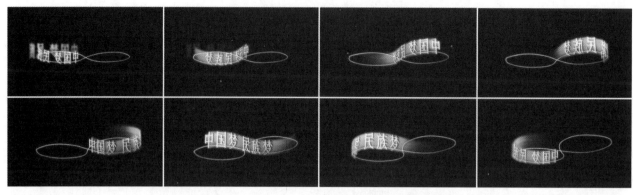

学习笔记：

案例 4：制作旋转的立方体效果

【案例 4　简介】

一、案例内容简介

本案例主要介绍使用摄像机图层、3D 图层和空对象图层来实现旋转的立方体效果。

二、案例效果欣赏

三、案例制作（步骤）流程

　　任务一：创建新合成和导入素材➡任务二：制作立方体效果➡任务三：制作立方体动画和摄像机动画➡任务四：添加效果

四、制作目的

（1）了解旋转的立方体效果制作的原理；
（2）掌握空对象图层的作用和使用方法；
（3）掌握三维图层参数调整；
（4）掌握图层的父子关系的控制方法和技巧。

五、制作过程中需要解决的问题

（1）摄像机图层的参数调整；
（2）旋转立方体效果的技巧；
（3）效果添加和参数调整；
（4）摄像机动画制作。

六、详细操作步骤

在 After Effects CC 2019 中，可以将图片转换为三维图层来制作立方体三维旋转效果。

任务一：创建新合成和导入素材

1. 创建新合成

步骤 01：启动 After Effects CC 2019。

步骤 02：创建新合成。在菜单栏中单击【合成（C）】→【新建合成（C）…】命令，弹出【合成设置】对话框，在该对话框中，合成名称为"制作旋转的立方体效果"，尺寸为"1280px×720px"，持续时间为"10 秒"，其他参数为默认设置。

步骤 03：设置完参数，单击【确定】按钮完成合成创建。

2. 导入素材

步骤 01：在【项目】窗口的空白处单击右键，弹出快捷菜单，在弹出的快捷菜单中单击【导入】→【文件…】命令，弹出【导入文件】对话框，在【导入文件】对话框选择需要导入的图片素材，如图 7.62 所示。

步骤 02：单击【导入】按钮，完成素材的导入，将导入的素材拖拽到【制作旋转的立方体效果】合成中，如图 7.63 所示。

图 7.62 【导入文件】对话框

图 7.63 在【制作旋转的立方体效果】中合成设置

任务二：制作立方体效果

【任务二：制作
立方体效果】

立方体效果的制作，主要通过调节"3D 图层"的位置和旋转参数来制作。

步骤 01：将【制作旋转的立方体效果】合成中的图层转换为 3D 图层，如图 7.64
所示。

步骤 02：将【合成预览】窗口切换为 4 视图的显示方式，如图 7.65 所示。

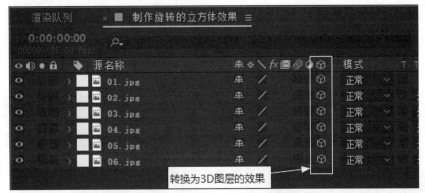

图 7.64 转换为 3D 图层的效果

图 7.65 4 视图显示的【合成预览】窗口

步骤 03：调节 3D 图层参数，制作立方体效果，各个图层参数的具体调节如图 7.66 所示，在【合成
预览】窗口中的效果，如图 7.67 所示。

图 7.66　转换 3D 图层的参数设置

图 7.67　在【合成预览】窗口中的效果一

【任务三：制作
立方体动画和摄
像机动画】

任务三：制作立方体动画和摄像机动画

　　立方体动画主要通过空对象图层和父子关系来实现。摄像机动画主要通过调节摄像机
图层中的位置来实现。

　　1. 制作立方体动画

　　步骤 01：创建空对象图层。在【制作旋转立方体动画效果】合成中的空白处，单击鼠标右键，弹出
快捷菜单，在弹出的快捷菜单中单击【新建】→【空对象（N）】命令完成空对象图层的创建。

　　步骤 02：将创建的"空 1"图层转换为 3D 图层，并设置其他图层的父子关系，如图 7.68 所示。

　　步骤 03：将■（时间指针）移到第 0 秒 0 帧的位置，设置"空 1"图层的参数和添加关键帧，具体设
置如图 7.69 所示。在【合成预览】窗口中的效果，如图 7.70 所示。

　　步骤 04：将■（时间指针）移到第 9 秒 24 帧的位置，设置"空 1"图层的参数并添加关键帧，具体
设置如图 7.71 所示。在【合成预览】窗口中的效果，如图 7.72 所示。

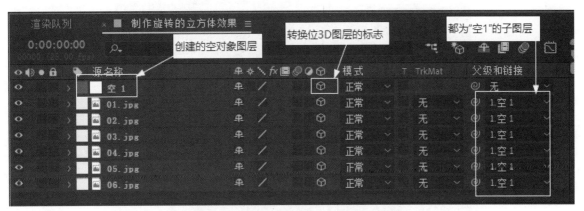

图 7.68　创建的空对象图层和父子关系设置

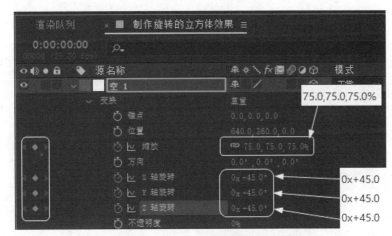

图 7.69　"空 1"对象图层参数设置

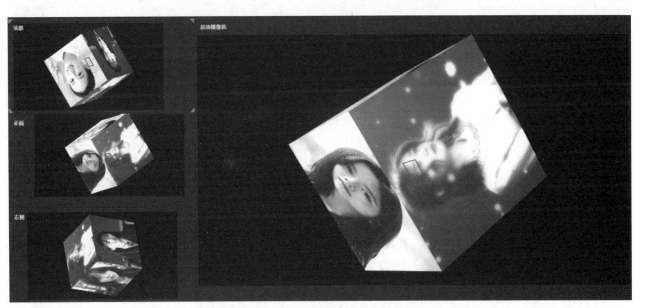

图 7.70　在【合成预览】窗口中的效果二

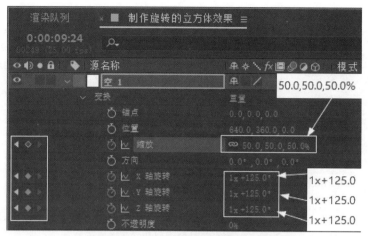

图 7.71　"空 1"对象图层参数设置

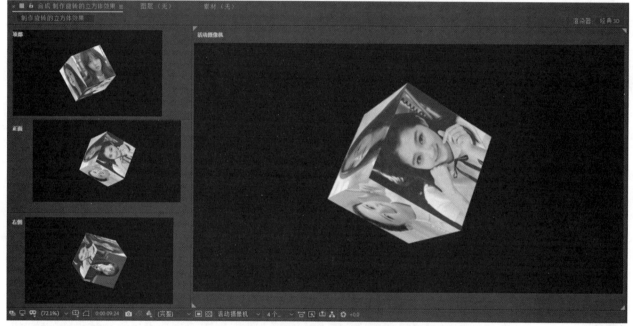

图 7.72　在【合成预览】窗口中的效果三

2. 制作摄像机动画

步骤 01：在【制作旋转的立方体效果】合成窗口的空白处，单击鼠标右键，弹出快捷菜单，在弹出的快捷菜单中单击【新建】→【摄像机（C）…】命令，弹出【摄像机设置】对话框，该对话框采用默认设置→【确定】完成摄像机的创建。

步骤 02：设置摄像机图层的参数。将 ▼（时间指针）移到第 0 秒 0 帧的位置，设置 ■■ 摄像机 1 图层的参数，具体调整如图 7.73 所示。在【合成预览】窗口中的效果，如图 7.74 所示。

步骤 03：继续设置 ■■ 摄像机 1 的参数，将 ▼（时间指针）移到第 2 秒 0 帧的位置，将 ■■ 摄像机 1 图层的"位置"参数设置为"–621.0，–276.0，–901.8"。

步骤 04：将 ▼（时间指针）移到第 4 秒 0 帧的位置，将 ■■ 摄像机 1 图层的"位置"参数设置为"–330.0，–276.0，834.2"。

步骤 05：将 ▼（时间指针）移到第 6 秒 0 帧的位置，将 ■■ 摄像机 1 图层的"位置"参数设置为"1734.0，–276.0，714.2"。

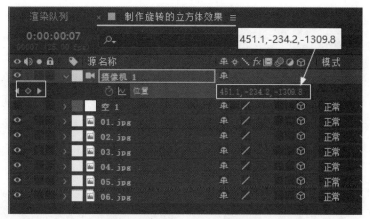

图 7.73　【摄像机 1】图层的参数设置

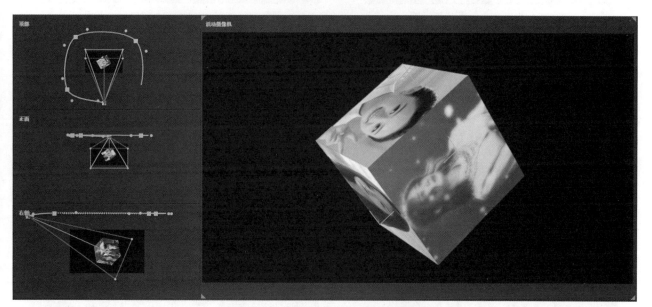

图 7.74　在【合成预览】窗口中的效果四

步骤 06：将 ▣（时间指针）移到第 8 秒 0 帧的位置，将 ◼ 摄像机 1 图层的"位置"参数设置为"1709.0，−276.0，−1213.8"。

步骤 07：将 ▣（时间指针）移到第 9 秒 24 帧的位置，将 ◼ 摄像机 1 图层的"位置"参数设置为"−263.0，−276.0，−1321.8"。

视频播放：具体介绍，请观看配套视频"任务三：制作立方体动画和摄像机动画.wmv"。

任务四：添加效果

步骤 01：创建调整图层。在【制作旋转的立方体效果】合成窗口的空白处单击鼠标右键，弹出快捷菜单，在弹出的快捷菜单中单击【新建】→【调整图层（A）…】命令，创建一个名为"调整图层 1"的调整图层。

步骤 02：添加【毛边】效果。在菜单栏中单击【效果（T）】→【风格化】→【毛边】命令完成【毛边】效果的添加。

步骤 03：设置【毛边】效果的参数，具体设置如图 7.75 所示。在【合成预览】窗口中的效果，如图 7.76 所示。

【任务四：添加效果】

267

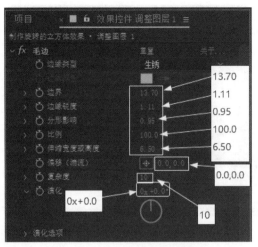

图 7.75 【毛边】效果参数设置

图 7.76 在【合成预览】窗口中的效果五

步骤 04：添加【曲线】效果，在菜单栏中单击【效果（T）】→【颜色校正】→【曲线】命令，完成【曲线】效果的添加。

步骤 05：设置【曲线】效果的参数，具体设置如图 7.77 所示，在【合成预览】窗口中的效果，如图 7.78 所示。

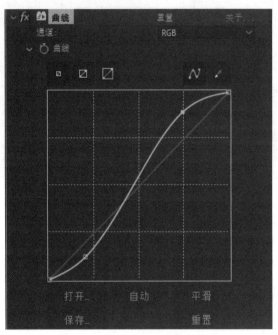

图 7.77 【曲线】效果参数设置

图 7.78 在【合成预览】窗口中的效果六

视频播放：具体介绍，请观看配套视频"任务四：添加效果.wmv"。

【案例 4：拓展训练】

七、拓展训练

根据所学知识制作立方体运动效果，最终画面截图效果如图所示。

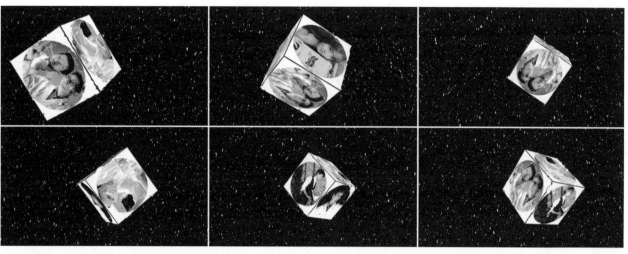

学习笔记：

第8章

运动跟踪技术

知识点

案例1：画面的稳定
案例2：一点跟踪
案例3：四点跟踪

说 明

本章主要通过3个案例的介绍，全面讲解运动跟踪的原理和方法。

教学建议课时数

一般情况下需要4课时，其中理论讲解1课时，实际操作3课时（特殊情况可做相应调整）。

思维导图

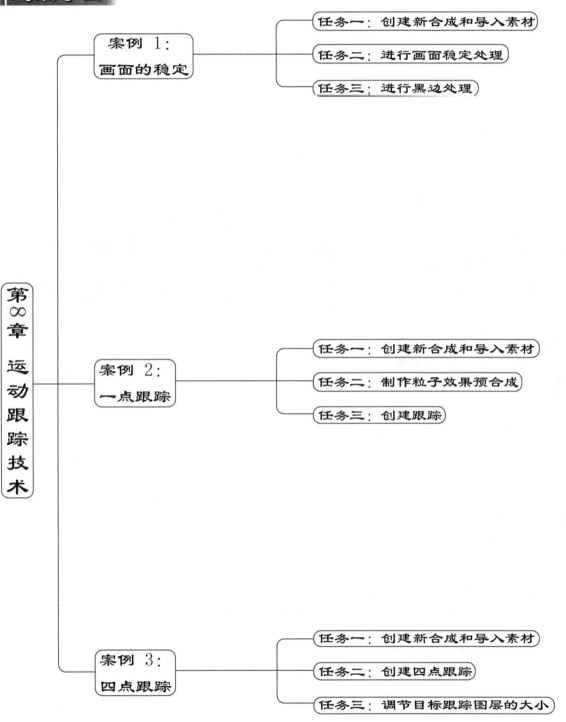

案例 1：画面的稳定
- 任务一：创建新合成和导入素材
- 任务二：进行画面稳定处理
- 任务三：进行黑边处理

第 8 章 运动跟踪技术

案例 2：一点跟踪
- 任务一：创建新合成和导入素材
- 任务二：制作粒子效果预合成
- 任务三：创建跟踪

案例 3：四点跟踪
- 任务一：创建新合成和导入素材
- 任务二：创建四点跟踪
- 任务三：调节目标跟踪图层的大小

在本章中主要通过 3 个案例全面介绍影视后期合成中的运动跟踪技术。运动跟踪技术是影视后期合成中的高级合成技术，也只有专业的视频合成软件才具有运动跟踪功能。在所有的影视后期合成软件中，After Effects CC 2019 在动态跟踪方面一直处于领先水平，使用 After Effects CC 2019 中的运动跟踪功能不仅可以同时跟踪画面中的多个点的运动轨迹，还可以跟踪画面的透视角度的变化。

案例 1：画面的稳定

【案例1 简介】

一、案例内容简介

本案例主要介绍画面的稳定原理、方法和制作。

二、案例效果欣赏

三、案例制作（步骤）流程

任务一：创建新合成和导入素材➡任务二：进行画面稳定处理➡任务三：进行黑边处理

四、制作目的

（1）了解画面稳定处理的原理；
（2）掌握画面稳定的处理方法；
（3）理解跟踪技术的概念；
（4）掌握黑边处理方法和技巧。

五、制作过程中需要解决的问题

（1）关键帧的编辑；
（2）跟踪技术的原理；
（3）跟踪技术的应用领域。

六、详细操作步骤

画面稳定是指在一个图层中，通过跟踪画面中的一个特征点来将晃动的视频画面处理成稳定的视频画面。画面稳定技术主要用来修复在运动拍摄中由于摄像机晃动造型的画面抖动现象。

【任务一：创建新合成和导入素材】

任务一：创建新合成和导入素材

1. 创建新合成

步骤 01： 启动 After Effects CC 2019。

步骤 02： 创建新合成。在菜单栏中单击【合成（C）】→【新建合成（C）…】命令，弹出【合成设置】对话框，在该对话框中，合成名称为"画面的稳定"，尺寸为"1280px×720px"，持续时间为"5 秒"，其他参数为默认设置。

步骤 03：设置完参数，单击【确定】按钮完成合成创建。

2. 导入素材

步骤 01：在【项目】窗口的空白处单击右键，弹出快捷菜单，在弹出的快捷菜单中单击【导入】→【文件…】命令，弹出【导入文件】对话框，在【导入文件】对话框选择需要导入"视频 1.mpg"素材。

步骤 02：单击【导入】按钮即可将选择的素材导入【项目】窗口中。如图 8.1 所示。

步骤 03：将"视频 1.mpg"素材拖拽到【画面的稳定】合成窗口中，设置它的"缩放"参数，具体设置如图 8.2 所示。

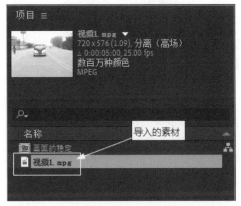

图 8.1　导入的素材

图 8.2　【视频 1.mpg】变换参数设置

视频播放：具体介绍，请观看配套视频"任务一：创建新合成和导入素材.wmv"。

任务二：进行画面稳定处理

步骤 01：切换工作界面。在菜单栏中单击【窗口】→【工作区（S）】→【运动跟踪】命令，完成工作界面的切换。

步骤 02：设置运动跟踪。【跟踪器】面板的具体设置，如图 8.3 所示。

步骤 03：在【跟踪器】面板中单击【跟踪运动】按钮，在【合成预览】窗口中出现一个跟踪点，如图 8.4 所示。

【任务二：进行画面稳定处理】

步骤 04：移动跟踪点，将鼠标移到跟踪点上，并按住鼠标左键不放，此时，跟踪点被放大显示，如图 8.5 所示。这样，可以准确放置跟踪点。

图 8.3　【跟踪器】面板设置

图 8.4　出现的跟踪点

图 8.5　放大的跟踪点

步骤 05：精确设置跟踪点位置。将跟踪点放置到一个比较明显的特征点上面，如图 8.6 所示。松开鼠标完成跟踪点的设置，如图 8.7 所示。

步骤 06：调整取样范围。将鼠标移到取样框的角点上，按住鼠标左键不放进行移动，具体设置如图 8.8 所示。

图 8.6　精确设置跟踪点

图 8.7　取样点的位置

图 8.8　取样范围的调整

步骤 07：在【跟踪器】面板中单击【编辑目标】按钮，弹出【运动目标】对话框，设置该对话框，具体设置如图 8.9 所示，单击【确定】按钮完成目标设置。

图 8.9　【运动目标】参数设置

步骤 08：在【跟踪器】面板中单击【选项…】按钮，弹出【动态跟踪器选项】对话框，设置该对话框的参数，具体设置如图 8.10 所示，单击【确定】按钮完成参数设置。

步骤 09：单击■▶（向前分析）按钮，等完成分析之后，单击【应用】按钮，弹出【动态跟踪器应用选项】对话框，设置该对话框参数，该对话框参数的具体设置如图 8.11 所示，单击【确定】按钮完成跟踪。

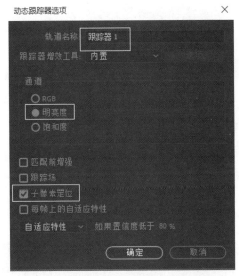

图 8.10　【动态跟踪器选项】参数设置

图 8.11　【动态跟踪器应用选项】参数设置

步骤 10：完成跟踪之后，在【画面的稳定】合成窗口中可以看到生成了很多关键帧，在【合成预览】窗口中出现黑边，如图 8.12 所示。

图 8.12　在【画面的稳定】合成窗口中的效果

视频播放：具体介绍，请观看配套视频"任务二：进行画面稳定处理.wmv"。

任务三：进行黑边处理

步骤 01：跟踪完毕之后，在【合成预览】窗口中可以看到黑边出现。需要对黑边进行处理，处理的方法是设置视频的变换属性中的缩放参数，具体参数设置如图 8.13 所示。

步骤 02：设置完缩放参数之后的效果如图 8.14 所示。

【任务三：进行
黑边处理】

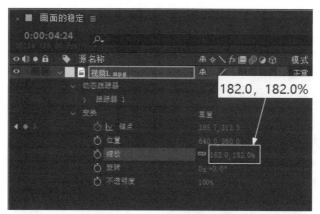

图 8.13 "缩放"参数设置

图 8.14 缩放之后在【合成预览】窗口中的效果

视频播放：具体介绍，请观看配套视频"任务三：进行黑边处理.wmv"。

七、拓展训练

【案例 1：拓展训练】

根据所学知识，对"视频 4.mpg"视频进行画面稳定处理。

学习笔记：

学习笔记：

案例 2：一点跟踪

一、案例内容简介

本案例主要介绍使用【CC Particle World（CC 粒子仿真世界）】效果和一点跟踪技术来制作一个跟踪合成效果。

【案例 2　简介】

二、案例效果欣赏

三、案例制作（步骤）流程

任务一：创建新合成和导入素材➡任务二：制作粒子效果预合成➡任务三：创建跟踪

四、制作目的

（1）了解一点跟踪的原理；

（2）掌握【CC Particle World】效果的作用和参数的调整；

（3）熟练掌握一点跟踪的创建方法和技巧。

五、制作过程中需要解决的问题

（1）一点跟踪的创建过程容易出错的地方；

（2）【CC Particle World】效果中各个参数的作用和参数的综合调整。

六、详细操作步骤

一点跟踪的原理就是目标图层跟踪源图层中的一个特征点，然后将这个特征点的运动路径应用到目标图层，使目标图层运动保持与原图层特征点的相对位置不变。本案例综合应用效果和跟踪技术来完成图像的合成。

【任务一：创建新
合成和导入素材】

任务一：创建新合成和导入素材

1. 创建新合成

步骤 01：启动 After Effects CC 2019。

步骤 02：创建新合成。在菜单栏中单击【合成（C）】→【新建合成（C）…】命令，弹出【合成设置】对话框，在该对话框中，合成名称为"一点跟踪"，尺寸为"1280px×720px"，持续时间为"12 秒"，其他参数为默认设置。

步骤 03：设置完参数，单击【确定】按钮完成合成创建。

2. 导入素材

步骤 01：在【项目】窗口的空白处单击右键，弹出快捷菜单，在弹出的快捷菜单中单击【导入】→【文件…】命令，弹出【导入文件】对话框，在【导入文件】对话框选择需要导入的"视频 2.mpg"素材。

步骤 02：单击【导入】按钮即可将选择的素材导入【项目】窗口中。如图 8.15 所示。

步骤 03：将"视频 2.mpg"素材拖拽到【一点跟踪】合成中，调整它的"缩放"参数，具体调整如图 8.16 所示。

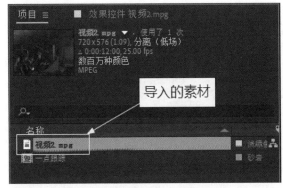

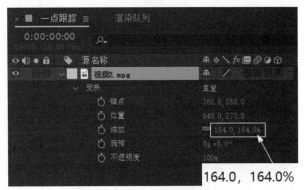

164.0, 164.0%

图 8.15　导入的素材　　　　　　　　图 8.16　【视频 2.mpg】图层参数调整

视频播放：具体介绍，请观看配套视频"任务一：创建新合成和导入素材.wmv"。

任务二：制作粒子效果预合成

粒子效果的制作主要通过使用【CC Particle World】效果来完成。

1. 添加效果

步骤 01：创建纯色图层。在【一点跟踪】合成的空白处单击鼠标右键，弹出快捷菜单，在弹出的快捷菜单中单击【新建】→【纯色（S）…】命令→弹出【纯色设置】对话框，设置【纯色设置】对话框参数，具体设置如图 8.17 所示，单击【确定】按钮完成纯色图层的创建，如图 8.18 所示。

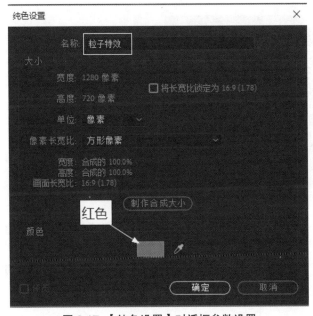

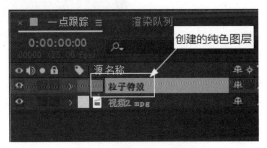

图 8.17　【纯色设置】对话框参数设置　　　　图 8.18　创建的纯色图层

步骤 02：给 █粒子特效 图层添加效果。单选 █粒子特效 图层，在菜单栏中单击【效果（T）】→【模拟】→【CC Particle World】命令，完成【CC Particle World】效果的添加。

步骤 03：设置【CC Particle World】效果的参数，具体设置如图 8.19 所示，在【合成预览】窗口中的效果，如图 8.20 所示。

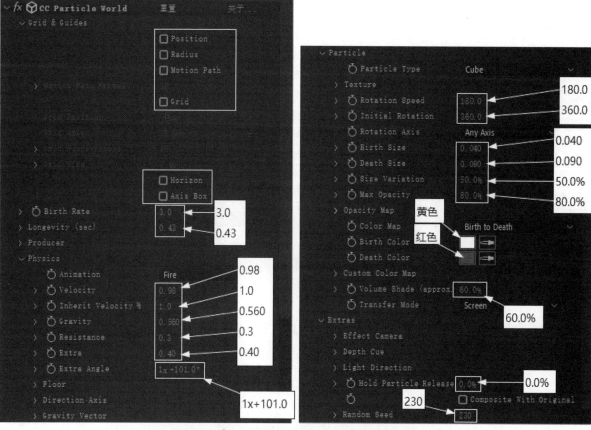

图 8.19 【CC Particle World】效果的参数设置

图 8.20 在【合成预览】窗口中的效果一

步骤 04：添加【发光】效果。在【效果（T）】→【风格化】→【发光】命令，完成【发光】效果的添加。

步骤 05：设置【发光】效果的参数，【发光】效果参数的具体设置如图 8.21 所示，在【合成预览】窗口中的效果，如图 8.22 所示。

2. 创建预合成

步骤 01：选择图层。在【一点跟踪】合成窗口中单选 🔲粒子特效 图层。

步骤 02：将选择的图层转换为预合成。在菜单栏中单击【图层（L）】→【预合成（P）…】命令或按"Ctrl+Shift+C"组合键，弹出【预合成】对话框，【预合成】对话框参数设置如图 8.23 所示。单击【确定】按钮即可将选择的图层转换为预合成，如图 8.24 所示。

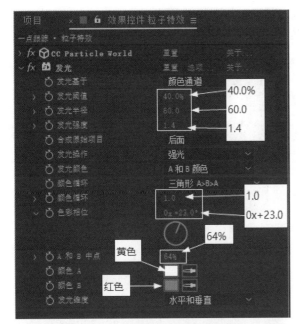

图 8.21　【发光】效果的参数设置

图 8.22　在【合成预览】窗口中的效果二

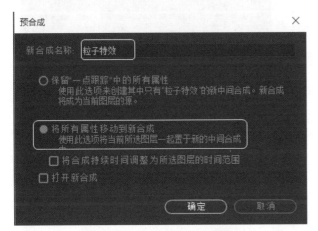

图 8.23　【预合成】参数设置

图 8.24　转换为预合成的图层

视频播放：具体介绍，请观看配套视频"任务二：制作粒子效果预合成.wmv"。

任务三：创建跟踪

步骤 01：切换工作界面。在菜单栏中单击【窗口】→【工作区（S）】→【运动跟踪】命令，完成工作界面的切换。

【任务三：创建跟踪】

步骤 02：在【一点跟踪】合成中单选 粒子特效 图层，设置【跟踪器】面板，具体设置如图 8.25 所示。

步骤 03：进行跟踪。在【跟踪器】面板中单击【跟踪运动】按钮，此时，【跟踪器】面板如图 8.26 所示。

步骤 04：在【合成预览】窗口中出现一个跟踪点，将鼠标移到跟踪点的四框位置内，按住鼠标左键不放，将跟踪点移到需要跟踪的小亮点位置处，如图 8.27 所示。松开鼠标完成跟踪点的位置设置。

步骤 05：单击【编辑目标…】按钮，弹出【运动目标】对话框，设置参数，具体设置如图 8.28 所示。单击【确定】按钮完成跟踪器目标设置。

步骤 06：单击【选项】按钮，弹出【动态跟踪器选项】对话框，设置参数，具体设置如图 8.29 所示，单击【确定】按钮完成动态跟踪器相关参数设置。

图 8.25 【跟踪器】参数设置一

图 8.26 【跟踪器】参数设置二

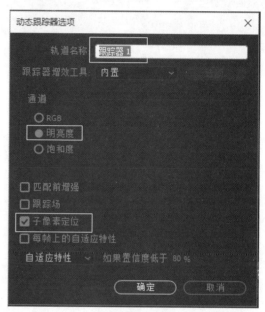
图 8.27 跟踪点在【合成预览】窗口中的位置

图 8.28 【运动目标】参数设置

图 8.29 【运动跟踪器选项】参数设置

步骤 07： 单击 ▶（向前分析）按钮进行跟踪分析，分析完成之后，单击【跟踪器】面板中的【应用】按钮，弹出【动态跟踪器应用选项】对话框，设置参数，具体设置如图 8.30 所示。单击【确定】按钮完成跟踪操作。

步骤 08： 完成跟踪之后，在【一点跟踪】合成中， 🔲 粒子特效 图层的"变换"选项中的"位置"参数产生关键帧，如图 8.31 所示。

图 8.30 【动态跟踪器应用选项】对话框

图 8.31 "位置"参数的关键帧

提示： 在跟踪完成之后，进行预览，如果发现在跟踪过程中出现跟踪脱轨，可从脱轨帧开始，将后面的所产生的关键帧全部删除，再使用上面同样的方法，从脱轨帧开始再进行一次重新跟踪操作。

步骤 09：通过预览得知，在第 8 秒 10 帧的位置在【合成预览】窗口中跟踪点已经到画面的外面，如图 8.32 所示。也就是说，关键帧就不需要再跟踪了。需要将该帧后面的所有关键帧删除，如图 8.33 所示。

图 8.32　跟踪点在画面外

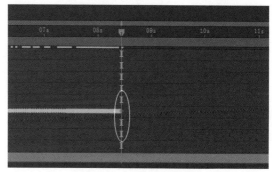

图 8.33　删除关键帧

步骤 10：在【合成预览】窗口中将 图层的第 8 秒 10 帧位置的画面移到【合成预览】窗口的画外，完成整个跟踪效果。

视频播放：具体介绍，请观看配套视频"任务三：创建跟踪.wmv"。

七、拓展训练

根据所学知识，使用提供的素材进行跟踪合成处理，画面截图效果如下图所示。

【案例 2：拓展训练】

学习笔记：

学习笔记：

案例3：四点跟踪

【案例3　简介】

一、案例内容简介

本案例主要介绍使用四点跟踪的原理、方法和技巧。

二、案例效果欣赏

三、案例制作（步骤）流程

任务一：创建新合成和导入素材➡任务二：创建四点跟踪➡任务三：调节目标跟踪图层的大小

四、制作目的

（1）了解四点跟踪的原理；

（2）掌握跟踪图层大小的调节；

（3）熟练掌握创建跟踪的方法和技巧。

五、制作过程中需要解决的问题

（1）四点跟踪（透视跟踪）的原理；

（2）四点跟踪（透视跟踪）的一些小技巧。

六、详细操作步骤

在 After Effects CC 2019 中，四点跟踪技术也叫透视跟踪技术。该跟踪技术是后期合成中最高级的跟踪技术。跟踪的原理是通过同时跟踪源图层中的四个特征点的运动轨迹，以计算出画面的透视角度变化并应用到目标图层，可以使合成画面中的特定物体产生透视角度变化，以达到模拟三维运动或者摄像机角度变化的效果。

任务一：创建新合成和导入素材

1. 创建新合成

步骤 01： 启动 After Effects CC 2019。

步骤 02： 创建新合成。在菜单栏中单击【合成（C）】→【新建合成（C）…】命令，弹出【合成设置】对话框，在该对话框中合成名称为"四点跟踪"，尺寸为"720px×576px"，持续时间为"3 秒"，其他参数为默认设置。

【任务一：创建新合成和导入素材】

步骤 03： 设置完参数，单击【确定】按钮完成合成创建。

2. 导入素材

步骤 01： 在【项目】窗口的空白处单击右键，弹出快捷菜单，在弹出的快捷菜单中单击【导入】→【文件…】命令，弹出【导入文件】对话框，在【导入文件】对话框选择需要导入的素材。

步骤 02： 单击【导入】按钮即可将选择的素材导入【项目】窗口中。如图 8.34 所示。

步骤 03： 将导入的素材拖拽到【四点跟踪】合成中，如图 8.35 所示。

图 8.34　导入的素材

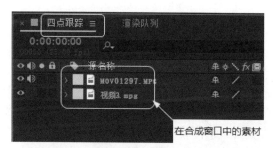

图 8.35　在【四点跟踪】合成中的图层参数

视频播放： 具体介绍，请观看配套视频"任务一：创建新合成和导入素材.wmv"。

任务二：创建四点跟踪

四点跟踪主要通过【跟踪器】面板中的"透视跟踪"来完成。

步骤 01： 切换工作模式。在菜单栏中单击【窗口】→【工作区（S）】→【运动跟踪】命令，完成工作模式的切换。

【任务二：创建四点跟踪】

步骤 02： 将 ▼（时间指针）移到第 0 秒 0 帧的位置。设置【跟踪器】面板参数，具体设置如图 8.36 所示。

步骤 03：在【四点跟踪】合成中单选  图层。此时，在【合成预览】窗口中出现四个跟踪点，调节这四个跟踪点的位置到与视频画面中绿色面板的白色特征点上（见视频），如图 8.37 所示。

图 8.36 【跟踪器】面板参数设置

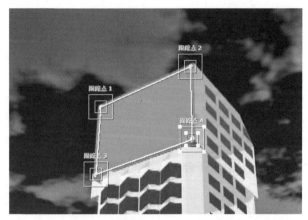

图 8.37 调节好的 4 个跟踪点位置

> **提示**：在调节跟踪点的时候，四个跟踪点要与绿色面板上白色的点对应（见视频），否则会出现视频扭曲的现象。

步骤 04：设置 "编辑目标"。单击【跟踪器】面板中的【编辑目标…】按钮，弹出【运动目标】对话框，设置该对话框的参数，具体设置如图 8.38 所示，单击【确定】按钮完成 "目标图层" 的设置。

步骤 05：设置 "选项"。单击【跟踪器】面板中的【选项…】按钮，弹出【动态跟踪器选项】对话框，设置该对话框的参数，具体设置如图 8.39 所示，单击【确定】按钮完成 "动态跟踪器" 相关参数设置。

图 8.38 【运动目标】对话框参数设置

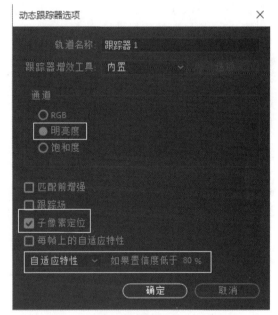

图 8.39 【动态跟踪器选项】参数设置

步骤 06：在【跟踪器】面板中单击 ▶（向前分析）按钮，系统自动对跟踪进行运算，运算之后在【四点跟踪】合成窗口中的图层会自动产生关键帧，如图 8.40 所示。用户可以对关键帧进行单独编辑操作。

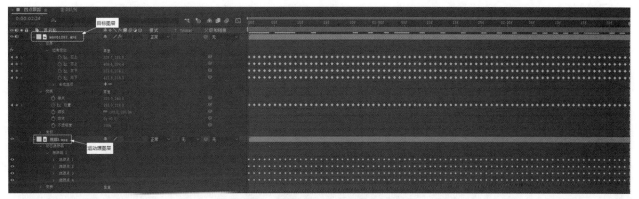

图 8.40　运动跟踪之后产生的关键帧

视频播放：具体介绍，请观看配套视频"任务二：创建四点跟踪.wmv"。

任务三：调节目标跟踪图层的大小

跟踪完成之后，在【合成预览】窗口中的效果，如图 8.41 所示。可以看出，目标跟踪图层的画面与绿色背景画面没有完全匹配（见视频），需要进行适当的调节。

【任务三：调节目标
跟踪图层的大小】

图 8.41　跟踪完之后的效果

在【四点跟踪】合成中，调节目标图层的"缩放"参数，具体调节如图 8.42 所示。调节之后在【合成预览】窗口中的效果，如图 8.43 所示。

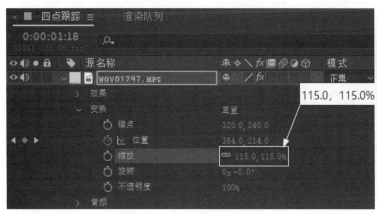

图 8.42　目标图层参数调节

图 8.43　调节之后的效果

287

视频播放：具体介绍，请观看配套视频"任务三：调节目标跟踪图层的大小.wmv"。

七、拓展训练

【案例3：拓展训练】

根据所学知识，使用提供的素材进行跟踪合成处理，画面截图效果如下图所示。

学习笔记：

第 **9** 章
综合案例

知识点

案例 1：动态背景

案例 2：穿梭线条效果

案例 3：旋转光球效果

案例 4：展开的倒计时效果

案例 5：After Effects CC 2019 插件知识

案例 6：霓虹灯效果

案例 7：灵动光线效果

说 明

本章主要通过 7 个案例的介绍，对前面所学知识进行全面复习和巩固及插件的介绍和综合应用。

教学建议课时数

一般情况下需要 8 课时，其中理论讲解 3 课时，实际操作 5 课时（特殊情况可做相应调整）。

思维导图

第9章 综合案例

案例 1：动态背景
- 任务一：动态色块的制作
- 任务二：炉烬背景的制作

案例 2：穿梭线条效果
- 任务一：创建新合成
- 任务二：创建纯色层
- 任务三：给纯色层添加效果
- 任务四：创建预合成
- 任务五：创建调整图层和添加粒子效果
- 任务六：复制图层
- 任务七：修改【粒子运动场】效果参数
- 任务八：创建预合成、复制图层并修改参数
- 任务九：创建调整图层并添加效果

案例 3：旋转光球效果
- 任务一：创建新合成
- 任务二：创建纯色层
- 任务三：绘制蒙版遮罩和添加特效
- 任务四：创建预合成并添加效果
- 任务五：复制图层和添加文字效果
- 任务六：给文字添加效果

案例 4：展开的倒计时效果
- 任务一：创建新合成
- 任务二：创建文字
- 任务三：创建纯色层和添加效果
- 任务四：复制文字图层并修改文字图层属性
- 任务五：设置表达式
- 任务六：设置父子关系运动
- 任务七：其他倒计时数字的制作
- 任务八：合成嵌套
- 任务九：创建过渡效果

思维导图

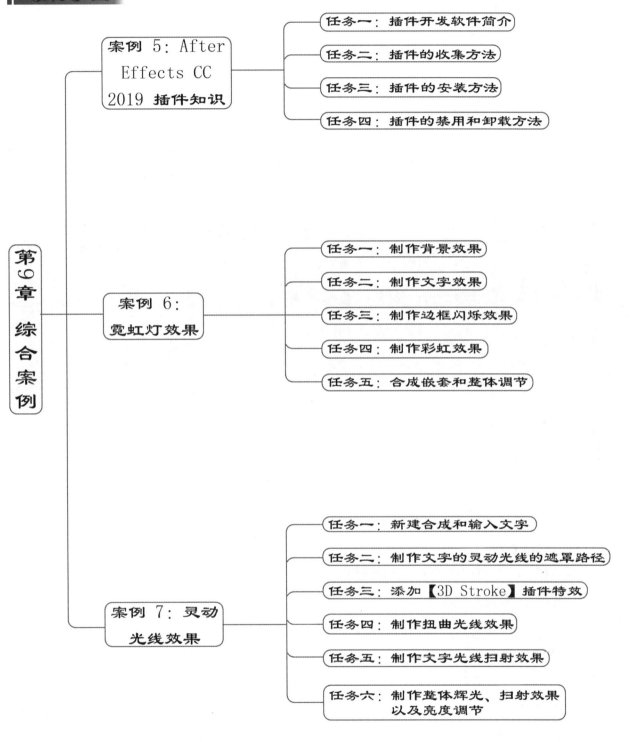

在本章中主要通过 7 个案例全面复习和巩固前面所学知识以及插件的安装方法和综合使用技巧。本章主要掌握特效的综合应用、特效参数设置、各种图层的操作、插件的安装方法、常用插件的使用以及表达式的使用方法和含义。

案例 1：动态背景

【案例 1　简介】

一、案例内容简介

本案例主要介绍使用【分形杂色】效果、【最大 / 最小】效果、【三色调】效果和【发光】效果综合应用来制作动态背景效果。

二、案例效果欣赏

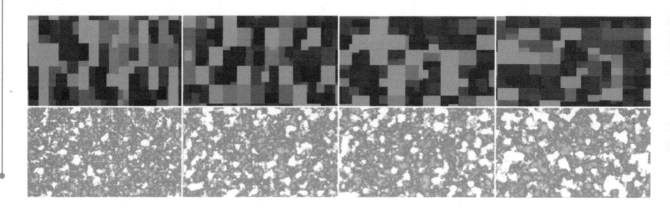

三、案例制作（步骤）流程

· 任务一：动态色块的制作 ➡ 任务二：炉烬背景的制作

四、制作目的

（1）了解动态背景效果制作的原理；
（2）掌握各种【效果】的综合应用能力；
（3）了解动态背景制作的流程、方法和技巧。

五、制作过程中需要解决的问题

（1）动态背景制作的原理；
（2）【效果】的综合应用能力的培养；
（3）影视后期特效合成与制作的基本流程。

六、详细操作步骤

在进行影视后期节目制作的时候，经常需要用到动态背景，因为它可以烘托前景、营造气氛，为制作成功的作品锦上添花。下面通过两个动态背景的制作来介绍动态背景制作的方法和技巧。

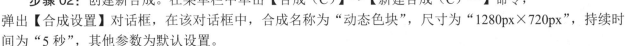

任务一：动态色块的制作

1. 创建新合成

步骤 01：启动 After Effects CC 2019。

步骤 02：创建新合成。在菜单栏中单击【合成（C）】→【新建合成（C）…】命令，弹出【合成设置】对话框，在该对话框中，合成名称为"动态色块"，尺寸为"1280px×720px"，持续时间为"5 秒"，其他参数为默认设置。

步骤 03：设置完参数，单击【确定】按钮完成合成创建。

2. 创建纯色层

步骤 01：在【动态色块】合成窗口的空白处单击鼠标右键，弹出快捷菜单，在弹出的快捷菜单中单击【新建】→【纯色（S）…】命令，弹出【纯色设置】对话框，设置参数，具体设置如图 9.1 所示。

步骤 02：参数设置完毕，单击【确定】按钮完成纯色层的创建，如图 9.2 所示。

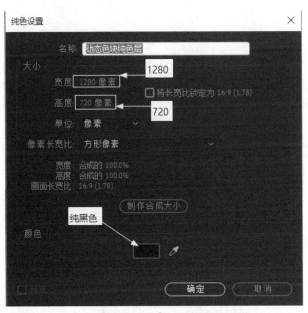

图 9.1　【纯色设置】对话框参数设置

图 9.2　创建的纯色层

3. 给纯色层添加效果

步骤 01：选择图层。在【动态色块】合成中单选 ■动态色块纯色层 图层。

步骤 02：添加效果。在菜单栏中单击【效果（T）】→【杂波与颗粒】→【分形杂色】命令，给选中的固态图层添加一个【分形杂色】效果。

步骤 03：调节【分形杂色】效果参数。将 ▽（时间指针）移到第 0 秒 0 帧的位置，调节【分形杂色】效果参数和添加关键帧，参数的具体调节和关键帧如图 9.3 所示，在【合成预览】窗口中的效果，如图 9.4 所示。

步骤 04：将 ▽（时间指针）移到第 4 秒 24 帧的位置，调节【分形杂色】效果的参数，【分形杂色】参数的具体调节如图 9.5 所示，在【合成预览】窗口中的效果，如图 9.6 所示。

步骤 05：添加【最大 / 最小】效果。在菜单栏中单击【效果（T）】→【通道】→【最小 / 最大】命令，完成【最小 / 最大】效果的添加。

步骤 06：调节【最小 / 最大】效果参数。【最小 / 最大】参数的具体调节如图 9.7 所示。

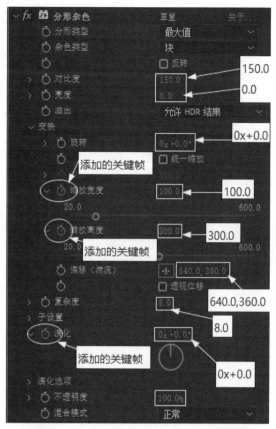

图9.3 第0秒0帧【分形杂色】参数设置

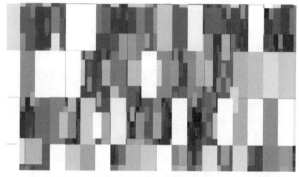

图9.4 在【合成预览】窗口中的效果一

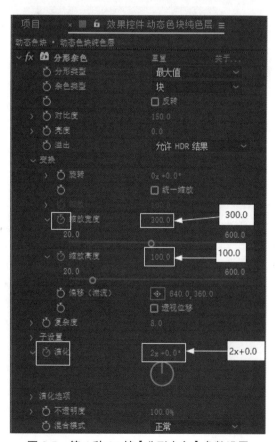

图9.5 第4秒24帧【分形杂色】参数设置

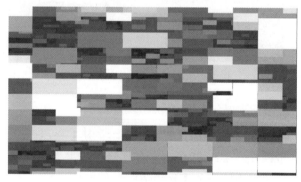

图9.6 在【合成预览】窗口中的效果二

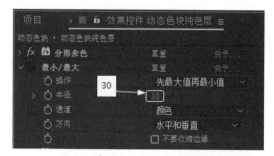

图9.7 【最小/最大】参数设置

　　提示：【最小 / 最大】效果的半径范围用于控制每个通道参数的最小和最大值，使用该特效可以扩大或缩小蒙版的范围。

　　步骤 07：添加【三色调】效果。在菜单栏中单击【效果（T）】→【颜色校正】→【三色调】命令，完成【三色调】效果的添加。

　　步骤 08：调节【三色调】效果参数，【三色调】效果参数的具体调节如图 9.8 所示，在【合成预览】窗口中的效果，如图 9.9 所示。

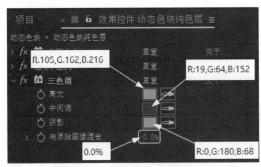

图 9.8　【三色调】参数设置

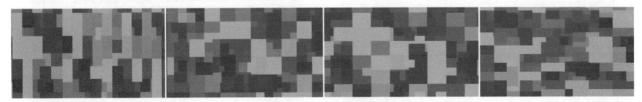

图 9.9　在【合成预览】窗口中的效果三

　　步骤 09：最终的截图效果，如图 9.10 所示。

图 9.10　最终的截图效果

　　视频播放：具体介绍，请观看配套视频"任务一：动态色块的制作.wmv"。

任务二：炉烬背景的制作

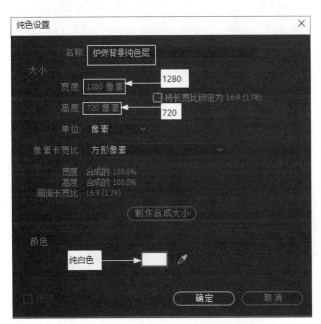

图 9.11　【纯色设置】对话框参数设置

【任务二：炉烬背景的制作】

1. 创建新合成

　　步骤 01：启动 After Effects CC 2019。

　　步骤 02：创建新合成。在菜单栏中单击【合成（C）】→【新建合成（C）…】命令，弹出【合成设置】对话框，在该对话框中，合成名称为"炉烬背景"，尺寸为"1280px×720px"，持续时间为"5 秒"，其他参数为默认设置。

　　步骤 03：设置完参数，单击【确定】按钮完成合成创建。

2. 创建纯色层

　　步骤 01：在【动态色块】合成窗口的空白处单击鼠标右键，弹出快捷菜单，在弹出的快捷菜单中单击【新建】→【纯色（S）…】命令，弹出【纯色设置】对话框，设置参数，具体设置如图 9.11 所示。

步骤02：参数设置完毕，单击【确定】按钮完成纯色层的创建。

3. 给纯色层添加效果

步骤01：选择图层。在【动态色块】合成中单选 ■□ 护屏背景纯色层 图层。

步骤02：添加【分形杂色】效果。在菜单栏中单击【效果（T）】→【杂波与颗粒】→【分形杂色】命令，完成【分形杂色】效果的添加。

步骤03：调节【分形杂色】效果参数，将 ▣（时间指针）移到第0秒0帧的位置，设置【分形杂色】效果参数并添加关键帧，该效果参数的具体设置如图9.12所示。

步骤04：继续调节【分形杂色】。将 ▣（时间指针）移到第4秒24帧的位置，设置【分形杂色】效果参数，该效果参数的具体设置如图9.13所示。

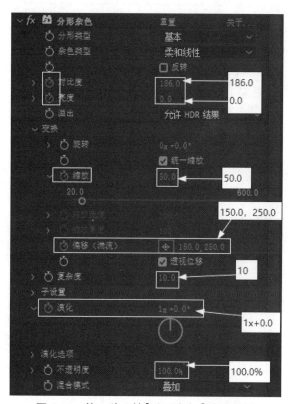

图9.12 第0秒0帧【分形杂色】参数设置

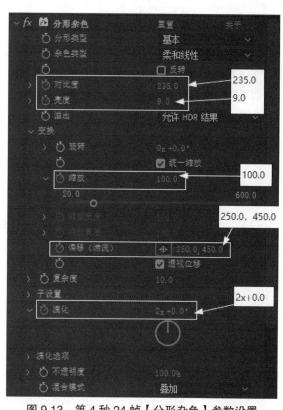

图9.13 第4秒24帧【分形杂色】参数设置

步骤05：复制【分形杂色】效果。在【效果控件】面板中单选【分形杂色】效果，按"Ctrl+D"组合键，完成【分形杂色】效果的复制。

步骤06：对复制的【分形杂色】效果的关键帧进行方向处理。单选 ■□ 护屏背景纯色层 图层，按键盘上的"U"键展开两个【分形杂色】效果的关键帧属性，框选所有关键帧，如图9.14所示。

图9.14 选择所有关键帧

步骤07：将鼠标移到选中的任意关键帧上，单击右键弹出快捷菜单，在弹出的快捷菜单中单击【关键帧辅助】→【时间反向关键帧】命令，将第0秒0帧的关键帧与第4秒24帧的关键帧进行反转。

步骤 08：给 █□炉烬背景纯色层 图层添加【三色调】效果。在菜单栏中单击【效果（T）】→【颜色校正】→【三色调】命令，完成【三色调】命令的添加。

步骤 09：设置【三色调】效果的参数。【三色调】效果参数的具体设置如图 9.15 所示。

步骤 10：给 █□炉烬背景纯色层 图层添加【发光】效果。在菜单栏中单击【效果（T）】→【风格化】→【发光】命令，完成【发光】效果的添加。

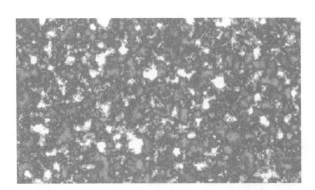

图 9.15　【三色调】参数设置

步骤 11：设置【发光】效果的参数，【发光】效果参数的具体设置如图 9.16 所示，在【合成预览】窗口中的截图效果，如图 9.17 所示。

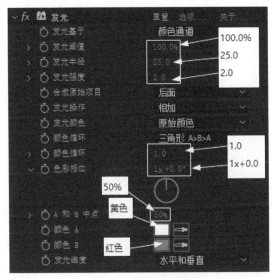

图 9.16　【发光】参数设置

图 9.17　在【合成预览】窗口中的截图效果

视频播放：具体介绍，请观看配套视频"任务二：炉烬背景的制作.wmv"。

七、拓展训练

根据所学知识，制作如下背景效果。

【案例1：拓展训练】

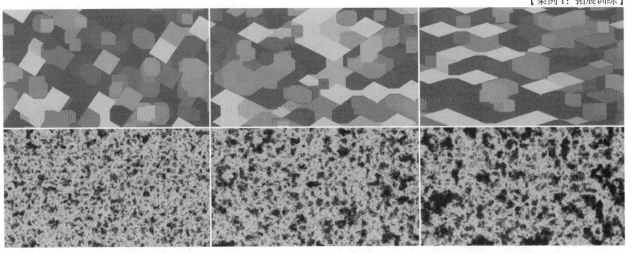

学习笔记：

【案例 2　简介】

案例 2：穿梭线条效果

一、案例内容简介

　　本案例主要介绍使用【粒子运动场】效果、【发光】效果和合成嵌套综合应用来制作穿梭线条效果。

二、案例效果欣赏

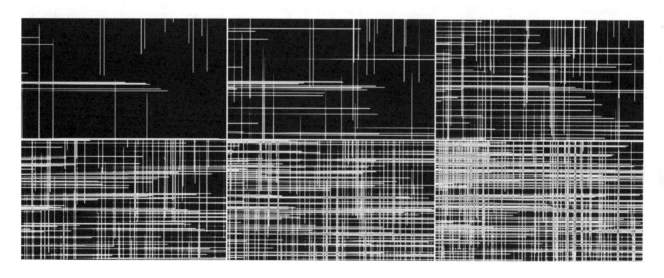

三、案例制作（步骤）流程

任务一：创建新合成➡任务二：创建纯色层➡任务三：给纯色层添加效果➡任务四：创建预合成➡任务五：创建调整图层和添加粒子效果➡任务六：复制图层➡任务七：修改【粒子运动场】效果参数➡任务八：创建预合成、复制图层并修改参数➡任务九：创建调整图层并添加效果

四、制作目的

（1）了解穿梭线条效果制作的原理；
（2）掌握合成嵌套的原理和相关设置能力；
（3）熟练掌握【粒子】效果中相关参数的设置和含义。

五、制作过程中需要解决的问题

（1）合成嵌套的相关知识；
（2）英语基础知识；
（3）重力的概念、运动速率的概念和粒子半径的概念。

六、详细操作步骤

在影视后期制作中粒子效果的使用非常频繁，使用粒子效果可以加入大量的相似物体并控制它们按照一定的规律运动。例如，古代战争场面中大量人物的复制，物体的剧烈爆炸效果等，带给观众强烈的视觉冲击力，在本案例中主要利用粒子效果来制作一个场景。

任务一：创建新合成

步骤 01：启动 After Effects CC 2019。

步骤 02：创建新合成。在菜单栏中单击【合成（C）】→【新建合成（C）…】命令，弹出【合成设置】对话框，在该对话框中，合成名称为"穿梭线条效果"，尺寸为"1280px×720px"，持续时间为"10秒"，其他参数为默认设置。

【任务一：创建新合成】

步骤 03：设置完参数，单击【确定】按钮完成合成创建。

> **视频播放**：具体介绍，请观看配套视频"任务一：创建新合成.wmv"。

任务二：创建纯色层

步骤 01：在【动态色块】合成窗口的空白处单击鼠标右键，弹出快捷菜单，在弹出的快捷菜单中单击【新建】→【纯色（S）…】命令，弹出【纯色设置】对话框，设置参数，具体设置如图9.18所示。

【任务二：创建纯色层】

步骤 02：参数设置完毕，单击【确定】按钮完成纯色层的创建。

> **视频播放**：具体介绍，请观看配套视频"任务二：创建纯色层.wmv"。

任务三：给纯色层添加效果

步骤 01：选择图层。在【动态色块】合成中单选█▊横线条图层。

步骤 02：给纯色图层添加【渐变】效果。单选█▊横线条图层，在菜单栏中单击【效果（T）】→【生成】→【梯度渐变】命令，完成【梯度渐变】效果的添加。

【任务三：给纯色层添加效果】

步骤 03：设置【梯度渐变】效果参数，【梯度渐变】效果参数的具体设置如图9.19所示，在【合成预览】窗口中的效果，如图9.20所示。

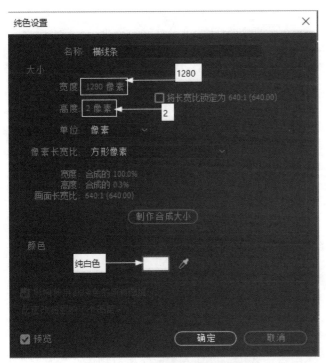

图 9.18 【纯色设置】参数设置

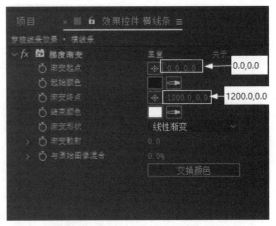

图 9.19 【梯度渐变】参数设置

图 9.20 在【合成预览】窗口中的效果一

视频播放： 具体介绍，请观看配套视频"任务三：给纯色层添加效果.wmv"。

【任务四：创建预合成】

任务四：创建预合成

创建预合成的目的是将所选图层的相关信息集合到合成中，此时的合成就相当于读者导入【项目】窗口中的素材。

步骤 01： 选择需要转换为预合成的图层。单选 ▮▯横线条 图层。

步骤 02： 转换为预合成。在菜单栏中单击【图层（L）】→【预合成（P）…】命令（或按"Ctrl+Shift+C"组合键）→弹出【预合成】对话框→设置参数，具体设置如图 9.21 所示→单击【确定】按钮，完成预合成的创建。

视频播放： 具体介绍，请观看配套视频"任务四：创建预合成.wmv"。

【任务五：创建调整图层和添加粒子效果】

任务五：创建调整图层和添加粒子效果

步骤 01： 创建调整图层。在【穿梭线条效果】合成中的空白处，单击鼠标右键，弹出快捷菜单→在弹出的快捷菜单中单击【新建】→【调整图层（A）】命令，完成调整图层的创建。

步骤 02：给调整图层重命名，将调整图层重命名为"粒子 01"，如图 9.22 所示。

步骤 03：给 ■■ 粒子01 图层添加【粒子运动场】效果。单选 ■■ 粒子01 图层，在菜单栏中单击【效果（T）】→【模拟】→【粒子运动场】命令，完成【粒子运动场】的添加。

步骤 04：设置【粒子运动场】效果的参数。【运动粒子运动场】参数的具体设置如图 9.23 所示。

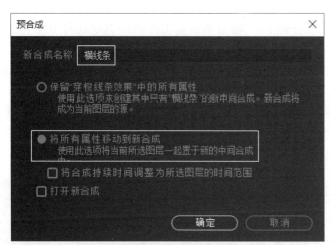

图 9.21　【预合成】对话框参数设置

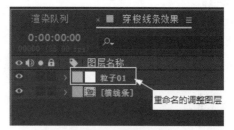

图 9.22　重命名的图层

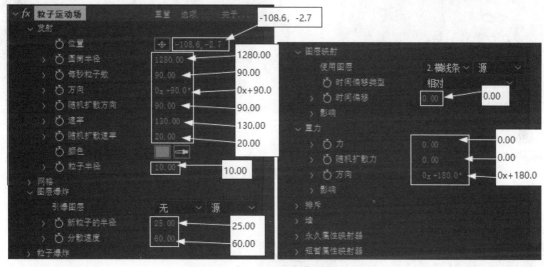

图 9.23　【粒子运动场】参数设置

步骤 05：调节参数之后，在【合成预览】窗口中的截图效果，如图 9.24 所示。

图 9.24　在【合成预览】窗口中的截图效果

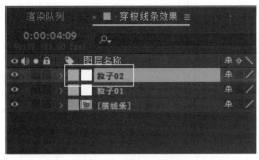

图 9.25　重命名的图层

【任务六：复制图层】

视频播放：具体介绍，请观看配套视频"任务五：创建调整图层和添加粒子效果.wmv"。

任务六：复制图层

步骤 01：复制图层。单选▉▉粒子01图层，按"Ctrl+D"组合键，完成图层的复制。

步骤 02：对复制图层重命名。将复制的图层重命名为"粒子 02"，如图 9.25 所示。

步骤 03：复制图层。单选▉ [横线条]图层，按"Ctrl+D"组合键，完成图层的复制。

步骤 04：对复制图层重命名。将复制的图层重命名为"竖线条"，如图 9.26 所示。

步骤 05：设置图层的"变换"参数。将▉▉竖线条的旋转变换参数设置为"90"。如图 9.27 所示。

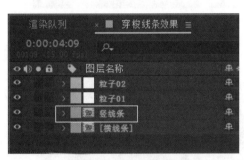

图 9.26　重命名的图层

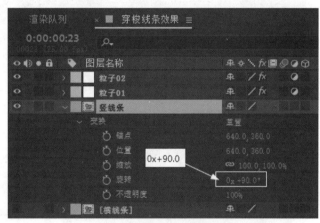

图 9.27　图层变换参数设置

步骤 06：转换为预合成。单选▉▉竖线条合成图层，在菜单栏中单击【图层（L）】→【预合成（P）…】命令（或按"Ctrl+Shift+C"组合键）→弹出【预合成】对话框→设置参数，具体设置如图 9.28 所示→单击【确定】按钮，完成预合成的创建，如图 9.29 所示。

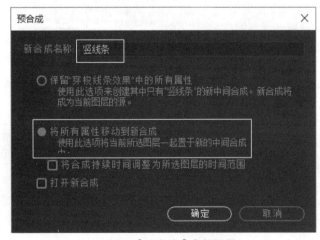

图 9.28　【预合成】参数设置

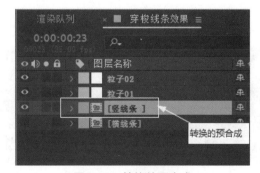

图 9.29　转换的预合成

视频播放：具体介绍，请观看配套视频"任务六：复制图层.wmv"。

任务七：修改【粒子运动场】效果参数

步骤 01：选择图层。单选 ▢▢▢ 粒子02 图层。

步骤 02：修改粒子参数。在【效果控件】面板中，调整选择图层中的【粒子运动场】效果参数，参数的具体调整如图 9.30 所示。

步骤 03：修改完成参数之后，在【合成预览】窗口中的效果，如图 9.31 所示。

【任务七：修改【粒子运动场】效果参数】

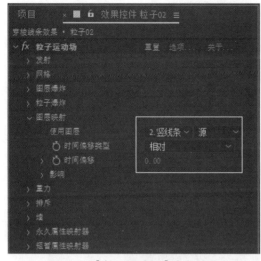

图 9.30　【粒子运动场】参数修改

图 9.31　在【合成预览】窗口中的效果二

视频播放：具体介绍，请观看配套视频"任务七：修改【粒子运动场】效果参数.wmv"。

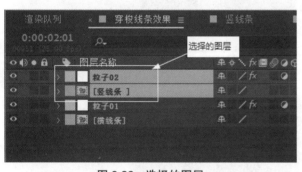

图 9.32　选择的图层

任务八：创建预合成、复制图层并修改参数

步骤 01：调节图层的叠放顺序并选择需要进行预合成的图层，如图 9.32 所示。

【创建预合成、复制图层并修改参数】

步骤 02：在菜单栏中单击【图层（L）】→【预合成（P）…】命令（或按"Ctrl+Shift+C"组合键）→弹出【预合成】对话框→设置参数，具体设置如图 9.33 所示→单击【确定】按钮，完成预合成的创建，如图 9.34 所示。

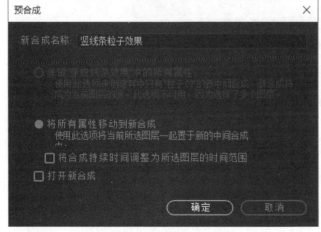

图 9.33　【预合成】对话框参数

图 9.34　转换为预合成的效果

步骤 03：方法同上，将 █▢ 粒子01 图层和 █▢ [横线条] 图层转换为预合成并命名为"横线条粒子效果"，转换之后的效果，如图 9.35 所示。

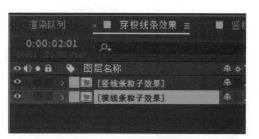

图 9.35　预合成效果

步骤 04：单选 █▣ [横线条粒子效果] 合成图层，按"Ctrl+D"组合键复制图层，对复制的图层进行重命名并调节复制图层的变换参数，如图 9.36 所示。

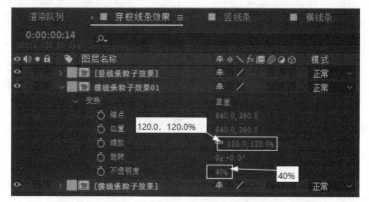

图 9.36　复制"横线条粒子效果"图层并调节参数

步骤 05：单选 █▣ [竖线条粒子效果] 合成图层，按"Ctrl+D"组合键复制图层，对复制的图层进行重命名并调节复制图层的变换参数，如图 9.37 所示。

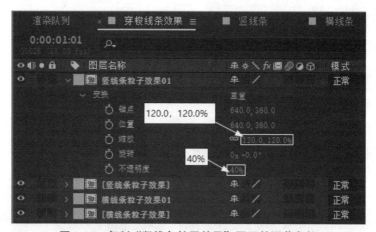

图 9.37　复制"竖线条粒子效果"图层并调节参数

> **视频播放**：具体介绍，请观看配套视频"任务八：创建预合成、复制图层并修改参数.wmv"。

**【任务九：创建调整
图层并添加效果】**

任务九：创建调整图层并添加效果

步骤 01：在【穿梭线条效果】合成窗口的空白处，单击鼠标右键→弹出快捷菜单，在弹出的快捷菜单中单击【新建】→【调整图层（A）】命令，完成调整图层的添加。

步骤 02：单选▨▨▨▨调整阅层 1图层，在菜单栏中单击【效果（T）】→【风格化】→【发光】命令，完成【发光】效果的添加。

步骤 03：设置【发光】效果的参数。【发光】参数的具体设置，如图 9.38 所示。在【合成预览】窗口中的截图效果，如图 9.39 所示。

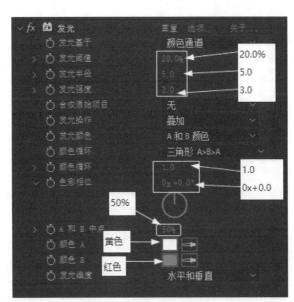

图 9.38　【发光】参数设置

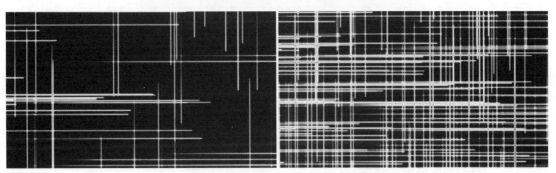

图 9.39　在【合成预览】窗口中的截图效果

视频播放：具体介绍，请观看配套视频"任务九：创建调整图层并添加效果.wmv"。

七、拓展训练

根据所学知识，制作如下效果。

【案例 2：拓展训练】

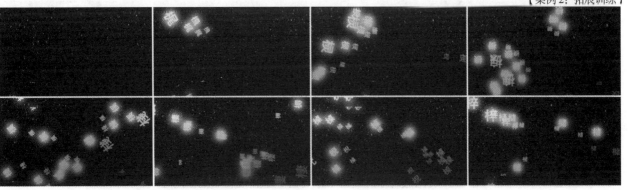

学习笔记：

案例 3：旋转光球效果

一、案例内容简介

本案例主要介绍使用【基本 3D】效果、【高斯魔术】效果、【色光】效果、表达式和合成嵌套综合应用来制作旋转光球效果。

【案例 3 简介】

二、案例效果欣赏

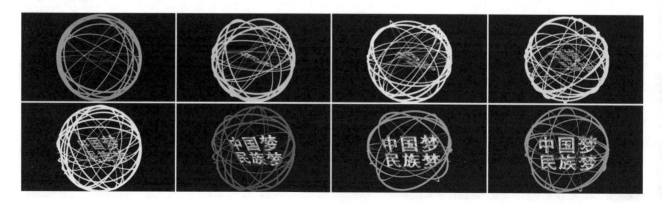

三、案例制作（步骤）流程

任务一：创建新合成➡任务二：创建纯色层➡任务三：绘制蒙版遮罩和添加特效➡任务四：创建预合成并添加效果➡任务五：复制图层和添加文字效果➡任务六：给文字添加效果

四、制作目的

（1）了解旋转光球效果制作的原理；
（2）掌握表达式语句的基本含义；
（3）提高【效果】的综合应用能力。

五、制作过程中需要解决的问题

（1）计算机语言的基础知识；
（2）表达式的概念和表达式书写的规则；
（3）表达式中基本语句的含义。

六、详细操作步骤

在影视后期制作中，后期制作人员经常需要制作一些光的效果，将它们放在一些落幕的出字效果中作为一个辅助元素，用来引导观众视线，凸显主题元素。本案例中主要使用启动 After Effects CC 2019 中自带的工具、效果和表达式制作一个旋转光球效果。

任务一：创建新合成

步骤 01： 启动 After Effects CC 2019。

步骤 02： 创建新合成。在菜单栏中单击【合成（C）】→【新建合成（C）…】命令，弹出【合成设置】对话框，在该对话框中，合成名称为"旋转光球效果"，尺寸为"1280px×720px"，持续时间为"10 秒"，其他参数为默认设置。

步骤 03： 设置完参数，单击【确定】按钮完成合成创建。

【任务一：创建新合成】

视频播放： 具体介绍，请观看配套视频"任务一：创建新合成.wmv"。

【任务二：创建纯色层】

任务二：创建纯色层

步骤 01： 在【动态色块】合成窗口的空白处单击鼠标右键，弹出快捷菜单，在弹出的快捷菜单中单击【新建】→【纯色（S）…】命令，弹出【纯色设置】对话框，设置参数，具体设置如图 9.40 所示。

步骤 02： 参数设置完毕，单击【确定】按钮完成纯色层的创建。

视频播放： 具体介绍，请观看配套视频"任务二：创建纯色层.wmv"。

【任务三：绘制蒙版遮罩和添加特效】

任务三：绘制蒙版遮罩和添加特效

步骤 01： 绘制蒙版遮罩。

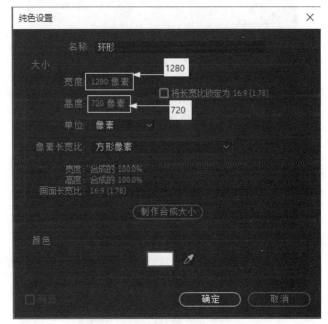

图 9.40 【纯色设置】参数设置

单选■■环形图层，在工具栏中单击◉（椭圆工具），在【合成预览】窗口中绘制两个椭圆蒙版遮罩。

步骤 02：对绘制蒙版遮罩进行设置，具体设置如图 9.41 所示，在【合成预览】窗口中的效果，如图 9.42 所示。

图 9.41　蒙版遮罩的设置

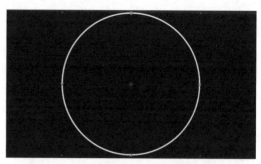

图 9.42　在【合成预览】窗口中的效果一

图 9.43　【高斯模糊】参数设置

步骤 03：添加【高斯模糊】效果。单选■□环形图层，在菜单栏中单击【效果（T）】→【模糊和锐化】→【高斯模糊】命令，完成【高斯模糊】效果的添加。

步骤 04：设置【高斯模糊】效果参数，【高斯模糊】效果参数的具体设置如图 9.43 所示。

步骤 05：添加【色光】效果。继续单选■□环形图层，在菜单栏中单击【效果（T）】→【颜色校正】→【色光】命令，完成【色光】效果的添加。

步骤 06：设置【色光】效果参数。将▽（时间指针）移到第 0 秒 0 帧的位置，设置【色光】效果的参数并添加关键帧，具体调节如图 9.44 所示。

步骤 07：继续调整【色光】效果参数。将▽（时间指针）移到第 9 秒 24 帧的位置，将"相移"的参数设置为"1x+0.0"，系统自动给参数添加关键帧，在【合成预览】窗口中的截图效果，如图 9.45 所示。

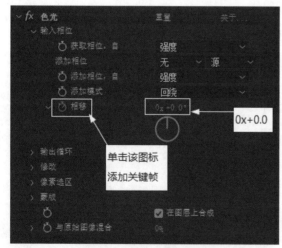

图 9.44　【色光】参数设置

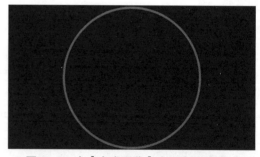

图 9.45　在【合成预览】窗口中的效果二

视频播放：具体介绍，请观看配套视频"任务三：绘制蒙版遮罩和添加特效.wmv"。

任务四：创建预合成并添加效果

【任务四：创建预合成并添加效果】

步骤 01：在【旋转的光球效果】合成中的■□环形图层。

步骤 02：在菜单栏中单击【图层（L）】→【预合成（P）…】命令（或按"Ctrl+Shift+C"组合键）→弹出【预合成】对话框→设置参数，具体设置如图 9.46 所示→单击【确定】按钮，完成预合成的创建，如图 9.47 所示。

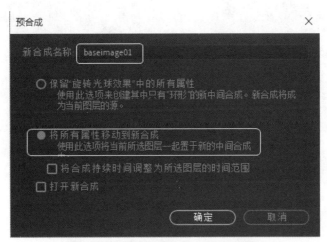

图 9.46 【预合成】对话框参数设置

图 9.47 创建的预合成

步骤 03：添加【基本 3D】效果。单选 baseimage01 图层，在菜单栏中单击【效果（T）】→【过时】→【基本 3D】命令，完成【基本 3D】效果的添加。

步骤 04：调节【基本 3D】参数。在【效果控件】面板中，按住键盘上的"Alt"键不放的同时，单击【基本 3D】效果中的"旋转"参数向左边的 图标，此时，在【旋转光球效果】出现供读者输入的语句的书写框，输入如下语句：

seed_random（1，true）；

linear（time，0，10，random（0，360），random（0，360））；

输入的语句在【旋转光球效果】合成中的效果如图 9.48 所示。

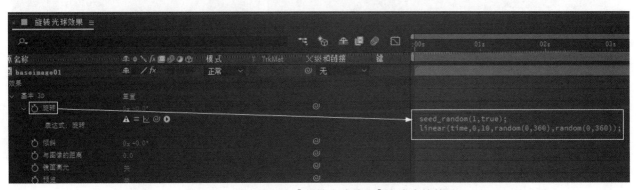

图 9.48 输入语句在【旋转光球效果】合成中的效果

步骤05：方法同上，继续给【基本3D】效果中的"倾斜"参数添加表达式，表达式与"旋转"参数的表达式相同，如图9.49所示。

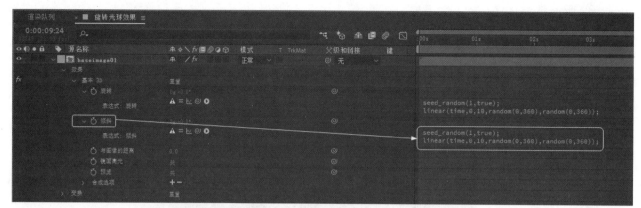

图9.49　添加表达式给【基本3D】效果中的"倾斜"参数

视频播放：具体介绍，请观看配套视频"任务四：创建预合成并添加效果.wmv"。

任务五：复制图层和添加文字效果

【任务五：复制图层和添加文字效果】

步骤01：在【旋转光球效果】合成中单选 baseimage01 图层。

步骤02：连续按"Ctrl+D"组合键15次，复制15个图层。这些图层构成一个圆球，复制的图层如图9.50所示。在【合成预览】窗口中的效果，如图9.51所示。

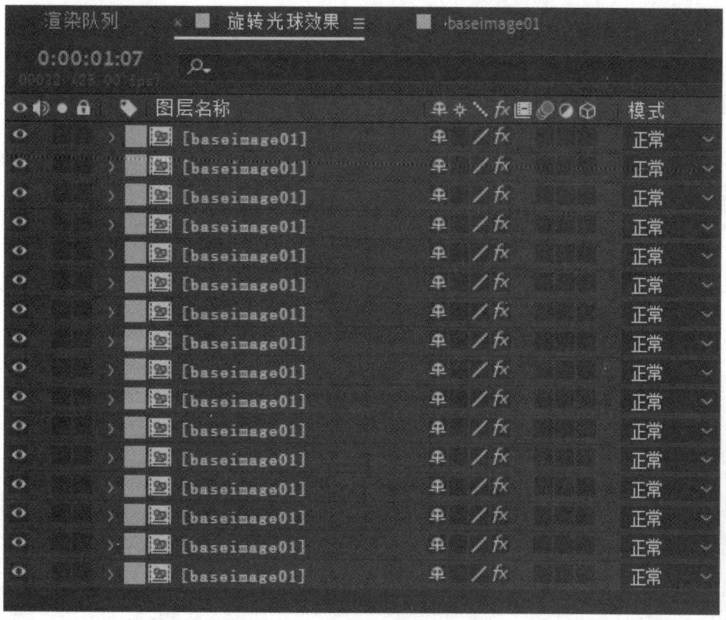

图9.50　复制的图层效果

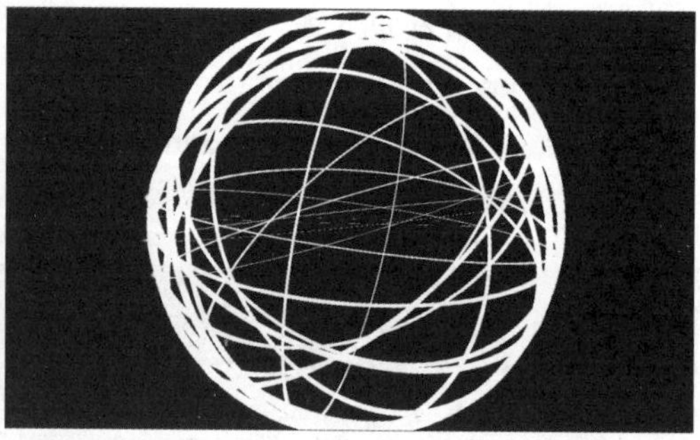

图9.51　在【合成预览】窗口中的效果三

步骤03：将所有图层选中，创建预合成，预合成的名称为"光球效果"。

步骤04：创建文字。单击 T （横排文字工具）按钮，在【合成预览】窗口中输入"中国梦，民族梦"，文字属性如图9.52所示，在【合成预览】窗口中的效果，如图9.53所示。

步骤05：将文字图层放置在最底层，如图9.54所示。

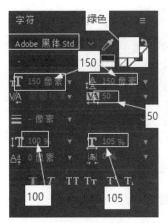

图 9.52　文字属性

图 9.53　在【合成预览】窗口中的效果四

图 9.54　图层叠放顺序

步骤 06：添加【斜面 Alpha】效果。单选 ■ T 中国梦 民族梦 图层，在菜单栏中单击【效果（T）】→【透视】→【斜面 Alpha】命令，完成【斜面 Alpha】效果的添加。

步骤 07：设置【斜面 Alpha】效果参数，【斜面 Alpha】效果参数的具体设置，如图 9.55 所示，在【合成预览】窗口中的效果，如图 9.56 所示。

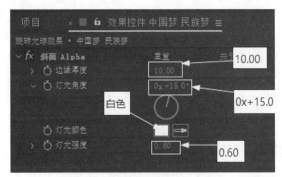

图 9.55　【斜面 Alpha】参数设置

图 9.56　在【合成预览】窗口中的效果五

步骤 08：添加【基本 3D】效果。在菜单栏中单击【效果（T）】→【过时】→【基本 3D】命令，完成【基本 3D】效果的添加。

步骤 09：方法同上，给文字图层中的【基本 3D】效果中的参数添加表达式，如图 9.57 所示。

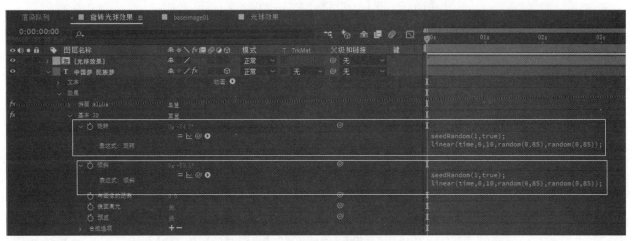

图 9.57　给参数添加表达式

步骤 10：添加表达式之后，在【合成预览】窗口中的截图效果，如图 9.58 所示。

图 9.58　在【合成预览】窗口中的截图效果一

视频播放：具体介绍，请观看配套视频"任务五：复制图层和添加文字效果.wmv"。

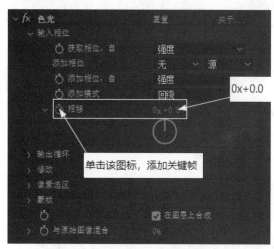

【任务六：给文字添加效果】

图 9.59　【色光】参数设置

任务六：给文字添加效果

步骤 01：选择图层。在【旋转光球效果】合成中，单选 T 中国梦 民族梦 图层。

步骤 02：添加【色光】效果。在菜单栏中单击【效果】→【颜色校正】→【色光】命令，完成【色光】效果的添加。

步骤 03：设置【色光】效果参数。将 ▼（时间指针）移到第 0 秒 0 帧的位置，设置【色光】效果参数并添加关键帧，具体调节如图 9.59 所示。

步骤 04：继续调整【色光】效果参数。将 ▼（时间指针）移到第 9 秒 0 帧的位置，将【色光】效果中的"相移"参数的值设置为"1x+0.0"，完成参数设置，在【合成预览】窗口中的截图效果，如图 9.60 所示。

图 9.60　在【合成预览】窗口中的截图效果二

视频播放：具体介绍，请观看配套视频"任务六：给文字添加效果.wmv"。

【案例 3：拓展训练】

七、拓展训练

根据所学知识，制作如下效果。

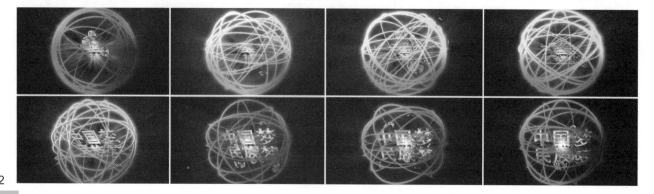

学习笔记：

案例 4：展开的倒计时效果

一、案例内容简介

　　本案例主要介绍使用【投影】效果、【百叶窗】效果、【过渡】效果、表达式和合成嵌套综合应用来制作展开的倒计时效果。

【案例 4　简介】

二、案例效果欣赏

三、案例制作（步骤）流程

任务一：创建新合成➡任务二：创建文字➡任务三：创建纯色层和添加效果➡任务四：复制文字图层并修改文字图层属性➡任务五：设置表达式➡任务六：设置父子关系运动➡任务七：其他倒计时数字的制作➡任务八：合成嵌套➡任务九：创建过渡效果

四、制作目的

（1）了解展开的倒计时效果制作的原理；
（2）掌握表达式语句的基本含义；
（3）掌握表达式语句的书写规则和注意事项；
（3）掌握使用父子关系控制动画的整体运动。

五、制作过程中需要解决的问题

（1）表达式书写的规则和语句的基本含义；
（2）父子关系的作用；
（3）倒计时制作的原理。

六、详细操作步骤

在影视后期特效合成中，制作动画主要有两种方式：使用关键帧制作动画和使用表达式制作动画。在前面的章节中已经介绍了关键帧制作动画的方法和技巧，在本案例中主要介绍另一种制作动画的方法，即使用表达式制作动画。使用表达式制作动画可以避免大量的重复工作，比较灵活和便捷。下面通过制作一个展开的倒计时效果来介绍表达式动画制作的方法和技巧。

【任务一：创建新合成】

任务一：创建新合成

步骤 01：启动 After Effects CC 2019。

步骤 02：创建新合成。在菜单栏中单击【合成（C）】→【新建合成（C）…】命令，弹出【合成设置】对话框，在该对话框中，合成名称为"展开的倒计时效果"，尺寸为"1280px×720px"，持续时间为"5秒"，其他参数为默认设置。

步骤 03：设置完参数，单击【确定】按钮完成合成创建。

视频播放：具体介绍，请观看配套视频"任务一：创建新合成.wmv"。

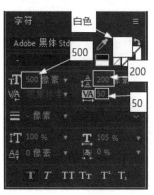

图 9.61 【文字】属性设置

【任务二：创建文字】

任务二：创建文字

步骤 01：在工具箱中单击▉（横排文字工具）按钮。

步骤 02：在【合成预览】窗口中输入文字，【文字】属性的具体设置如图 9.61 所示，在【合成预览】窗口中的效果，如图 9.62 所示。

步骤 03：调整文字图层中的比例参数，具体设置如图 9.63 所示，在【合成预览】窗口中的效果如图 9.64 所示。

步骤 04：调节"锚点"的位置。在工具箱中单击▉（向后平移（锚点）工具），将鼠标移到【合成预览】窗口中的定位点上，按住鼠标左键不放移到如图 9.65 所示的位置。

图 9.62 在【合成预览】窗口中的效果一

图 9.63 "缩放"属性设置

图 9.64 在【合成预览】窗口中的效果二

图 9.65 锚点的位置

视频播放：具体介绍，请观看配套视频"任务二：创建文字.wmv"。

任务三：创建纯色层和添加效果

步骤 01： 创建一个淡黄色纯色层。在【展开的倒计时效果】合成窗口中的位置如图 9.66 所示。

步骤 02： 添加【投影】效果。单选 T 3 图层，在菜单栏中单击【效果（T）】→【透视】→【投影】命令，完成【投影】效果的添加。

步骤 03： 设置【投影】效果参数，【投影】效果参数的具体设置如图 9.67 所示，在【合成预览】窗口中的效果，如图 9.68 所示。

【任务三：创建纯色层和添加效果】

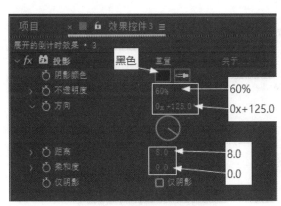

图 9.66 创建的淡黄色纯色层

图 9.67 【投影】参数设置

图 9.68 在【合成预览】窗口中的效果三

视频播放：具体介绍，请观看配套视频"任务三：创建纯色层和添加效果.wmv"。

任务四：复制文字图层并修改文字图层属性

【任务四：复制文字图层并修改文字图层属性】

步骤01：选择并复制图层。在【展开的倒计时效果】合成中单击 T 3 图层，按"Ctrl+D"组合键，完成图层的复制。

图9.69　重命名为"红"的图层

步骤02：单选要复制的图层，按键盘上的"Enter"键，将该图层重命名为"红"，在【展开的倒计时效果】合成中的效果，如图9.69所示。

步骤03：在【合成预览】窗口中，将 T 红 图层的文字颜色修改为红色，如图9.70所示。

步骤04：重复第1至第3步的操作，分别制作"白""黄""绿""青""蓝"和"紫"6个图层，每个图层的文字颜色与图层的名称相对应并将"白"图层放置最顶层，如图9.71所示。

图9.70　修改为"红色"的文字效果

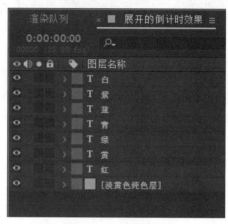

图9.71　图层的顺序

视频播放：具体介绍，请观看配套视频"任务四：复制文字图层并修改文字图层属性.wmv"。

任务五：设置表达式

【任务五：设置表达式】

步骤01：选择图层并展开属性。单选 T 红 图层，按"R"键展开该图层的"缩放"属性。

步骤02：创建关键帧。将 ▼（时间指针）移到第1秒0帧的位置，单击"旋转"左边的 ⏱ 按钮，创建一个关键帧。

步骤03：设置"旋转"属性参数。将 ▼（时间指针）移到第3秒0帧的位置，将"旋转"参数设置为"0x+80.0"，系统自动添加关键帧，如图9.72所示，在【合成预览】窗口中的效果，如图9.73所示。

图9.72　"旋转"属性参数设置

步骤04：选择除 [淡黄色纯色层] 图层之外的所有图层。按"R"键，展开所有选中图层的"旋转"属性，如图9.74所示。

图 9.73 调节参数之后的效果

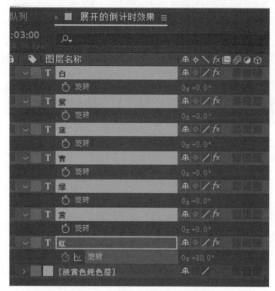

图 9.74 展开"旋转"属性

步骤 05：按住"Alt"键的同时，单击 T 黄 图层中的"旋转"左侧的 ○ 按钮，展开旋转表达式编辑项，如图 9.75 所示。

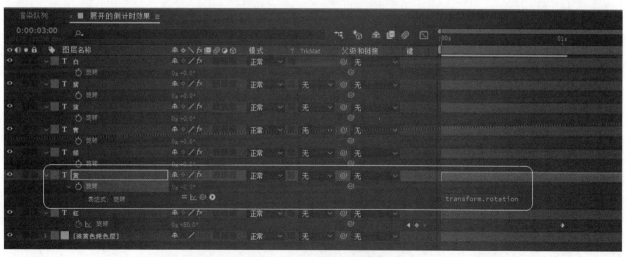

图 9.75 展开旋转表达式编辑项

步骤 06：将鼠标移到 <kbd>T 黄</kbd>图层属性中的表达式项中的 ◎（表达式拾取）图标上，按住左键将鼠标拖拽到 <kbd>T 红</kbd>图层中的 ◎ ∟ 旋转 属性上，得到如图 9.76 所示的表达式语句。

图 9.76　得到的表达式语句

步骤 07：修改表达式。修改之后的表达式如图 9.77 所示。

图 9.77　修改之后的表达式

步骤 08：重复第 05 至 07 步骤的方法，使其他图层与 <kbd>T 红</kbd>图层建立旋转的关联动画，各层的语句表达式，如图 9.78 所示。

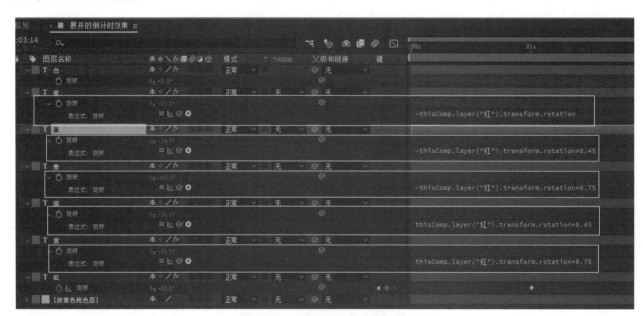

图 9.78　各个图层的表达式语句

步骤 09：建立旋转关联动画之后的截图效果，如图 9.79 所示。

图 9.79　建立旋转关联动画之后的截图效果

视频播放：具体介绍，请观看配套视频"任务-五：设置表达式.wmv"。

任务六：设置父子关系运动

【任务六：设置父子关系运动】

步骤 01：创建"空对象"图层。在【展开的倒计时效果】合成窗口中单击鼠标右键，弹出快捷菜单，在弹出的快捷菜单中单击【新建】→【空对象（N）】命令，完成"空对象"图层的创建。如图 9.80 所示。

步骤 02：选择所有文字图层。将鼠标移到任意选中的文字图层中的 ◙（父子关联器）图标上，按住鼠标左键不放的同时拖拽到"空 1"图层上，如图 9.81 所示，松开鼠标，将所有图层的父子属性都设为"空 1"图层，如图 9.82 所示。

图 9.80　创建的空对象图层

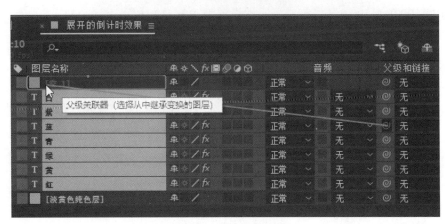

图 9.81　建立父子关系

319

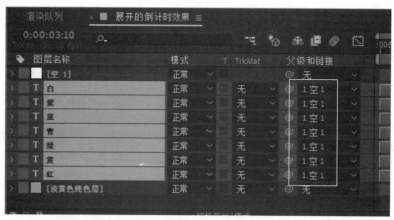

图 9.82　图层父子属性的设定

步骤 03：展开"空 1"图层中的比例和旋转属性。将�（时间指针）移到第 0 秒 0 帧的位置，给"缩放"和"旋转"属性添加关键帧并设置"缩放"和"旋转"参数，具体设置如图 9.83 所示。

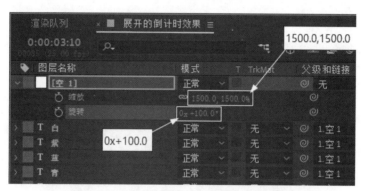

图 9.83　"空 1"图层的"变换"参数设置

步骤 04：将▼（时间指针）移到第 1 秒 0 帧的位置，给"缩放"和"旋转"参数添加关键帧，将"缩放"属性设置为"100.0，100.0"，"旋转"属性设置为"0x+0.0"。

步骤 05：将▼（时间指针）移到第 3 秒 0 帧的位置，给"缩放"和"旋转"参数添加关键帧，将"缩放"属性设置为"100.0，100.0"，"旋转"属性设置为"0x+0.0"。

步骤 06：将▼（时间指针）移到第 4 秒 0 帧的位置，给"缩放"和"旋转"参数添加关键帧，将"缩放"属性设置为"1500.0，1500.0"，"旋转"属性设置为"0x+120.0"。

步骤 07：设置"空 1"图层中的"缩放"和"旋转"参数之后，在【合成预览】窗口中的截图效果，如图 9.84 所示。

图 9.84　在【合成预览】窗口中的截图效果

步骤 08：打开所有图层的运动模糊总开关。分别单击【合成窗口】中的▨（运动模糊）图标对应的■图标。单击▨（运动模糊总开关）按钮，如图 9.85 所示。

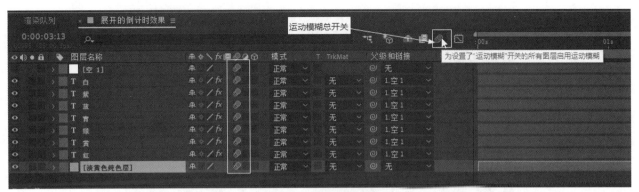

图 9.85 运动模糊设置

步骤 09：开启模糊之后的效果，如图 9.86 所示。

图 9.86 开启模糊之后在【合成预览】窗口中的效果

视频播放：具体介绍，请观看配套视频"任务六：设置父子关系运动.wmv"。

任务七：其他倒计时数字的制作

步骤 01：展开"白"文字图层和"紫"文字图层。按住键盘上的"Alt"键的同时单击"紫"文字图层中 源文本 属性左边的 图标，展开"源文本"属性表达式编辑项，如图 9.87 所示。

【任务七：其他倒计时数字的制作】

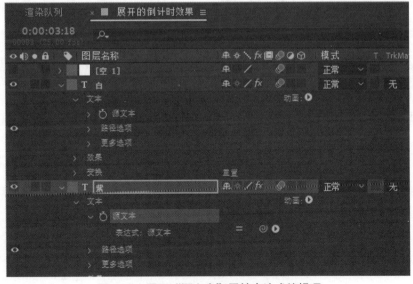

图 9.87 展开"源文本"属性表达式编辑项

步骤 02：将鼠标移到"紫"图层中的 （表达式拾取）图标上，按住鼠标左键不放的同时拖拽到"白"文字图层中的 源文本 属性上，如图 9.88 所示。松开鼠标完成表达式链接到"白"文字图层的 源文本 属性上。

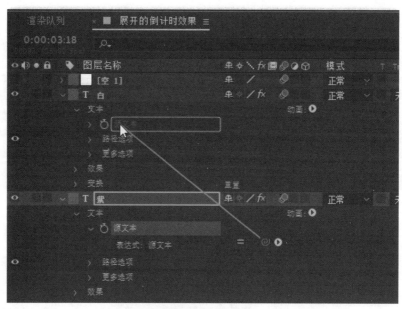

图 9.88　拖拽的效果

步骤 03： 方法同上。将其他文字图层的 源文本 属性链接到"白"文字图层的 源文本 属性上。

步骤 04： 在【展开的倒计时效果】合成窗口中框选所有图层。将其创建为"展开的倒计时效果 3"预合成，如图 9.89 所示。

步骤 05： 在【项目】合成窗口中单选 展开的倒计时效果3 合成，按"Ctrl+D"组合键两次，并将复制的合成拖到【展开的倒计时效果】合成中并重命名，如图 9.90 所示。

步骤 06： 将 展开的倒计时效果1 图层中的文字修改为"1"，将 展开的倒计时效果2 图层中的文字修改为"2"，修改之后的效果如图 9.91 所示。

图 9.89　创建的预合成

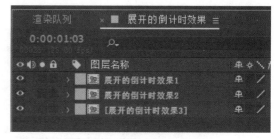

图 9.90　重命名的合成图层

图 9.91　修改之后的文字效果

视频播放： 具体介绍，请观看配套视频"任务七：其他倒计时数字的制作.wmv"。

任务八：合成嵌套

步骤 01：创建新合成。在菜单栏中单击【合成（C）】→【新建合成（C）…】命令，弹出【合成设置】对话框，在该对话框中，合成名称为"最终展开的倒计时效果"，尺寸为"1280px×720px"，持续时间为"15 秒"，其他参数为默认设置，单击【确定】按钮，完成新合成创建。

【任务八：合成嵌套】

步骤 02：将其他三个合成拖拽到【最终展开的倒计时效果】合成中，如图 9.92 所示。

图 9.92　图层的叠放顺序

步骤 03：在【最终展开的倒计时效果】合成窗口中调整嵌套合成的时间位置，如图 9.93 所示。

图 9.93　嵌套合成的时间位置

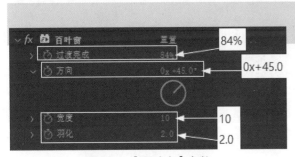

图 9.94　【百叶窗】参数

视频播放：具体介绍，请观看配套视频"任务八：合成嵌套.wmv"。

任务九：创建过渡效果

【任务九：创建过渡效果】

步骤 01：单选　展开的倒计时效果2 图层，在菜单栏中单击【效果（T）】→【过渡】→【百叶窗】命令，完成【百叶窗】效果的添加。

步骤 02：设置【百叶窗】效果参数，将（时间指针）移到第 4 秒 15 帧的位置，设置【百叶窗】效果参数并添加关键帧，具体参数设置如图 9.94 所示。

步骤 03：继续设置【百叶窗】效果参数，将（时间指针）移到第 5 秒 0 帧的位置，设置【百叶窗】效果参数并添加关键帧，具体参数设置如图 9.95 所示。

步骤 04：单选　展开的倒计时效果1 图层，在菜单栏中单击【效果（T）】→【过渡】→【CC Jaws】命令，完成【CC Jaws】效果的添加。

步骤 05：设置【CC Jaws】效果参数。将（时间指针）移到第 9 秒 04 帧的位置，设置【CC Jaws】效果参数并添加关键帧，具体参数设置如图 9.96 所示。

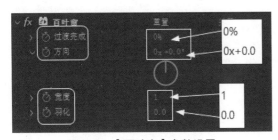

图 9.95　【百叶窗】参数设置

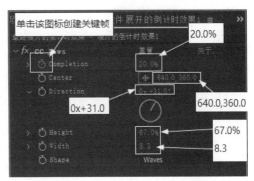

图 9.96　【CC Jaws】参数设置

步骤 06：继续调整【CC Jaws】效果参数。将 ▣（时间指针）移到第 9 秒 15 帧的位置，将【CC Jaws】效果中的"Completion"参数值设置为"0.0%"，系统自动添加关键帧，完成【CC Jaws】效果参数调整。

步骤 07：调整完成之后，在【合成预览】窗口中的截图效果，如图 9.97 所示。

图 9.97　在【合成预览】窗口中的截图效果

视频播放：具体介绍，请观看配套视频"任务九：创建过渡效果.wmv"。

【案例 4：拓展训练】

七、拓展训练

根据所学知识，制作如下效果。

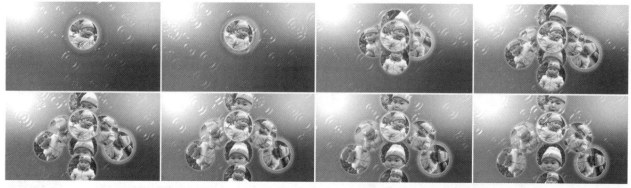

学习笔记：

案例 5：After Effects CC 2019 插件知识

一、案例内容简介

本案例主要介绍有关 After Effects CC 2019 插件开发软件简介、插件的收集方法、插件安装方法和插件的禁用及卸载等知识点。

【案例5　简介】

二、案例效果欣赏

该案例没有预览效果，本案例属于有光插件的理论基础。

二、案例制作（步骤）流程

任务一：插件开发软件简介➡任务二：插件的收集方法➡任务三：插件的安装方法➡任务四：插件的禁用和卸载方法

四、制作目的

（1）了解插件的概念；
（2）掌握插件的收集；
（3）掌握插件的安装、禁用和卸载；
（4）了解插件的开发基础知识。

五、制作过程中需要解决的问题

（1）熟悉插件的概念；
（2）了解插件的开发软件；
（3）掌握插件的安装和使用原理。

六、详细操作步骤

插件的英文名称为"plug-in"。在 After Effects CC 2019 中的插件是指其他软件开发公司针对 After Effects CC 2019 软件开发的一些效果应用程序包。读者可以使用这些特效应用程序包快速实现 After Effects CC 2019 中需要复杂步骤才能实现的效果，或者根本没法实现的效果。

只要将收集的插件进行安装或复制即可使用该插件。插件的使用方法和规则与 After Effects CC 2019 自带的【效果】使用方法和规则基本相同。

任务一：插件开发软件简介

用户可以通过以下 3 种软件中的任意一种来开发 After Effects CC 2019 的插件。

【任务一：插件
开发软件简介】

1. Quartz Composer 插件开发软件

Quartz Composer 是由苹果公司开发的一款可视化节点编程软件，使用该软件，用户不需要编写一行代码即可编写出需要的插件，该插件开发软件是基于节点的原理来开发插件的。读者很容易上手，而且完美支持 OpenGL、CoreImage、OpenCL、Quartz 和 CoreVideo 等技术。

需要提醒用户的是，使用 Quartz Composer 开发 After Effects CC 2019 插件时，需要安装 FxFacory Pro and Effect Builder Affects 程序，使用 Quartz Composer 开发的 After Effects CC 2019 插件只能在 Mac（苹果）系统上使用，这是该插件开发软件的缺陷。

2. Pixel Bender 插件开发软件

Pixel Bender 插件开发软件是由 Adobe 公司自己开发的一款插件开发软件，而且完全免费，用户可以在网上下载，该款软件也很容易掌握。

Pixel Bender 插件开发软件的优势是使用该插件开发软件编写的程序可以被 Photoshop、Flash、After Effects 等 Adobe 软件所识别，也很容易上手。但该软件也有自己的不足之处。该软件不是一款专业的 After Effects 插件开发软件。不支持 After Effects 中的摄像机和 Mask（插件）等功能。使用该软件实现一般的效果很方便，要是开发一些非常复杂或大型的插件就有点显得力不从心了。

3. After Effects SDK

SDK 是 Software Development Kit 英文单词首字母的缩写。使用 SDK 开发 After Effects 插件时，还需要 IDE 和 Visual Studio 软件的支持。开发者还需要具备一门计算机语言，例如：C 语言、C++ 或 VB 等。用户使用 After Effects SDK 插件开发软件可以开发出需要的任何插件，这关键看用户的知识结构。

如果想详细了解 After Effects SDK 插件开发软件，可以上网（http：//forums.adobe.com/community/aftereffects_disussion.aftereffects_sdk）查看该软件的相关资料。不过，作为一般的用户没有必要去研究这些插件的开发，只需要学会收集、安装和使用即可。

视频播放： 具体介绍，请观看配套视频"任务一：插件开发软件简介.wmv"。

【任务二：插件的收集方法】

任务二：插件的收集方法

插件的收集方法主要有如下 5 种比较常用的方法。

1. 从相关论坛上下载

在一些专门的后期特效专业论坛中，很多网友会提供很多下载的链接地址或者发布讨论插件的帖子，并附带插件。用户可以根据开发项目需要下载相应插件。

2. 通过搜索软件收集

用户只要在浏览器中输入"After Effects 插件"，即可得到很多有关插件的信息，建议用户输入"After Effects plug-ins"关键词搜索，这样可以搜索到更多的优秀插件。

3. 通过官方网站下载

一般情况下，每一款插件在自己的官方网站上都会提供一段免费试用期，用户只要按照官方要求进行注册即可下载使用（注册一般包括姓名、电子邮箱和所使用的主程序及组织类型等信息），一般情况下，插件的免费试用期为 30 天。如果需要长期使用，需要购买。

4. 通过相关书籍的配套光盘获取

可以通过购买相关 After Effects 插件之类的书籍，在图书的配套资源中，一般会提供书中介绍的相关插件。

5. 通过淘宝店购买

一般情况下，通过淘宝店购买的插件比较全面和完整，价格也比较便宜，几十元就可以购买需要的插件。这样可以节约时间，方便和快捷。

【任务三：插件的安装方法】

视频播放： 具体介绍，请观看配套视频"任务二：插件的收集方法.wmv"。

任务三：插件的安装方法

插件的安装方法主要有标准安装方法和直接复制安装方法。

1. 标准安装方法

在进行标准安装时，需要注意插件安装程序的版本。一般情况下，插件的安装程序有 32 位和 64 位两种版本，用户可根据需要安装相应版本的插件。另外，在安装前还需要确认插件与所使用的 After Effects 版本是否对应。

这里，以"Ae Plug-ins Suite 19.13"插件集为例介绍"*.exe"类型插件的安装。

步骤 01：将鼠标移到 ■ Ae Plug-ins Suite 19.13 图标上，单击鼠标右键，弹出快捷菜单，在弹出的快捷菜单中单击 ⬤ 以管理员身份运行(A) 命令→弹出【AE 插件合计一键安装版】对话框，在该对话框选择安装的版本号和安装路径，如图 9.98 所示。

步骤 02：设置完毕，单击【继续】按钮→弹出对话框，该对话框提供用户需要安装的插件，选择需要安装的插件，如图 9.99 所示。

图 9.98　【AE 插件合计一键安装版】对话框

图 9.99　【插件选择】对话框

步骤 03：选择需要安装的插件之后，单击【继续】按钮，弹出【卸载提示】对话框，如图 9.100 所示。

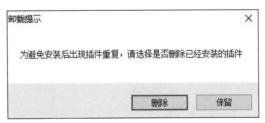

图 9.100　【卸载提示】对话框

步骤 04：单击【删除】按钮，插件开始安装，此时，弹出安装进度对话框，只需要等待安装进度达到"100%"即可。

2. 直接复制安装方法

如果收集的插件的扩展名为"*.aex"，就可以使用直接复制的方法进行安装，具体安装方法如下。

步骤 01：找到需要直接复制的插件。

步骤 02：切换到"After Effects CC 2019 的安装路径 \Support Files\plug-ins"文件下，按"Ctrl+V"组合键即可。

> **视频播放**：具体介绍，请观看配套视频"任务三：插件的安装方法.wmv"。

任务四：插件的禁用和卸载方法

1. 插件的禁用

如果用户安装了插件，为了节约系统资源，安装的插件又暂时不用的话，可以将该插件进行临时禁用，具体操作方法如下。

【任务四：插件的禁用和卸载方法】

步骤 01：切换到"After Effects CC 2019 的安装路径 \Support Files\plug-ins"文件下，找到需要禁用的插件的文件或文件夹。

步骤 02：在需要禁用的文件上单击鼠标右键，弹出快捷菜单，在弹出的快捷菜单中单击【重命名（M）】按钮，此时该文件或文件夹呈蓝色。

步骤 03：将需要禁用的文件或文件夹使用"[]"符号框起来即可。

步骤 04：如果需要解除禁用，只要将文件或文件夹上的"[]"符号去掉即可。

2. 插件的卸载

如果确定永久不需要安装的插件，用户可以通过以下方法进行卸载。

步骤 01：直接进入"After Effects CC 2019 的安装路径 \Support Files\plug-ins"文件下或"C:\\Program Files\Adobe\Common\Plug-ins\CC 2019\MediaCore"文件下，将其插件或插件所在的文件夹删除即可。

步骤 02：也有部分插件，安装之后，会在"开始"菜单中有卸载的快捷菜单。用户单击该卸载快捷菜单也可以将其插件卸载。

> **视频播放**：具体介绍，请观看配套视频"任务四：插件的禁用和卸载方法.wmv"。

七、拓展训练

根据前面介绍的方法，上网收集一些比较流行的插件，对收集的插件进行安装和使用。

【案例5：拓展训练】

学习笔记：

学习笔记：

案例 6：霓虹灯效果

【案例 6 简介】

一、案例内容简介

本案例主要介绍使用【3D Stroke】效果插件、【渐变】效果、【色光】效果、【CC Ball Action】效果、【CC kaleida】效果、【无线电波】效果、【色相 / 饱和度】效果、【CC Vector Blur】、【颜色平衡】效果、表达式和合成嵌套综合应用来制作霓虹灯效果。

二、案例效果欣赏

三、案例制作（步骤）流程

任务一：制作背景效果➡任务二：制作文字效果➡任务三：制作边框闪烁效果➡任务四：制作彩虹效果➡任务五：合成嵌套和整体调节

四、制作目的

（1）掌握插件的使用方法和规则；

（2）提高插件的综合应用能力；

（3）提高【效果】的综合应用能力。

五、制作过程中需要解决的问题

（1）插件的安装；

（2）霓虹灯效果制作的原理；

（3）插件与 After Effects CC 2019 自带【效果】的综合应能力。

六、详细操作步骤

使用 3D Stroke 插件效果、遮罩路径，以及 After Effects CC 2019 自带的一些插件可以模拟出城市夜景的各种霓虹灯效果。本案例制作的原理比较简单，也没有使用大量复杂的插件和 After Effects CC 2019 自带效果，但在制作该案例的过程中用到了 After Effects CC 2019 中大量的基础知识和一些相对酷炫的效果。

【任务一：制作背景效果】

任务一：制作背景效果

该背景效果的制作，主要使用【色光】效果结合【CC Ball Action】效果来制作。

步骤 01：启动 After Effects CC 2019 软件，保存项目名为"案例 6：霓虹灯效果"。

步骤 02：创建新合成。在菜单栏中单击【合成（C）】→【新建合成（C）…】命令，弹出【合成设置】对话框，在该对话框中，合成名称为"上海歌舞厅"，尺寸为"1280px×720px"，持续时间为"10 秒"，其他参数为默认设置，单击【确定】按钮，完成新合成创建。

步骤 03：创建一个名为"网格"的纯色层。

步骤 04：给图层添加【渐变】效果。单选■■网格纯色层，在菜单栏中单击【效果（T）】→【生成】→【梯度渐变】命令，完成【梯度渐变】效果的添加，参数采用默认设置。

步骤 05：添加【色光】效果。单选■■网格纯色层，在菜单栏中单击【效果（T）】→【颜色校正】→【色光】命令，完成【色光】效果的添加。

步骤 06：设置【色光】效果的参数，【色光】效果参数的具体设置如图 9.101 所示，在【合成预览】窗口中的效果，如图 9.102 所示。

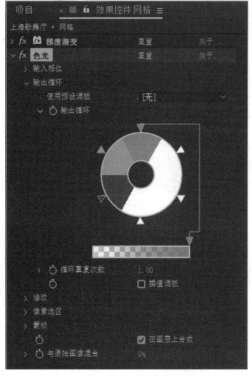

图 9.101 【色光】参数设置

图 9.102 在【合成预览】窗口中的效果一

步骤 07：添加【CC Ball Action】效果。单选■■网络纯色层，在菜单栏中单击【效果（T）】→【模拟】→【CC Ball Action】命令，完成【CC Ball Action】效果的添加。

步骤 08：设置【CC Ball Action】效果参数，【CC Ball Action】效果参数的具体设置如图 9.103 所示，在【合成预览】窗口中的效果，如图 9.104 所示。

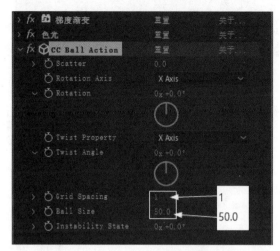

图 9.103 【CC Ball Action】参数设置

图 9.104 在【合成预览】窗口中的效果二

步骤 09：添加【CC Kaleida】效果。单选■■网络纯色层在菜单栏中单击【效果（T）】→【风格化】→【CC Kaleida】命令，完成【CC Kaleida】效果的添加。

步骤 10：设置【CC Kaleida】效果参数。将■（时间指针）移到第 0 秒 0 帧的位置，该效果参数的具体设置如图 9.105 所示。在【合成预览】窗口中的效果，如图 9.106 所示。

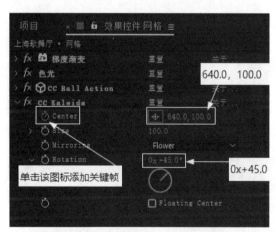

图 9.105 【CC Kaleida】参数设置一

图 9.106 在【合成预览】窗口中的效果三

步骤 11：继续调节【CC Kaleida】效果参数。将■（时间指针）移到第 10 秒 0 帧的位置，该效果参数的具体调节如图 9.107 所示。在【合成预览】窗口中的效果，如图 9.108 所示。

步骤 12：创建一个名为"矩形蒙版"的纯色层。

步骤 13：给图层添加【无线电波】效果。在菜单栏中单击【效果（T）】→【生成】→【无线电波】命令，完成【无线电波】效果的添加。

步骤 14：设置【无线电波】参数，【无线电波】参数的具体设置如图 9.109 所示。在【合成预览】窗口中的效果，如图 9.110 所示。

步骤 15：调节图层的遮罩模式。将■■网络图层的轨道遮罩模式设置为"Alpha 反转遮罩""矩形蒙版"遮罩模式，如图 9.111 所示，在【合成预览】窗口中的效果，如图 9.112 所示。

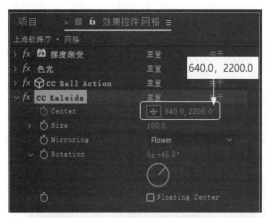

图 9.107 【CC Kaleida】参数设置三

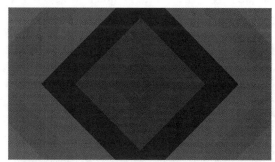

图 9.108 在【合成预览】窗口中的效果四

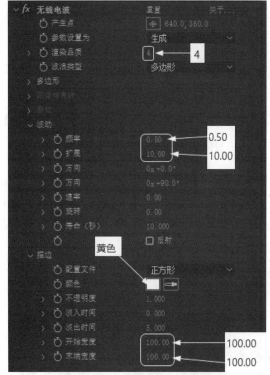

图 9.109 【无线电波】参数设置

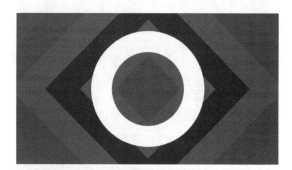

图 9.110 在【合成预览】窗口中的效果五

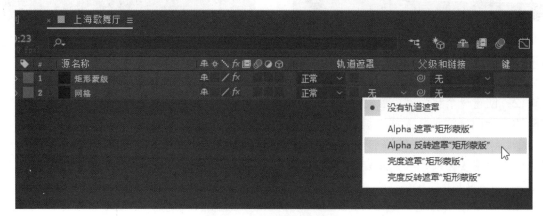

图 9.111 图层的遮罩模式

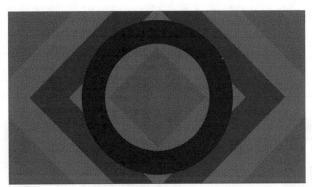

图 9.112　在【合成预览】窗口中的效果八

步骤 16：复制图层。在【上海歌舞厅】合成窗口中框选两个图层，按"Ctrl+D"组合键复制框选的图层，调节图层叠放顺序并将最上层的图层整体往左移动 1 秒的距离，如图 9.113 所示。

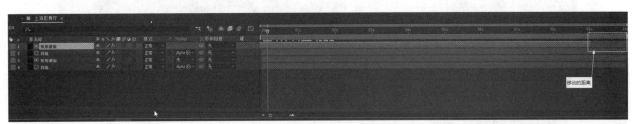

图 9.113　复制和调节之后的效果

步骤 17：拖拽 ▇▇▇ 矩形蒙版 图层的出点，使其与第 10 秒 0 帧位置对齐，如图 9.114 所示。

图 9.114　图层的对齐方式

步骤 18：从【合成预览】窗口中可以看出，两个图层的颜色完全相同，缺少变换。在【上海歌舞厅】合成窗口中单选 ▇▇ 网络 图层，在菜单栏中单击【效果（T）】→【颜色校正】→【色相 / 饱和度】命令，设置【色相 / 饱和度】参数，具体设置如图 9.115 所示，在【合成预览】窗口中截图效果，如图 1.116 所示。

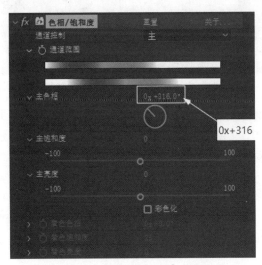

图 9.115　【色相 / 饱和度】参数设置

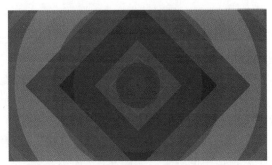

图 9.116　在【合成预览】窗口中的效果七

视频播放：具体介绍，请观看配套视频"任务一：制作背景效果.wmv"。

任务二：制作文字效果

步骤 01： 使用 **T**（横排文字工具），在【合成预览】窗口中输入"上海歌舞厅"文字，文字的属性如图 9.117 所示，在【合成预览】窗口中的效果，如图 9.118 所示。

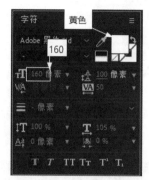

图 9.117　文字属性设置

图 9.118　在【合成预览】窗口中的效果八

步骤 02： 复制图层和重命名。单选 1 上海歌舞厅 图层，按"Ctrl+D"组合键复制单选的图层，对文字图层和复制的图层进行重命名，如图 9.119 所示。

步骤 03： 给图层添加【CC Vector Blur】效果。单选 2 荧光字 图层，在菜单中单击【效果（T）】→【模糊和锐化】→【CC Vector Blur】命令，完成【CC Vector Blur】效果的添加。

步骤 04： 设置【CC Vector Blur】效果参数。【CC Vector Blur】效果参数的具体设置如图 9.120 所示，在【合成预览】窗口中的效果，如图 9.121 所示。

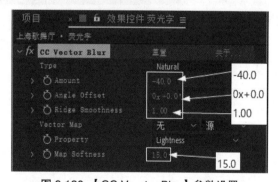

图 9.119　重命名文字

图 9.120　【CC Verctor Blur】参数设置

图 9.121　在【合成预览】窗口中的效果九

步骤 05： 复制图层并修改图层文字属性。单选 1 T 中心字 图层，按"Ctrl+D"组合键复制图层并重名为"轮廓 1 蒙版"，设置该图层中文字的属性具体调节如图 9.122 所示，在【合成预览】窗口中的效果，如图 9.123 所示。

步骤 06： 复制图层并重命名。单选 3 T 轮廓1蒙版 图层，按"Ctrl+D"组合键复制图层并重名为"轮廓1"，该图层中文字的属性具体调节如图 9.124 所示，图层的顺序如图 9.125 所示，在【合成预览】窗口中的效果，如图 9.126 所示。

步骤 07： 将 4 T 轮廓1 图层的遮罩模式设置为"Alpha 反转遮罩""轮廓 1 蒙版"遮罩模式，在【合成预览】窗口中的效果，如图 9.127 所示。

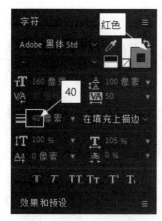

图 9.122　文字属性

图 9.123　在【合成预览】窗口中的效果十

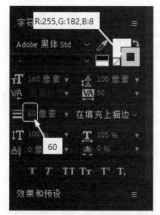

图 9.124　文字属性的调节

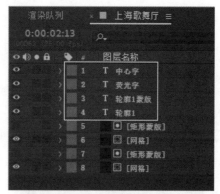

图 9.125　图层的叠放顺序

图 9.126　在【合成预览】窗口中的效果十一

图 9.127　在【合成预览】窗口中的效果十二

步骤 08：利用步骤 06 和步骤 07 的方法，再制作一个轮廓，如图 9.128 所示，在【合成预览】窗口中的效果，如图 9.129 所示。

步骤 09：按住"Alt"键分别单击"中心字""轮廓 1"和"轮廓 2"三个图层，按住 T 键展开选择图层的"不透明度"参数，如图 9.130 所示。

步骤 10：按住"Alt"键分别单击"中心字""轮廓 1"和"轮廓 2"图层中的"不透明度"参数前面的图标，展开透明度表达式输入框，输入"wiggle（10，150）"表达式，如图 9.131 所示。

提示：wiggle（A，B）表达式中的 A 表示频率，也就是震动的快慢，B 表示震动的幅度，也就是震动的大小。

视频播放：具体介绍，请观看配套视频"任务二：制作文字效果.wmv"。

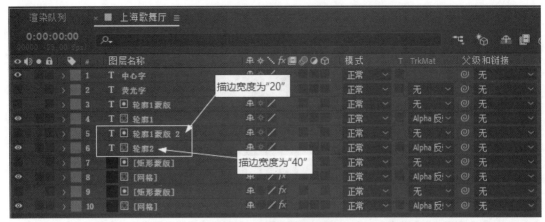

图 9.128　创建的轮廓

图 9.129　在【合成预览】窗口中的效果十三

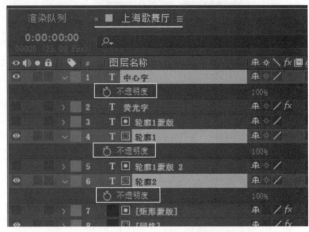

图 9.130　展开的"不透明度"参数

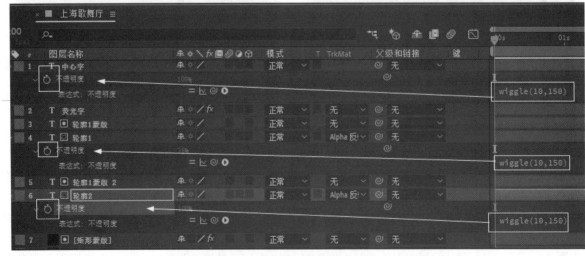

图 9.131　不透明度参数表达式

【任务三：制作边框闪烁效果】

任务三：制作边框闪烁效果

步骤 01： 在【上海歌舞厅】合成中的图层位置，创建一个名为"椭圆形遮罩"的纯色层，如图 9.132 所示。

步骤 02：使用▣（圆角矩形工具）在【合成预览】窗口中绘制如图 9.133 所示的圆角矩形遮罩。

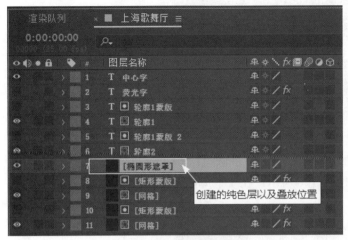

图 9.132　创建的纯色层

图 9.133　在【合成预览】窗口中的效果十四

提示：在使用▣（圆角矩形工具）创建图形的时候，在鼠标左键没有释放的状态下，按键盘上的"↑"键和"↓"键将分别增大和减少圆角角度，按键盘上的"←"键将变成直角，按键盘上的"→"键将变成圆角。在鼠标左键没有释放的同时，按住键盘上的"空格"键移动鼠标即可移动遮罩路径的位置。

步骤 03：添加【3D Stroke】效果。单选 7 [椭圆形遮罩] 图层，在菜单栏中单击【效果（T）】→【RG Trapcode】→【3D Stroke】命令，完成【3D Stroke】效果的添加。

步骤 04：设置【3D Stroke】效果参数，【3D Stroke】参数的具体设置如图 9.134 所示，在【合成预览】窗口中的效果，如图 9.135 所示。

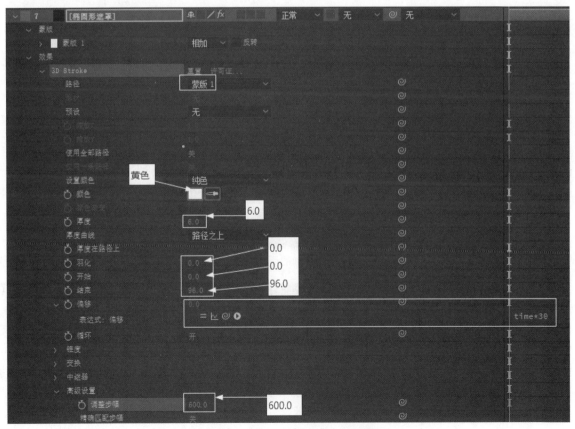

图 9.134　【3D Stroke】参数设置

图 9.135　在【合成预览】窗口中的效果十五

步骤 05：再创建一个名为"椭圆遮罩 01"的纯色层，并在"椭圆遮罩 01"纯色层中创建两个圆角矩形，圆角矩形在【合成预览】窗口中的效果，如图 9.136 所示，在【上海歌舞厅】合成窗口中的位置，如图 9.137 所示。

图 9.136　创建的纯色图层

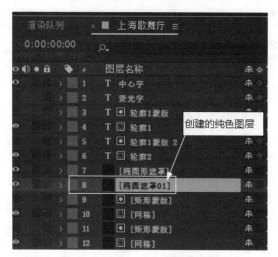

图 9.137　添加的两个圆角矩形

步骤 06：添加【3D Stroke】效果。单选 [椭圆遮罩01] 图层，在菜单栏中单击【效果（T）】→【RG Trapcode】→【3D Stroke】命令，完成【3D Stroke】效果的添加。

步骤 07：设置【3D Stroke】效果参数，【3D Stroke】参数的具体设置如图 9.138 所示，在【合成预览】窗口中的效果，如图 9.139 所示。

步骤 08：方法同步骤 06 和步骤 07，再创建一个"椭圆遮罩 02"纯色层，在创建的纯色层中添加两个椭圆遮罩，添加【3D Stroke】效果并设置参数（用户可以根据自己的喜好设置【3D Stroke】效果参数），在【合成预览】窗口中的截图效果，如图 9.140 所示。

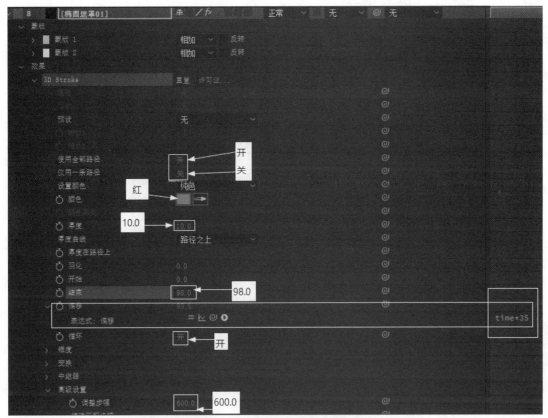

图 9.138　【3D Stroke】参数设置

图 9.139　在【合成预览】窗口中的效果十六

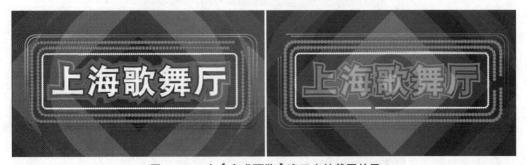

图 9.140　在【合成预览】窗口中的截图效果

视频播放：具体介绍，请观看配套视频"任务三：制作边框闪烁效果.wmv"。

任务四：制作彩虹效果

步骤 01：创建一个名为"彩虹"的合成。

步骤 02：创建一个名为"圆形遮罩"的纯色图层，使用（椭圆工具）在【合成预览】窗口中绘制一个圆形遮罩，如图 9.141 所示。

图 9.141　绘制圆形遮罩

步骤 03：添加【3D Stroke】效果。单选 圆形遮罩 图层，在菜单栏中单击【效果（T）】→【RG Trapcode】→【3D Stroke】命令，完成【3D Stroke】效果的添加。

步骤 04：设置【3D Stroke】效果参数，【3D Stroke】参数的具体设置如图 9.142 所示，在【合成预览】窗口中的效果，如图 9.143 所示。

步骤 05：添加【梯度渐变】效果。单选 圆形遮罩 图层，在菜单栏中单击【效果（T）】→【生成】→【梯度渐变】命令，完成【梯度渐变】效果的添加。

步骤 06：设置【3D Stroke】效果参数，【梯度渐变】参数的具体设置如图 9.144 所示，在【合成预览】窗口中的效果，如图 9.145 所示。

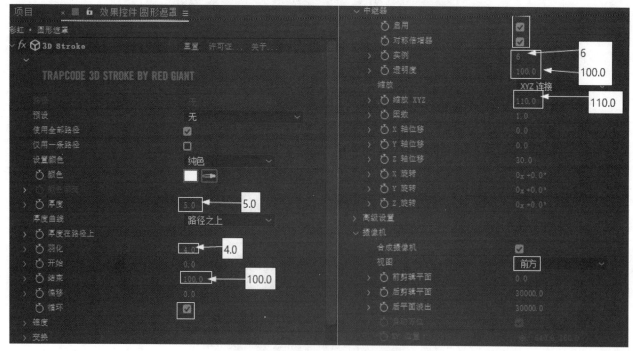

图 9.142　【3D Stroke】参数设置

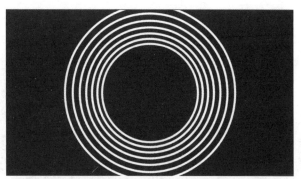

图 9.143　在【合成预览】窗口中的效果十七

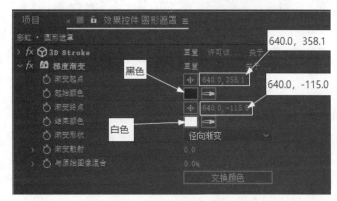

图 9.144　【梯度渐变】参数设置

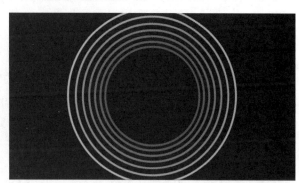

图 9.145　在【合成预览】窗口中的效果十八

　　步骤 07：添加【色光】效果。单选 1 圆形遮罩 图层，在菜单栏中单击【效果（T）】→【颜色校正】→【色光】命令，完成【梯度渐变】效果的添加。

　　步骤 08：设置【色光】效果参数，【色光】参数的具体设置如图 9.146 所示，在【合成预览】窗口中的效果，如图 9.147 所示。

　　步骤 09：添加【快速模糊】效果。单选 1 圆形遮罩 图层，在菜单栏中单击【效果（T）】→【模糊和锐化】→【快速模糊】命令，完成【梯度渐变】效果的添加。

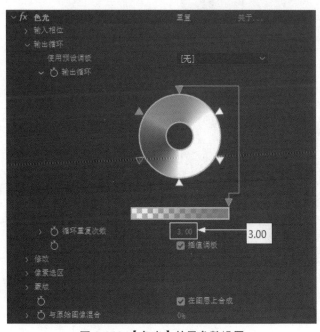

图 9.146　【色光】效果参数设置

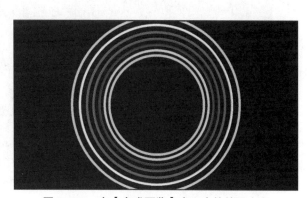

图 9.147　在【合成预览】窗口中的效果十九

步骤 10：设置【快速模糊】效果参数，【快速模糊】参数的具体设置如图 9.148 所示，在【合成预览】窗口中的效果，如图 9.149 所示。

图 9.148 【快速模糊】参数设置

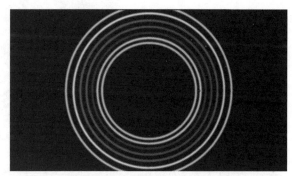

图 9.149 在【合成预览】窗口中的效果二十

视频播放：具体介绍，请观看配套视频"任务四：制作彩虹效果.wmv"。

任务五：合成嵌套和整体调节

【任务五：合成嵌套和整体调节】

步骤 01：将【彩虹】合成拖拽到【上海歌舞厅】合成中的最顶层。

步骤 02：使用█（矩形工具）给 1 █ [彩虹] 合成图层绘制遮罩，在【合成预览】窗口中的效果，如图 9.150 所示。

步骤 03：添加【色彩平衡（HLS）】效果。单选 1 █ [彩虹] 图层，在菜单栏中单击【效果（T）】→【颜色校正】→【色彩平衡（HLS）】命令，完成【色彩平衡（HLS）】效果的添加。

步骤 04：设置【色彩平衡（HLS）】参数，具体设置如图 9.151 所示。

图 9.150 在【合成预览】窗口中的效果二十一

图 9.151 【色彩平衡（HLS）】参数设置

步骤 05：在菜单栏中单击【文件（F）】→【项目设置…】命令，弹出【项目设置】对话框，【项目设置】对话框参数的具体设置，如图 9.152 所示。

步骤 06：参数设置完毕之后，单击【确定】按钮完成设置。

步骤 07：创建一个调整图层，放置在最顶层，如图 9.153 所示。

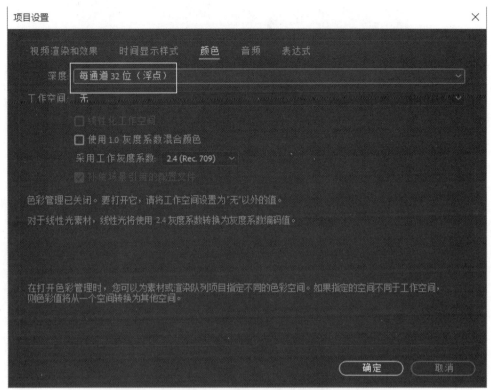

图 9.152　【项目设置】对话框

图 9.153　创建的调整图层

步骤 08：添加【发光】效果。单选 █ █ [彩虹] 图层，在菜单栏中单击【效果（T）】→【风格化】→【发光】命令，完成【发光】效果的添加。

步骤 09：设置【发光】效果参数，【发光】参数的具体设置如图 9.154 所示，在【合成预览】窗口中的效果，如图 9.155 所示。

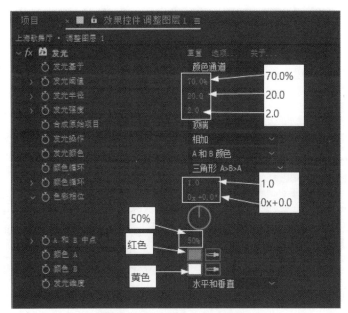

图 9.154 【发光】参数设置

图 9.155 【合成预览】窗口中的效果二十二

视频播放： 具体介绍，请观看配套视频 "任务五：合成嵌套和整体调节.wmv"。

七、拓展训练

根据前面介绍的方法，制作如下霓虹灯文字效果。

【案例 6：拓展训练】

学习笔记：

案例 7：灵动光线效果

一、案例内容简介

本案例主要介绍使用【3D Stroke】效果插件、【四色渐变】效果、【发光】效果和【亮度对比度】效果以及合成嵌套综合应用来制作灵动光线效果。

【案例 7 简介】

二、案例效果欣赏

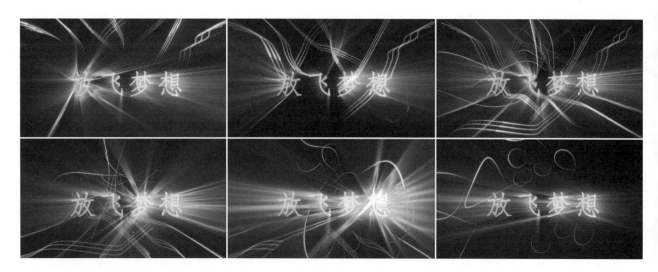

三、案例制作（步骤）流程

任务一：新建合成和输入文字➡任务二：制作文字的灵动光线的遮罩路径➡任务三：添加【3D Stroke】插件特效➡任务四：制作扭曲光线效果➡任务五：制作文字光线扫射效果➡任务六：制作整体辉光、扫射效果及亮度调节

四、制作目的

（1）熟练掌握插件的使用方法和规则；

（2）提高插件的综合应用能力；

（3）提高【效果】的综合应用能力；

（4）熟练掌握【Shine】插件的使用和参数调整。

五、制作过程中需要解决的问题

（1）插件的安装；

（2）灵动光线效果制作的原理；

（3）【3D Stroke】插件效果中各参数的作用；

（4）【Shine】插件效果中各参数的作用。

六、详细操作步骤

灵动光线效果制作的主要原理是使用【3D Stroke】效果插件对绘制的路径进行描边来实现。【3D Stroke】插件是一个三维描边效果，从任意角度进行观察都是实心的，而 After Effects CC 2019 自带的【Stroke（描边）】效果是一个二维描边，如果从侧面观看时为薄片效果。下面通过制作一个"灵动光线效果"来介绍【3D Stroke】与【Shine】插件效果的具体使用方法和技巧。

【任务一：新建合成和输入文字】

任务一：新建合成和输入文字

步骤 01： 启动 After Effects CC 2019，保存项目名为"案例 7：灵动光线效果"。

步骤 02： 新建合成。在菜单栏中单击【合成（C）】→【新建合成（C）…】命令，弹出【合成设置】对话框，在该对话框中，合成名称为"灵动光线"，尺寸为"1280px×720px"，持续时间为"5 秒"，其他参数为默认设置，单击【确定】按钮，完成新合成创建。

步骤 03：使用 （横排文字工具）在【合成预览】窗口中输入"放飞梦想"四个字。文字的属性如图 9.156 所示。在【合成预览】窗口中的效果，如图 9.157 所示。

步骤 04：添加【四色渐变】效果。单选 图层，在菜单栏中单击【效果（T）】→【生成】→【四色渐变】命令，完成【四色渐变】效果的添加。参数采用默认设置，在【合成预览】窗口中的效果，如图 9.158所示。

图 9.156　文字属性

图 9.157　在【合成预览】窗口中的效果一

图 9.158　在【合成预览】窗口中的效果二

视频播放：具体介绍，请观看配套视频"任务一：新建合成和输入文字.wmv"。

任务二：制作文字的灵动光线的遮罩路径

步骤 01：创建一个名为"灵动光线遮罩路径"的纯色层。

步骤 02：单选 灵动光线遮罩路径 图层，使用 （钢笔工具）在【合成预览】窗口中绘制9 条遮罩路径，如图 9.159 所示。

步骤 03：使用 （转换"顶点"工具）调节路径，调节之后的效果如图 9.160 所示。

提示：在此遮罩路径的条数和形状，读者可以根据自己的喜好绘制，不必完全按照这种路径绘制。

【任务二：制作文字的灵动光线的遮罩路径】

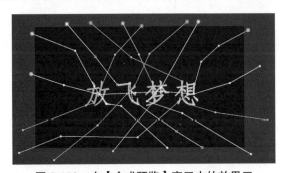

图 9.159　在【合成预览】窗口中的效果三

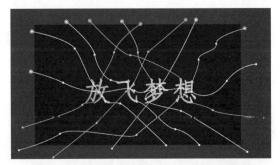

图 9.160　在【合成预览】窗口中的效果四

视频播放：具体介绍，请观看配套视频"任务二：制作文字的灵动光线的遮罩路径.wmv"。

任务三：添加【3D Stroke】插件特效

步骤 01：添加【3D Stroke】插件特效。单选 灵动光线遮罩路径 图层，在菜单栏中单击【效果（T）】→【RG Trapcode】→【3D Stroke】命令，完成【3D Stroke】效果的添加。

【任务三：添加【3D Stroke】插件特效】

步骤 02：设置【3D Stroke】效果参数，将▼（时间指针）移到第 0 秒 0 帧的位置，【3D Stroke】参数的具体设置如图 9.161 所示。

步骤 03：继续调整【3D Stroke】效果参数，将▼（时间指针）移到第 4 秒 0 帧的位置，将"偏移"参数设置为"100"，系统自动添加关键帧，其他参数采用默认设置。在【合成预览】窗口中的截图效果，如图 9.162 所示。

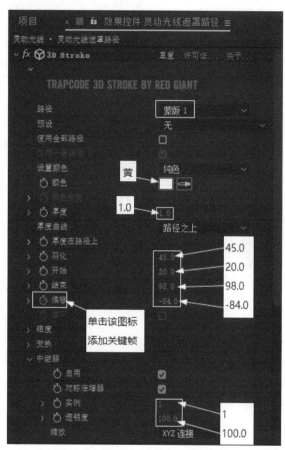

图 9.161 【3D Stroke】效果参数设置

图 9.162 在【合成预览】窗口中的效果五

步骤 04：复制图层并修改【3D Stroke】效果参数。单选 1 灵动光线遮罩路径 图层。按键盘上的"Ctrl+D"组合键，复制该图层，将复制的图层重命名为"遮罩路径 02"。

步骤 05：修改 1 遮罩路径02 图层的【3D Stroke】效果参数，具体参数修改如图 9.163 所示，修改之后在【合成预览】窗口中的效果，如图 9.164 所示。

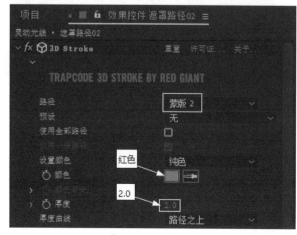

图 9.163 【3D Stroke】效果参数修改

图 9.164 在【合成预览】窗口中的效果六

步骤 06: 方法同步骤 04 和步骤 05,复制图层并重命名,修改图层中的【3D Stroke】效果参数,只修改"路径"和"颜色",颜色可根据用户的喜好调节。

步骤 07: 最终复制和修改的图层叠放顺序和重命名,如图 9.165 所示,在【合成预览】窗口中的效果,如图 9.166 所示。

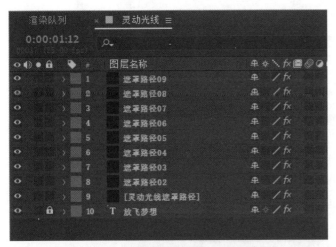

图 9.165 复制的图层叠放顺序和重命名

图 9.166 在【合成预览】窗口中的效果七

视频播放: 具体介绍,请观看配套视频"任务三:添加【3D Stroke】插件特效.wmv"。

任务四:制作扭曲光线效果

步骤 01: 在【灵动光线】合成窗口中创建一个名为"扭曲光线"纯色图层。

步骤 02: 绘制"圆形"遮罩路径。单选 `1 [扭曲光线]` 图层,在【合成预览】窗口中绘制一个圆,如图 9.167 所示。

【任务四:制作扭曲光线效果】

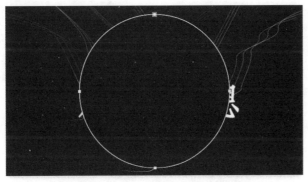

图 9.167 在【合成预览】窗口的效果八

步骤 03: 添加【3D Stroke】插件特效。单选 `1 [扭曲光线]` 图层,在菜单栏中单击【效果(T)】→【RG Trapcode】→【3D Stroke】命令,完成【3D Stroke】效果的添加。

步骤 04: 设置【3D Stroke】效果参数,将 ▽(时间指针)移到第 0 秒 0 帧的位置,【3D Stroke】参数的具体设置如图 9.168 所示,在【合成预览】窗口中的效果,如图 9.169 所示。

步骤 05: 添加【四色渐变】插件特效。单选 `1 [扭曲光线]` 图层,在菜单栏中单击【效果(T)】→【生成】→【四色渐变】命令,完成【四色渐变】效果的添加,参数采用默认设置,在【合成预览】窗口中的效果,如图 9.170 所示。

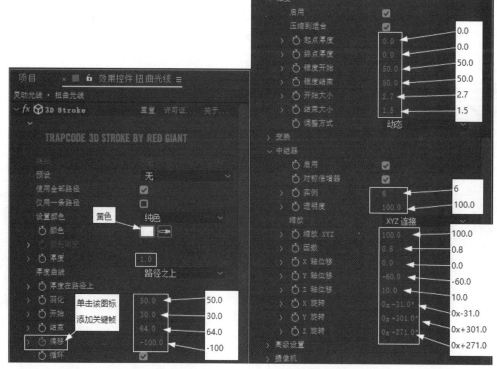

图 9.168 【3D Stroke】效果参数设置

图 9.169 在【合成预览】窗口中的效果九

图 9.170 在【合成预览】窗口中的效果十

视频播放：具体介绍，请观看配套视频"任务四：制作扭曲光线效果.wmv"。

【任务五：制作文字光线扫射效果】

任务五：制作文字光线扫射效果

步骤 01：添加【Shine】效果。单选 放飞梦想 图层，在菜单栏中单击【效果（T）】→【RG Trapcode】→【Shine】命令，完成【Shine】效果的添加。

步骤 02：设置【Shine】效果参数，将 （时间指针）移到第 0 秒 0 帧的位置，【Shine】参数的具体设置如图 9.171 所示，在【合成预览】窗口中的效果，如图 9.172 所示。

步骤 03：继续调整【Shine】效果参数，将 （时间指针）移到第 5 秒 0 帧的位置，将"源点"的参数值调节为"1089.0，396.6"，系统自动添加关键帧，其他参数采用默认值，在【合成预览】窗口中的效果，如图 9.173 所示。

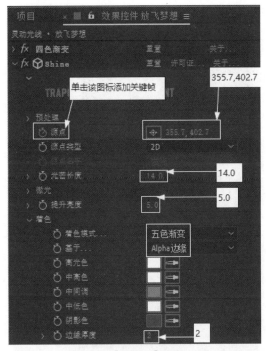

图 9.171　【Shine】参数设置

图 9.172　在【合成预览】窗口中的效果十一

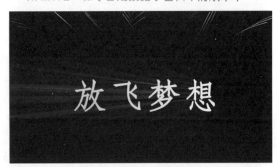

图 9.173　在【合成预览】窗口中的效果十二

视频播放： 具体介绍，请观看配套视频"任务五：制作文字光线扫射效果.wmv"。

任务六：制作整体辉光、扫射效果及亮度调节

整体辉光和扫射效果的制作主要通过给调整图层添加【Shine】插件特效和"发光" 效果来实现。

【任务六：制作整体辉光、扫射效果及亮度调节】

步骤 01： 创建一个名为"调整图层"图层。

步骤 02： 添加【发光】效果。单选████图层，在菜单栏中单击【效果（T）】→【风格化】→【发光】命令，完成【发光】效果的添加。

步骤 03： 设置【发光】效果参数，【发光】参数的具体设置如图 9.174 所示，在【合成预览】窗口中的效果，如图 9.175 所示。

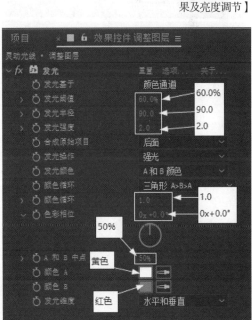

图 9.174　【发光】参数设置

步骤 04： 添加【Shine】效果。单选████图层，在菜单栏中单击【效果（T）】→【RG Trapcode】→【Shine】命令，完成【Shine】效果的添加。

步骤 05： 设置【Shine】效果参数，【Shine】参数的具体设置如图 9.176 所示。

步骤 06： 添加【亮度和对比度】效果。单选████图层，在菜单栏中单击【效果（T）】→【颜色校正】→【亮度和对比度】命令，完成【亮度和对比度】效果的添加。

步骤 07： 设置【亮度和对比度】效果参数，【亮度和对比度】参数的具体设置如图 9.177 所示，在【合成预览】窗口中的效果，如图 9.178 所示。

图 9.175　在【合成预览】窗口中的效果十三

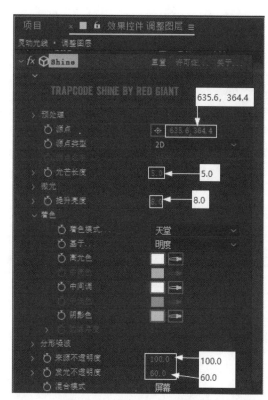

图 9.176　【Shine】参数设置

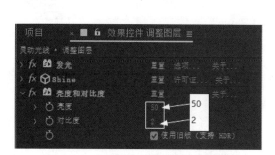

图 9.177　【亮度和对比度】参数设置

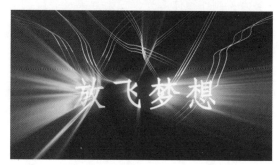

图 9.178　在【合成预览】窗口中的效果十四

步骤 08：框选的图层，如图 9.179 所示。

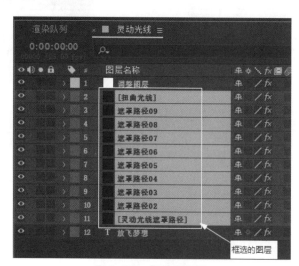

图 9.179　框选的图层

步骤 09：在菜单栏中单击【效果（T）】→【风格化】→【发光】命令，完成【发光】效果的添加。

步骤 10：设置【发光】效果参数，【发光】参数的具体设置如图 9.180 所示，在【合成预览】窗口中的截图效果，如图 9.181 所示。

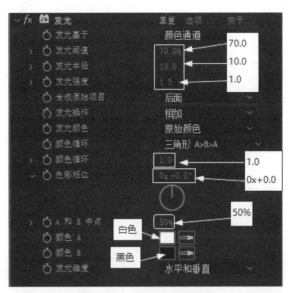

图 9.180 【发光】参数设置

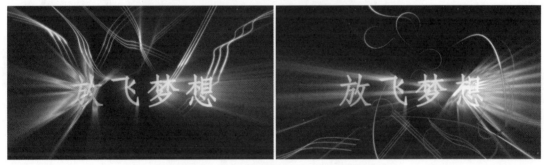

图 9.181 在【合成预览】窗口中的截图效果

视频播放：具体介绍，请观看配套视频"任务六：制作整体辉光、扫射效果及亮度调节.wmv"。

七、拓展训练

根据前面介绍的方法，制作如灵动光线效果。

【案例7：拓展训练】

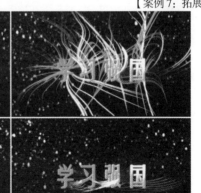

学习笔记：

学习笔记：

参 考 文 献

伍福军，2011. After Effects CS4 影视后期合成案例教程 [M]. 北京：北京大学出版社 .

郑红，2010. 凌厉视觉：After Effects+3ds Max+RealFlow+FumeFX 新锐视觉项目设计 [M]. 北京：清华大学出版社 .

马小萍，2007. After Effects 7.0 影视特效设计基础与实例教程 [M]. 北京：中国电力出版社 .

陈伟，2010. After Effects CS4 影视特效制作标准教程 [M]. 北京：中国电力出版社 .

尤高升，2013. After Effects CS3 完全自学教程 [M]. 北京：人民邮电出版社 .

王海波，2015. After Effects CS6 高级特效火星课堂 [M]. 北京：人民邮电出版社 .

时代印象，吉家进（阿吉），樊宁宁，2013. After Effects CS6 技术大全 [M]. 北京：人民邮电出版社 .

吉家进（阿吉），2017. 中文版 After Effects CC 影视特效制作 208 例 [M]. 北京：人民邮电出版社 .

伍福军，2015. After Effects CS6 影视后期合成案例教程 [M]. 2 版 . 北京：北京大学出版社 .

唯美世界，2019. 中文版 After Effects CC 从入门到精通 [M]. 北京：中国水利水电出版社 .